工业和信息化“十三五”人才培养规划教材

Android 移动开发基础案例教程

黑马程序员 / 编著

人民邮电出版社
北京

图书在版编目（CIP）数据

Android移动开发基础案例教程 / 黑马程序员编著
. -- 北京 : 人民邮电出版社, 2017.1（2022.8重印）
工业和信息化“十三五”人才培养规划教材
ISBN 978-7-115-43938-3

Ⅰ. ①A… Ⅱ. ①黑… Ⅲ. ①移动终端－应用程序－程序设计－高等学校－教材 Ⅳ. ①TN929.53

中国版本图书馆CIP数据核字(2016)第300321号

内 容 提 要

本书从初学者的角度出发，采用案例驱动式教学方法，对 Android 基础知识进行讲解。在案例设计上力求贴合实际需求，真正做到把书本上的知识应用到实际开发中，非常适合初学者学习。

本书共 10 章，第 1～2 章主要讲解 Android 的基础知识，包括 Android 起源、Android 体系结构、开发环境搭建、UI 布局等。第 3～8 章主要讲解 Android 中的数据存储以及四大组件，包括文件存储、SharedPreferences、SQLite 数据库、Activity、BroadcastReceiver、Service、ContentProvider 等。第 9 章主要讲解 Android 中的网络编程，包括 HTTP 协议、消息机制、开源项目等。第 10 章主要讲解 Android 开发中的高级知识，包括多媒体、动画、Fragment 等。上述内容都是 Android 中最核心的知识，掌握这些知识可以让初学者在编写 Android 程序时得心应手。

本书附有配套视频、源代码、习题、教学课件等资源；另外，为了帮助初学者更好地学习本书讲解的内容，还提供了在线答疑服务，希望可以帮助更多的读者。

本书既可作为高等院校本、专科计算机相关专业的教材，也可作为社会培训教材，是一本适合初学者学习和参考的读物。

◆ 编　　著　黑马程序员
　责任编辑　范博涛
　责任印制　焦志炜

◆ 人民邮电出版社出版发行　　北京市丰台区成寿寺路 11 号
　邮编　100164　　电子邮件　315@ptpress.com.cn
　网址　http://www.ptpress.com.cn
　山东百润本色印刷有限公司印刷

◆ 开本：787×1092　1/16
　印张：17　　　　2017 年 1 月第 1 版
　字数：424 千字　　2022 年 8 月山东第 16 次印刷

定价：39.80 元

读者服务热线：(010)81055256　印装质量热线：(010)81055316
反盗版热线：(010)81055315

序言 FOREWORD

本书的创作公司——江苏传智播客教育科技股份有限公司（简称“传智教育”）作为第一个实现A股IPO上市的教育企业，是一家培养高精尖数字化专业人才的公司，公司主要培养人工智能、大数据、智能制造、软件开发、区块链、数据分析、网络营销、新媒体等领域的人才。公司成立以来贯彻国家科技发展战略，始终以前沿技术为讲授内容，已向我国高科技企业输送数十万名技术人员，为企业数字化转型、升级提供了强有力的人才支撑。

公司的教师团队由一批来自互联网企业或研究机构，且拥有10年以上开发经验的IT从业人员组成，他们负责研究、开发教学模式和课程内容。公司具有完善的课程研发体系，一直走在整个行业的前列，在行业内树立起了口碑。公司在教育领域有2个子品牌：黑马程序员和院校邦。

一、黑马程序员——高端IT教育品牌

“黑马程序员”的学员多为大学毕业后想从事IT行业，但各方面条件还不成熟的年轻人。“黑马程序员”的学员筛选制度非常严格，包括了严格的技术测试、自学能力测试，还包括性格测试、压力测试、品德测试等。百里挑一的筛选制度确保了学员质量，从而降低了企业的用人风险。

自“黑马程序员”成立以来，教学研发团队一直致力于打造精品课程资源，不断在产、学、研3个层面创新自己的执教理念与教学方针，并集中“黑马程序员”的优势力量，有针对性地出版了计算机系列教材百余种，制作教学视频数百套，发表各类技术文章数千篇。

二、院校邦——院校服务品牌

院校邦以“协万千名校育人、助天下英才圆梦”为核心理念，立足于中国职业教育改革，为高校提供健全的校企合作解决方案，其中包括原创教材、高校教辅平台、师资培训、院校公开课、实习实训、协同育人、专业共建、传智杯大赛等，形成了系统的高校合作模式。院校邦旨在帮助高校深化教学改革，实现高校人才培养与企业发展的合作共赢。

（一）为大学生提供的配套服务

1. 请同学们登录“高校学习平台”，免费获取海量学习资源。该平台可以帮助同学们解决各类学习问题。

高校学习平台

2. 针对学习过程中存在的压力等问题，院校邦面向学生量身打造了IT学习小助手——邦小苑，可提供教材配套学习资源。同学们快来关注“邦小苑”微信公众号。

“邦小苑”微信公众号

（二）为教师提供的配套服务

1. 院校邦为所有教材精心设计了“教案+授课资源+考试系统+题库+教学辅助案例”的系列教学资源。教师可登录“高校教辅平台”免费使用。

高校教辅平台

2. 针对教学过程中存在的授课压力等问题，教师可扫描下方二维码，添加“码大牛”老师微信，或添加码大牛老师QQ（2770814393），获取最新的教学辅助资源。

码大牛老师微信号

三、意见与反馈

为了让教师和同学们有更好的教材使用体验，您如有任何关于教材的意见或建议，请扫码下方二维码进行反馈，感谢您对我们工作的支持。

调查问卷

前 言 FOREWORD

Android 是 Google 公司开发的基于 Linux 的开源操作系统，主要应用于智能手机、平板电脑等移动设备。经过短短几年的发展，Android 系统在全球得到了大规模推广，除智能手机和平板电脑外，还可用于穿戴设备、智能家居等领域。据不完全统计，Android 系统已经占据了全球智能手机操作系统的 80%以上份额，中国市场占有率更是高达 90%以上。由于 Android 的迅速发展，导致市场对 Android 开发人才需求猛增，因此越来越多的人学习 Android 技术，以适应市场需求寻求更广阔的发展空间。

为什么要学习本书

市面上真正适合初学者的 Android 书籍并不多，为此，我们推出了《Android 移动开发基础案例教程》供初学者使用。本书采用全新的开发工具 Android Studio，站在初学者的角度，知识讲解由浅入深，并采用当前最流行的案例驱动式教学，通过 40 余个案例来讲解 Android 基础知识在实际开发中的运用，是一本非常适合初学者学习的书籍。

如何使用本书

在学习本书之前，一定要具备 Java 基础知识，众所周知 Android 开发使用的是 Java 语言。初学者在使用本书时，建议从头开始循序渐进地学习，并且反复练习书中的案例，以达到熟能生巧为我所用；如果是有基础的编程人员，则可以选择感兴趣的章节跳跃式的学习，不过书中的案例最好动手全部实践。

本书共分为 10 个章节，接下来分别对每个章节进行简单的介绍，具体如下。

- 第 1～2 章主要讲解了 Android 的基础知识，包括 Android 起源、Android 体系结构、开发环境搭建、UI 布局等。通过这两章的学习，初学者可以创建简单的布局界面，如 QQ 登录界面。
- 第 3 章主要讲解了 Activity，包括 Activity 创建、生命周期、数据传递等，并通过注册用户信息以及选择宝宝装备来巩固所学知识，实现简单的界面交互操作。
- 第 4～5 章主要讲解了 Android 中的数据存储，包括文件存储、SharedPreferences、SQLite 数据库等知识。这两章的知识非常重要，几乎每个 Android 程序都会涉及到数据存储，因此初学者一定要熟练掌握。
- 第 6～8 章主要讲解了 Android 中的三个重要组件，广播接收者、服务以及内容提供者，通过这三章的学习，初学者可以使用广播接收者和服务实现后台程序。
- 第 9 章主要讲解了 Android 中的网络编程，包括 HTTP 协议、HttpURLConnection、数据提交方式以及消息机制原理。并通过网络图片浏览器以及新闻客户端案例练习网络程序的开发。
- 第 10 章主要讲解了 Android 开发中的高级知识，包括图形图像处理、多媒体、Fragment、Android5.0 新特性等知识。通过本章的学习，初学者可以掌握音视频的播放、Fragment 的使用以及前沿的 Android 技术。

另外，初学者在学习技术的过程中难免会遇到困难，此时不要纠结于某个地方，可以先往后学习，通常情况下，看过后面的知识讲解或者其他小节的内容后，前面不懂的技术就能理解了。如果初学者在实战演练的过程中遇到问题，建议多思考理清思路，认真分析问题产生的原因，并在问题解决后多总结。

致谢

本教材的编写和整理工作由传智播客教育科技股份有限公司完成，主要参与人员有吕春林、陈欢、张鑫、柴永菲、郝丽新、马丹、高美云、张泽华、李印东、邱本超、马伟奇、刘峰、刘松、金兴等，全体人员在这近一年的编写过程中付出了很多辛勤的汗水，在此一并表示衷心的感谢。

意见反馈

尽管我们尽了最大的努力，但教材中难免会有不妥之处，欢迎各界专家和读者朋友们来信来函给予宝贵意见，我们将不胜感激。您在阅读本书时，如发现任何问题或有不认同之处可以通过电子邮件与我们取得联系。

请发送电子邮件至 itcast_book@vip.sina.com。

黑马程序员

2016-9-8 于北京

目 录 CONTENTS

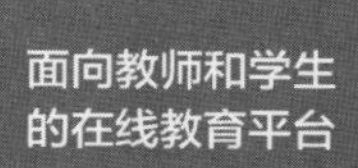

让IT学习更简单

学生扫码关注“邦小苑”
获取教材配套资源及相关服务

让IT教学更有效

教师获取教材配套资源

教师扫码添加“码大牛”
获取教学配套资源及教学前沿资讯
添加QQ2770814393

1 Chapter

第1章 Android 基础入门

学习目标

- 了解通信技术，包括 1G、2G、3G、4G 技术；
- 掌握开发环境的搭建，学会使用 Android Studio 开发工具；
- 掌握 Android 程序的开发方法，并学会编写 HelloWorld 程序。

Android 是 Google 公司基于 Linux 平台开发的手机及平板电脑的操作系统，自问世以来，受到了前所未有的关注，并成为移动平台最受欢迎的操作系统之一。本章将针对 Android 基础知识进行详细的讲解。

1.1 Android 简介

1.1.1 通信技术

在学习 Android 系统之前有必要了解一下通信技术。随着智能手机的发展，移动通信技术也在不断地升级，从最开始的 1G、2G 技术发展到现在的 3G、4G 技术。

- 1G：是指最初的模拟、仅限语音的蜂窝电话标准。摩托罗拉公司生产的第一代模拟制式手机使用的就是这个标准，类似于简单的无线电台，只能进行通话，并且通话是锁定在一定频率上的，这个频率也就是手机号码。这种标准存在一个很大的缺点，就是很容易被窃听。
- 2G：是指第 2 代移动通信技术，代表为 GSM，以数字语音传输技术为核心。相对于 1G 技术来说 2G 已经很成熟了，它增加了接收数据的功能。以前常见的小灵通手机采用的就是 2G 技术，信号质量和通话质量都非常好。不仅如此，2G 时代也有智能手机，可以支持一些简单的 Java 小程序，如 UC 浏览器、搜狗输入法等。
- 3G：是指将无线通信与国际互联网等多媒体通信相结合的移动通信系统。它能够处理图像、音乐、视频流等多种媒体形式，提供包括网页浏览、电话会议、电子商务等多种信息服务。相比前两代通信技术来说，3G 技术在传输声音和数据的速度上有很大的提升。
- 4G：是指第 4 代移动通信技术，该技术包含 TD-LTE 和 FDD-LTE 两种制式。严格意义上来讲，LTE 只是 3.9G，尽管被宣传为 4G 无线标准，但还未达到 4G 的标准。只有升级版的 LTE Advanced 才满足国际电信联盟对 4G 的要求。4G 集 3G 与 WLAN 于一体，能够快速传输数据、音频、视频和图像等。4G 能够以 100Mbit/s 以上的速度下载，比家用宽带 ADSL（4Mbit/s）快 25 倍，并能够满足几乎所有用户对于无线服务的要求。

以上四种通信技术，除了 1G 技术以外，其他的三种技术最本质的区别就是传输速度，2G 通信网的传输速度为 9.6kbit/s，3G 通信网在室内、室外和行车的环境中能够分别支持至少 2Mbit/s、384kbit/s 以及 144kbit/s 的传输速度，4G 通信网可以达到 100Mbit/s。

1.1.2 Android 起源

Android 是一款基于 Linux 平台的开源操作系统，主要用于移动设备中，如智能手机和平板电脑等，由 Google 公司和开放手机联盟领导及开发。

Android 操作系统最初由 Andy Rubin（安迪·鲁宾）开发，主要支持手机。2005 年 8 月由 Google 收购注资。2007 年 11 月，Google 与 84 家硬件制造商、软件开发商及电信运营商组建开放手机联盟共同研发改良 Android 系统。随后 Google 以 Apache 开源许可证的授权方式，发布了 Android 的源代码。

Android 一词最早出现于法国作家利尔亚当（Auguste Villiers de l' Isle-Adam）在 1886 年发表的科幻小说《未来夏娃》中，将外表像人的机器起名为 Android。Android 本意指“机器人”，Google 公司将 Android 的标识设计为一个绿色机器人，表示 Android 系统符合环保概念。

Android 图标如图 1-1 所示。

图1-1 Android图标

2008 年 9 月发布 Android 第 1 个版本 Android 1.1。Android 系统一经推出，版本升级非常快，几乎每隔半年就有一个新的版本发布。从 Android 1.5 版本开始，Android 用甜点作为系统版本的代号。具体版本如下。

- 2009 年 4 月 30 日，Android 1.5 Cupcake（纸杯蛋糕）正式发布。
- 2009 年 9 月 15 日，Android 1.6 Donut（甜甜圈）版本发布。
- 2009 年 10 月 26 日，Android 2.0/2.1 Éclair（松饼）版本发布。
- 2010 年 5 月 20 日，Android 2.2/2.2.1 Froyo（冻酸奶）版本发布。
- 2010 年 12 月 7 日，Android 2.3 Gingerbread（姜饼）版本发布。
- 2011 年 2 月 2 日，Android 3.0 Honeycomb（蜂巢）版本发布。
- 2011 年 5 月 11 日，Android 3.1 Honeycomb（蜂巢）版本发布。
- 2011 年 7 月 13 日，Android 3.2 Honeycomb（蜂巢）版本发布。
- 2011 年 10 月 19 日，Android 4.0 Ice Cream Sandwich（冰激凌三明治）版本发布。
- 2012 年 6 月 28 日，Android 4.1 Jelly Bean（果冻豆）版本发布。
- 2012 年 10 月 30 日，Android 4.2 Jelly Bean（果冻豆）版本发布。
- 2013 年 7 月 25 日，Android 4.3 Jelly Bean（果冻豆）版本发布。
- 2013 年 9 月 4 日，Android 4.4 KitKat（奇巧巧克力）版本发布。
- 2014 年 10 月 15 日，Android 5.0 Lollipop（棒棒糖）版本发布。
- 2015 年 9 月 30 日，Android 6.0 Marshmallow（棉花糖）版本发布。
- 2016 年 8 月 22 日，Android 7.0Nougat（牛轧糖）版本发布。

以 Android 版本图标代表的 Android 发展史如图 1-2 所示。

图1-2 Android发展史

1.1.3 Android 体系结构

Android 系统采用分层架构，由高到低分为 4 层，依次是应用程序层、应用程序框架层、核心类库和 Linux 内核，如图 1–3 所示。

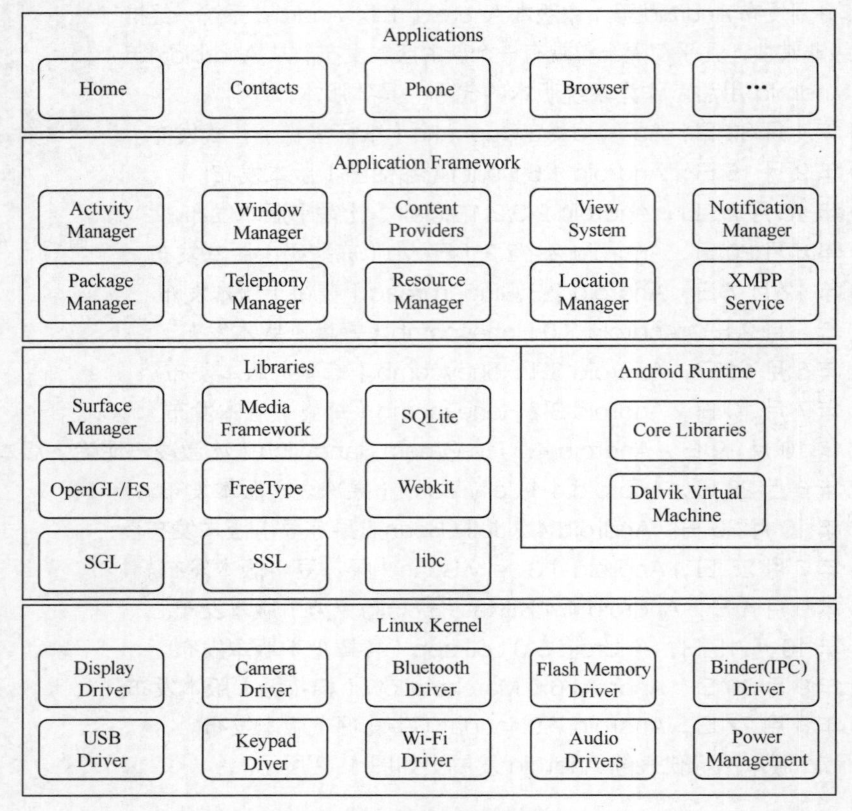

图1–3 Android体系结构

从图 1–3 可以看出 Android 体系的具体结构，接下来分别针对这几层进行分析。

1. 应用程序层（Applications）

应用程序层是一个核心应用程序的集合，所有安装在手机上的应用程序都属于这一层，例如系统自带的联系人程序、短信程序，或者从 Google Play 上下载的小游戏等都属于应用程序层。

2. 应用程序框架层（Application Framework）

应用程序框架层主要提供了构建应用程序时用到的各种 API。Android 自带的一些核心应用就是使用这些 API 完成的，例如视图（View）、活动管理器（Activity Manager）、通知管理器（Notification Manager）等，开发者也可以通过这些 API 来开发自己的应用程序。

3. 核心类库（Libraries）

核心类库中包含了系统库及 Android 运行时库。系统库这一层主要是通过 C/C++库来为 Android 系统提供主要的特性支持，如 OpenGL/ES 库提供了 3D 绘图的支持，Webkit 库提供了浏览器内核的支持。

Android 运行时库（Android Runtime）主要提供了一些核心库，能够允许开发者使用 Java 语言来编写 Android 应用程序。另外，Android 运行时库中还包括了 Dalvik 虚拟机，它使得每一个 Android 应用都能运行在独立的进程当中，并且拥有一个自己的 Dalvik 虚拟机实例。相比于 Java 虚拟机，Dalvik 虚拟机是专门为移动设备定制的，它针对手机内存、CPU 性能等做了优化处理。

4. Linux 内核（Linux Kernel）

Linux 内核层为 Android 设备的各种硬件提供了底层的驱动，如显示驱动、音频驱动、照相机驱动、蓝牙驱动、电源管理驱动等。

1.1.4 Dalvik 虚拟机

通过 1.1.3 小节的学习可知，在 Android 运行时库中包含了 Dalvik 虚拟机。Dalvik 是 Google 公司自己设计用于 Android 平台的虚拟机，它可以简单地完成进程隔离和线程管理，并且可以提高内存的使用效率。每一个 Android 应用程序在底层都会对应一个独立的 Dalvik 虚拟机实例，其代码在虚拟机的解析下得以执行。

很多人都认为 Dalvik 虚拟机是一个 Java 虚拟机，因为 Android 开发的编程语言恰恰是 Java 语言，但是这种说法并不准确。Dalvik 虚拟机并不是按照 Java 虚拟机的规范来实现的，两者不兼容，而且也有很多的不同之处，接下来通过一个图进行对比说明，如图 1-4 所示。

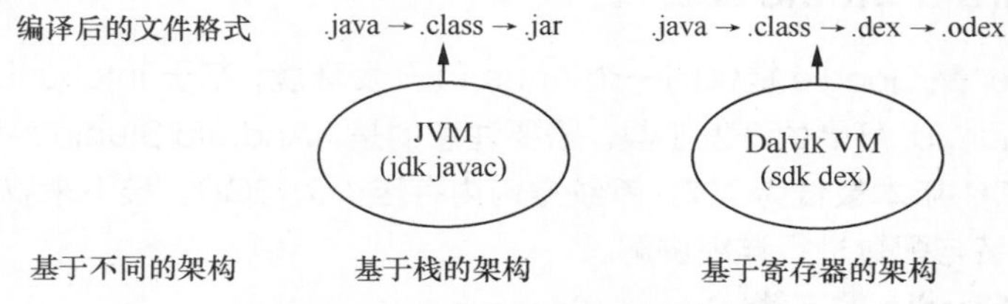

图1-4 Java虚拟机和Dalvik虚拟机对比

从图 1-4 可以看出，Java 虚拟机和 Dalvik 虚拟机主要有两大区别，一是它们编译后的文件不同，二是它们基于的架构不同，具体如下。

1. 编译后的文件不同

Java 虚拟机运行的是.class 字节码文件，而 Dalvik 虚拟机运行的则是其专有的.dex 文件。在 Java 程序中 Java 类会被翻译成一个或者多个字节码文件（.class），然后打包成.jar 文件，之后 Java 虚拟机会从.class 文件和.jar 文件中获取相应的字节码。Android 程序虽然也是使用 Java 语言进行编程，但是在翻译成.class 文件后，还会通过工具将所有的.class 文件转换成一个.dex 文件，然后 Dalvik 虚拟机从其中读取指令和数据，最后的.odex 文件是为了在运行过程中进一步提高性能，对.dex 文件的进一步优化，能加快软件的加载速度和开启速度。

2. 基于的架构不同

Java 虚拟机是基于栈的架构，栈是一个连续的内存空间，取出和存入的速度比较慢，而 Dalvik 是基于寄存器的架构，寄存器是 CPU 上的一块缓存，寄存器的存取速度要比从内存中存取的速度快很多，这样就可以根据硬件来最大程度优化设备，更适合移动设备的使用。

需要说明的是，Android 系统下的 Dalvik 虚拟机默认给每一个应用程序最多分配 16MB 内存，如果 Android 加载的资源超过这个值，就会报出 OutOfMemoryError 异常，因此一定要注意这个问题。

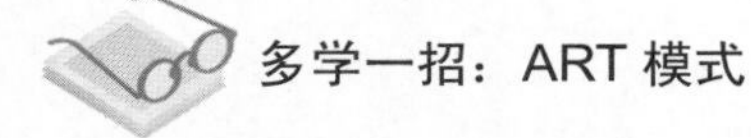

ART 模式英文全称为 Android Runtime，是谷歌 Android 4.4 系统新增的一种应用运行模式。与传统的 Dalvik 模式不同，ART 模式可以实现更为流畅的 Android 系统体验，不过只能在 Android 4.4 以上系统中采用此模式。

事实上谷歌的这次优化源于其收购的一家名为 Flexycore 的公司，该公司一直致力于 Android 系统的优化，而 ART 模式也是在该公司的优化方案上演进而来。

ART 模式与 Dalvik 模式最大的不同在于，在启用 ART 模式后，系统在安装应用的时候会进行一次预编译，在安装应用程序时会先将代码转换为机器语言存储在本地，这样在运行程序时就不会每次都进行编译了，执行效率也大大提升。

1.2 Android 开发环境搭建

在开发 Android 程序之前，首先要在系统中搭建开发环境。Google 公司已经发出声明，到 2015 年年底不再对 Eclipse 提供支持服务，Android Studio 将全面取代 Eclipse，因此本书会使用 Android Studio 作为开发工具进行详细讲解。

1.2.1 Android Studio 安装

Android Studio 是 Google 提供的一个 Android 开发环境，基于 IntelliJ IDEA。类似 Eclipse ADT，它集成了 Android 所需的开发工具。需要注意的是，Android Studio 对安装环境有一定的要求，其中所需 JDK 版本最低为 1.7，系统空闲内存至少为 2GB。接下来我们将针对 Android Studio 的下载、安装与配置进行详细讲解。

1. Android Studio 的下载

Android Studio 安装程序可以从中文社区进行下载，网址为 http://www.android-studio.org/。在浏览器中打开该网址，如图 1-5 所示。

图1-5 Android Studio下载页

在下载 Android Studio 时，需要符合自己的操作系统，本书以 Windows 操作系统为例下载

android-studio-bundle-141.2288178-windows.exe（该版本为 Android Studio 1.4，它集成了 SDK，推荐下载）安装程序。

2. Android Studio 的安装

在 Android Studio 安装之前，要确定 JDK 的版本必须是 1.7 或以上，否则 Android Studio 安装之后会报错。双击 Android Studio 的安装文件，进入 Welcome to Android Studio Setup 界面，如图 1-6 所示。

在图 1-6 中，单击【Next】按钮，此时会进入 Choose Components 界面，如图 1-7 所示。

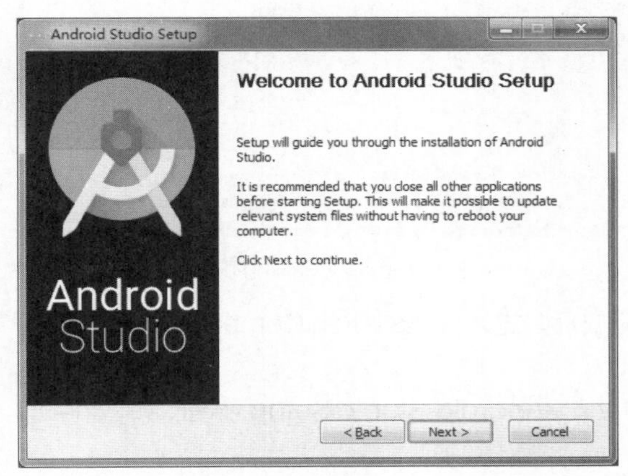

图1-6　Welcome to Android Studio Setup界面

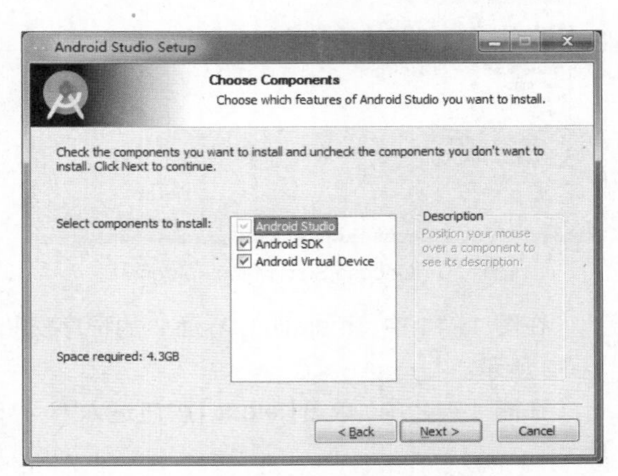

图1-7　Choose Components界面

在图 1-7 中，有 3 个组件供选择，其中第 1 项“Android Studio”为必选项，第 2 项如果电脑中有 SDK 可以不用勾选，第 3 项与虚拟机有关，如果不使用虚拟机，可以不用勾选。通常情况下会全部勾选。

单击【Next】按钮，进入 License Agreement 界面，如图 1-8 所示。

在图 1-8 中，单击【I Agree】按钮进入路径设置界面，选择 Android Studio 和 Android SDK 的安装目录，如图 1-9 所示。

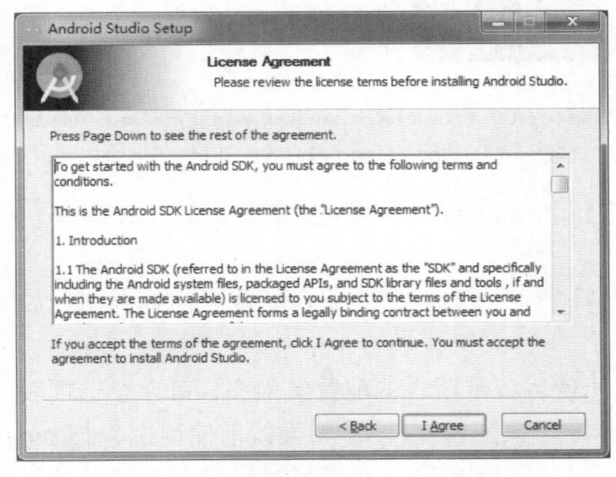

图1-8　License Agreement界面

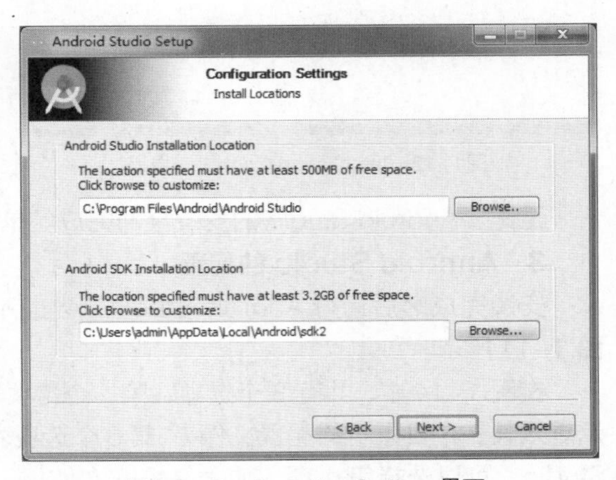

图1-9　Configuration Settings界面

在图 1-9 中，单击【Next】按钮进入 Choose Start Menu Folder 界面。该界面用于设置在

“开始”菜单中的文件夹名称，如图 1-10 所示。

在图 1-10 中，单击【Install】按钮进入 Installing 界面，如图 1-11 所示。

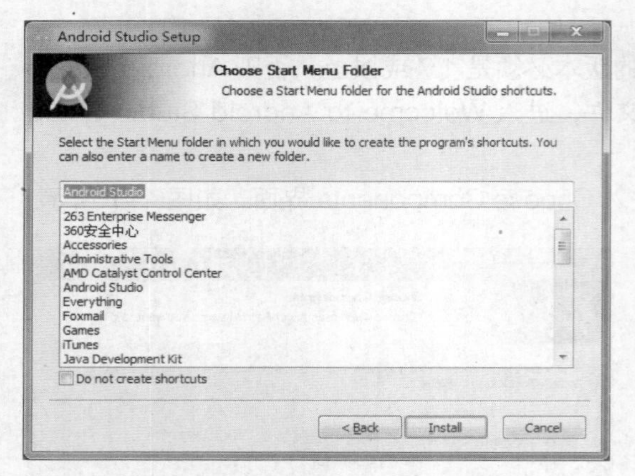

图1-10 Choose Start Menu Folder界面

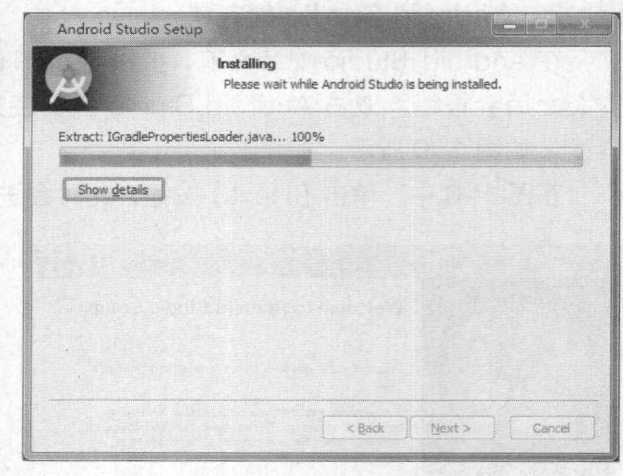

图1-11 Installing界面

在图 1-11 中，Installing 界面中的程序安装完成后，进入 Installation Complete 界面，如图 1-12 所示。

在图 1-12 中，单击【Next】按钮进入 Completing Android Studio Setup 界面，如图 1-13 所示。

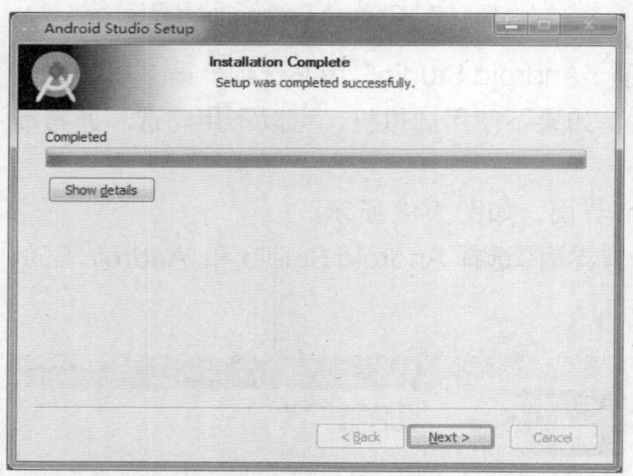

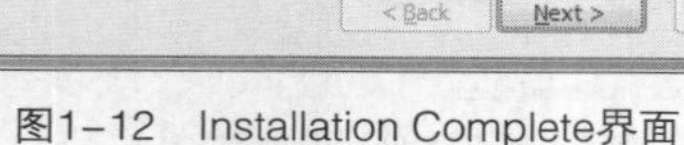

图1-12 Installation Complete界面

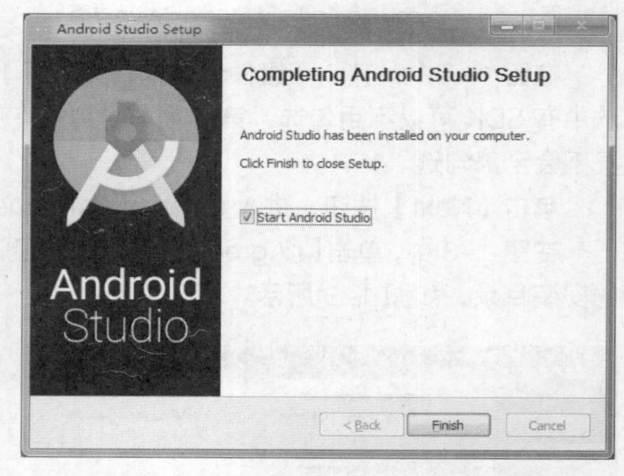

图1-13 Completing Android Studio Setup界面

至此，Android Studio 的安装全部完成。单击【Finish】按钮，关闭安装程序。

3. Android Studio 的配置

安装完成之后运行 Android Studio，会进入选择导入 Android Studio 配置文件的界面，如图 1-14 所示。

在图 1-14 中，共有 3 个选项，第 1 个选项表示使用以前版本的配置文件夹，第 2 个选项表示导入某一个目录下的配置文件夹，第 3 个选项表示不导入配置文件夹。如果以前使用过 Android Studio，可以选择第 1 项。如果是第一次使用，可以选择第 3 项，这里可以根据个人情况进行选择。

完成配置文件之后，进入 Downloading Components 界面，如图 1-15 所示。

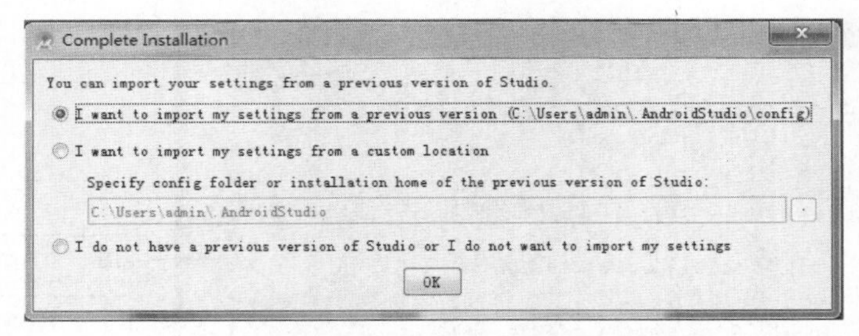

图1-14　导入Android Studio配置文件界面

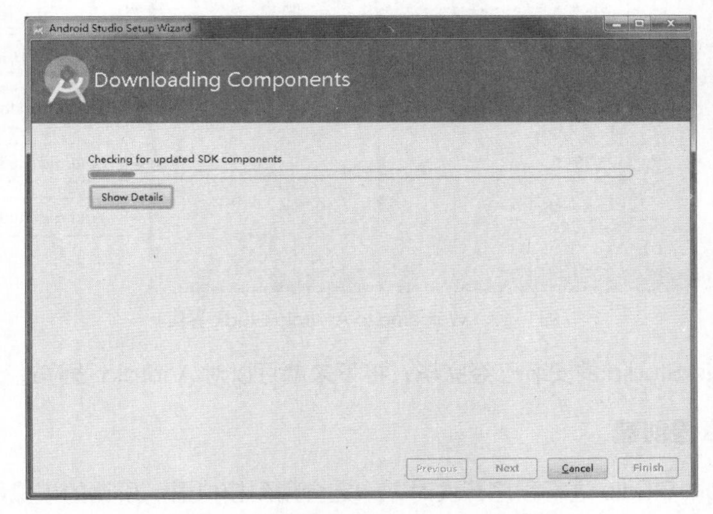

图1-15　Downloading Components界面

当下载完成之后，显示下载完成界面，如图 1-16 所示。

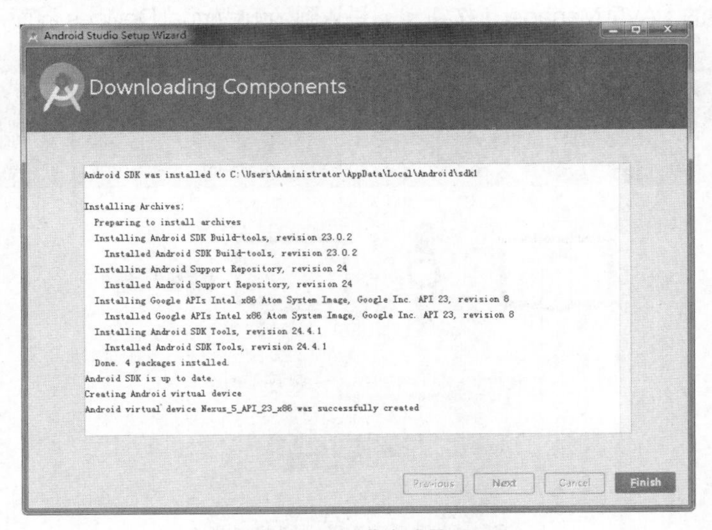

图1-16　下载完成界面

在图 1-16 中，单击【Finish】按钮，进入 Welcome to Android Studio 界面，如图 1-17 所示。

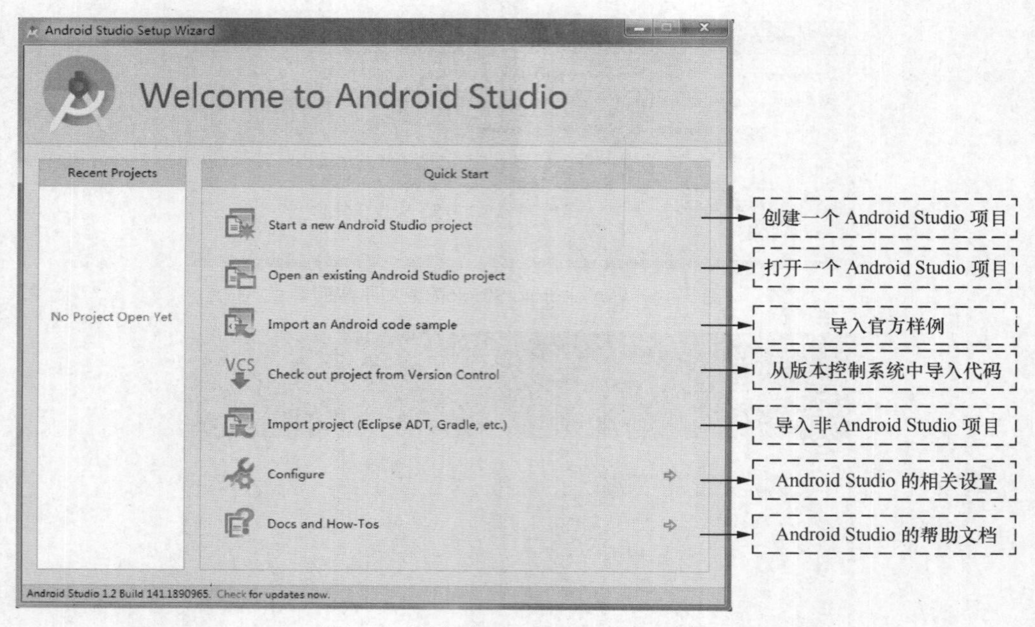

图1-17　Welcome to Android Studio界面

至此，Android Studio 的安装已经完毕，接下来就可以对 Android 程序进行开发。

1.2.2　模拟器创建

在使用 Android Studio 进行程序开发时，一定会用到模拟器。所谓的模拟器就是一个程序，它能在电脑上模拟 Android 环境，可以代替手机在电脑上安装并运行 Android 程序。接下来针对模拟器的创建进行详细讲解。

单击工具栏中的【AVD Manager】按钮，进入到 Your Virtual Devices 界面，如图 1-18 所示。

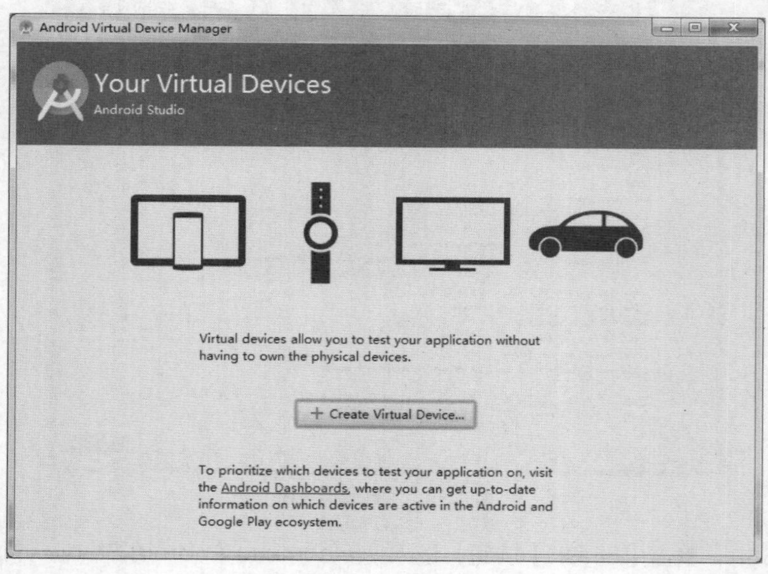

图1-18　Your Virtual Devices界面

在图 1-18 中，单击【Create Virtual Device】按钮，此时会进入 Select Hardware 界面，如图 1-19 所示。

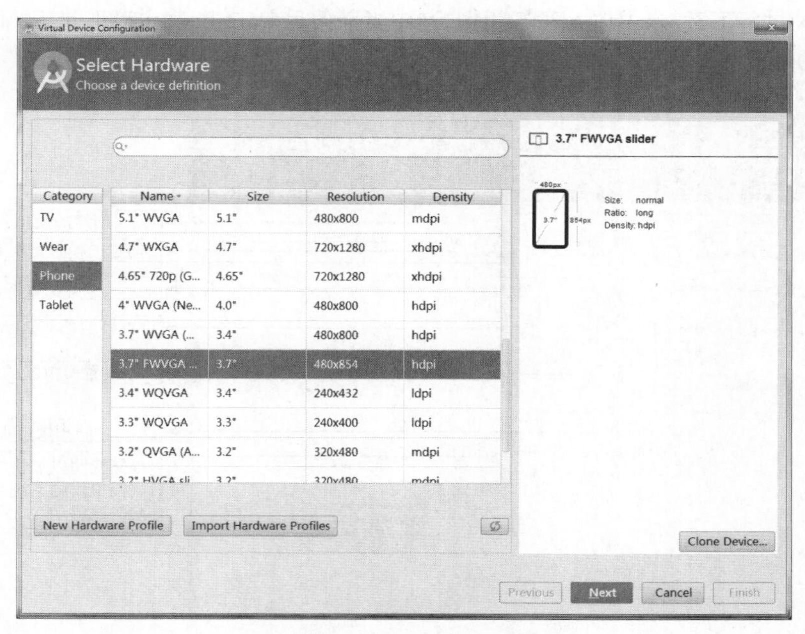

图1-19　Select Hardware界面

在图 1-19 中，选择 Category 类型为 Phone，表示创建应用于手机的模拟器，然后选择模拟器的屏幕尺寸，在此以 3.7"FWVGA slider 模拟器为例，单击【Next】按钮，进入 System Image 界面，如图 1-20 所示。

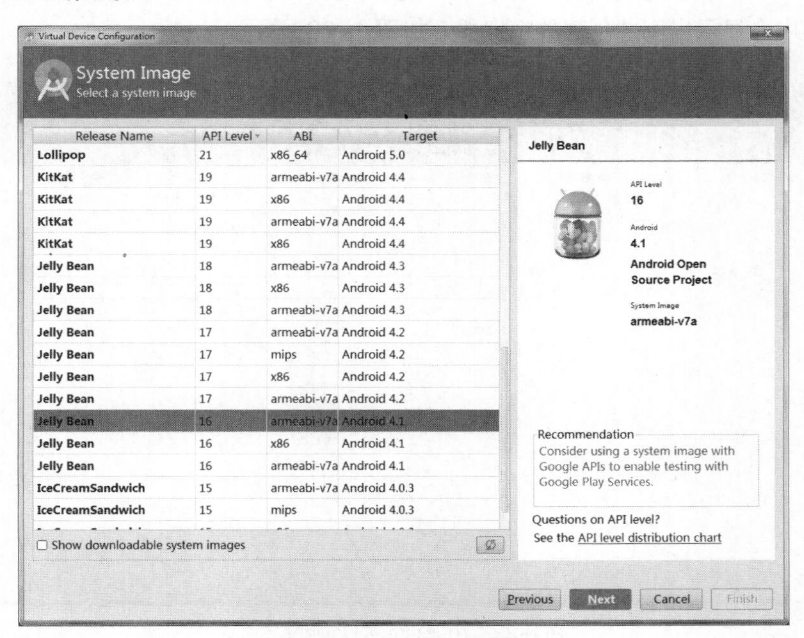

图1-20　System Image界面

在图 1-20 中，有多个 SDK 版本可供选择，这些都是已经下载好的 SDK，若想下载其他版本的 SDK，可以选中【Show downloadable system images】复选框显示所有的 SDK 版本，对未下载的 SDK 进行下载。本书以 API16 为例，选中当前条目单击【Next】按钮，进入 Android Virtual Device（AVD）界面，如图 1-21 所示。

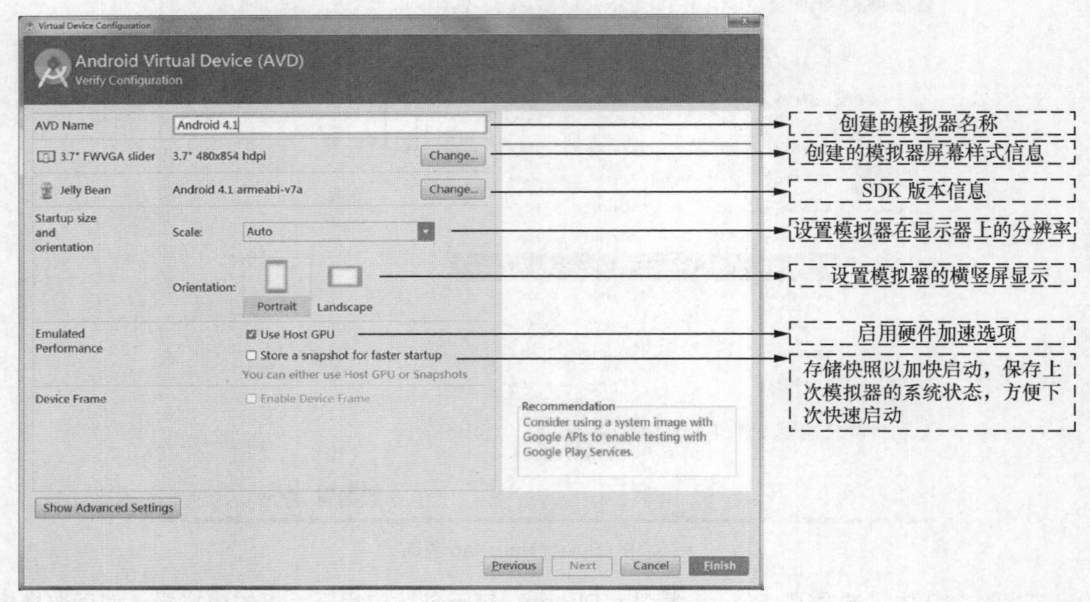

图1-21 Android Virtual Device（AVD）界面

在图 1-21 中，设置完成之后单击【Finish】按钮，完成模拟器的创建。此时在 Your Virtual Devices 界面中会显示出刚才创建的模拟器，如图 1-22 所示。

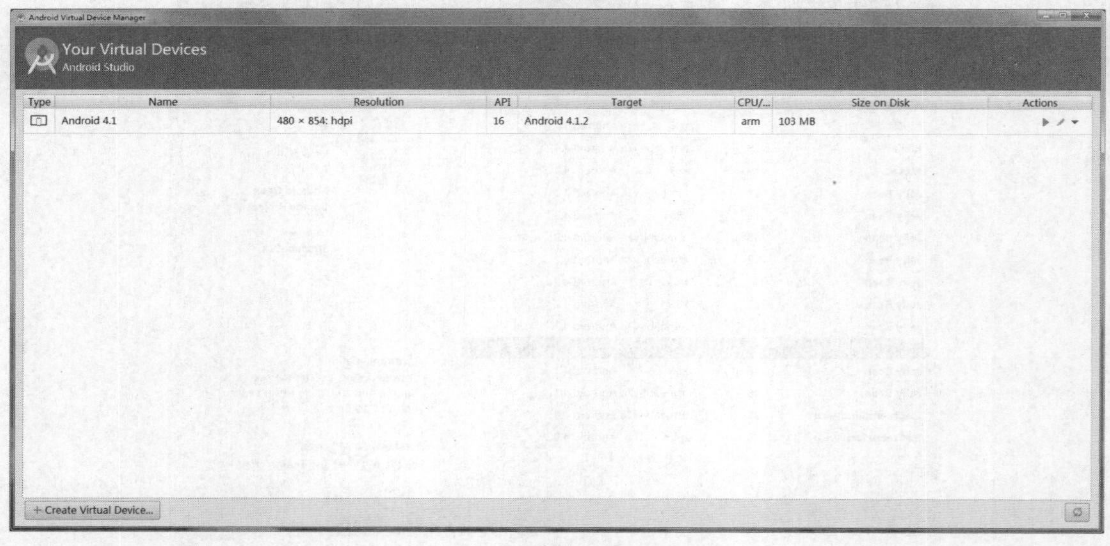

图1-22 Your Virtual Devices界面

在图 1-22 中，单击模拟器的启动按钮 ▶（位于图中右侧），模拟器就会像手机一样启动，启动完成后的界面如图 1-23 所示。

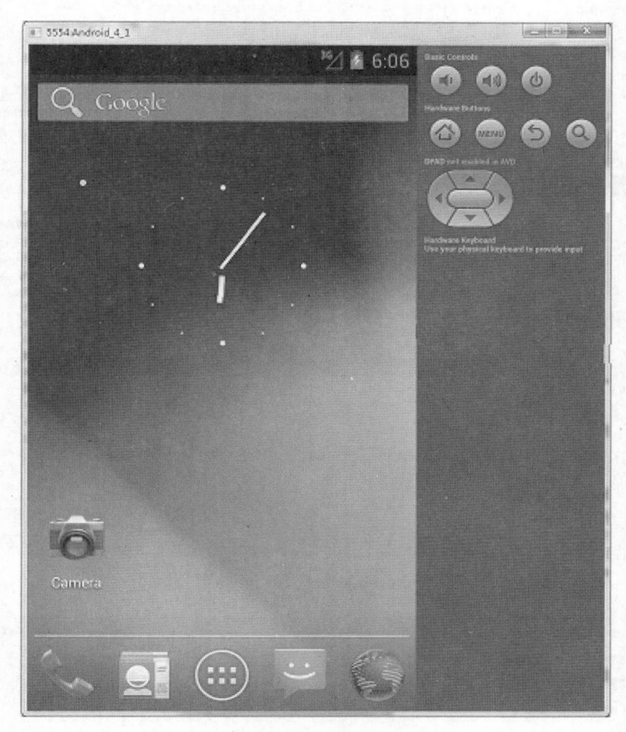

图1-23 模拟器界面

至此，模拟器便创建完成了，后续程序便可以使用该模拟器进行测试。

多学一招：SDK 版本下载的另一种方式

SDK 版本下载有两种方式，一种是在创建模拟器时通过图 1-20 所示的 System Image 窗口下载，另一种是通过单击菜单栏中的图标，在弹出的 Default Settings 窗口中下载。Default Settings 窗口是 Android Studio 的默认设置窗口，在该窗口中可以设置 Android Studio 的快捷键、编辑器等。

在 Default Settings 窗口中，单击 System Settings 列表的 Android SDK 选项可以看到 SDK 的安装情况，其中 Not installed 表示未安装，Update available 表示更新部分，Partially installed 表示部分安装，Installed 表示已安装，如图 1-24 所示。

在图 1-24 中，选中 SDK 版本前面的复选框，单击【OK】按钮即可下载相应版本的 SDK。如果想更详细地看到当前 SDK 版本中组件的安装情况，可以单击 "Launch Standalone SDK Manager" 超链接打开 Android SDK Manager 窗口。Android SDK Manager 窗口是 SDK 的管理窗口，在该窗口中可以看到 SDK 的所有版本以及所包含的组件，如图 1-25 所示。

在图 1-25 中，选中所需的 SDK 版本中的插件，单击右侧的【Install packages】按钮即可下载。需要注意的是，这个安装过程使用的资源都是在网上下载的，因此安装过程会比较漫长。

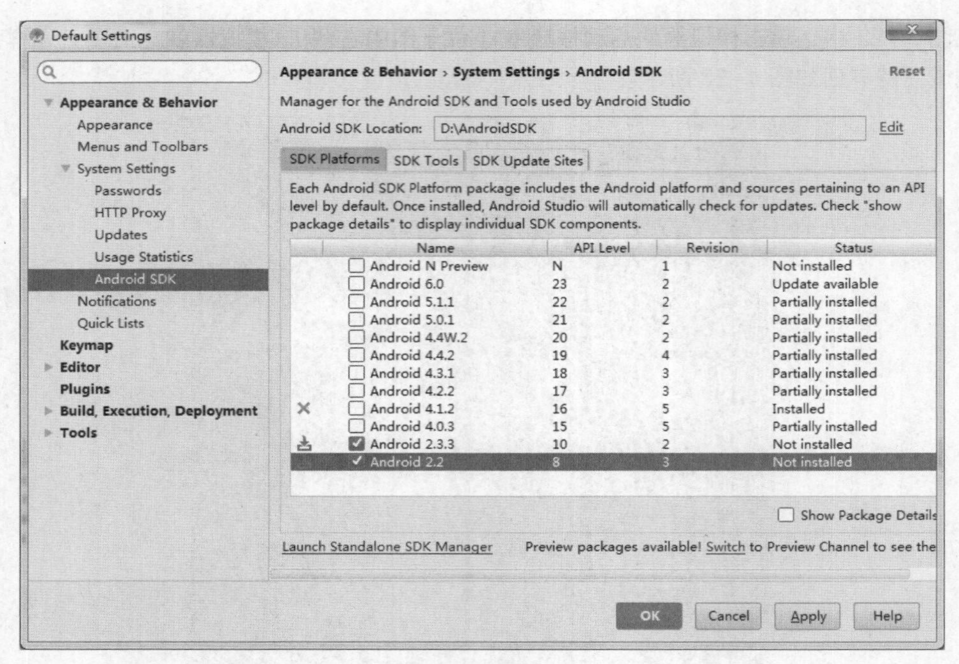

图1-24 Default Settings窗口

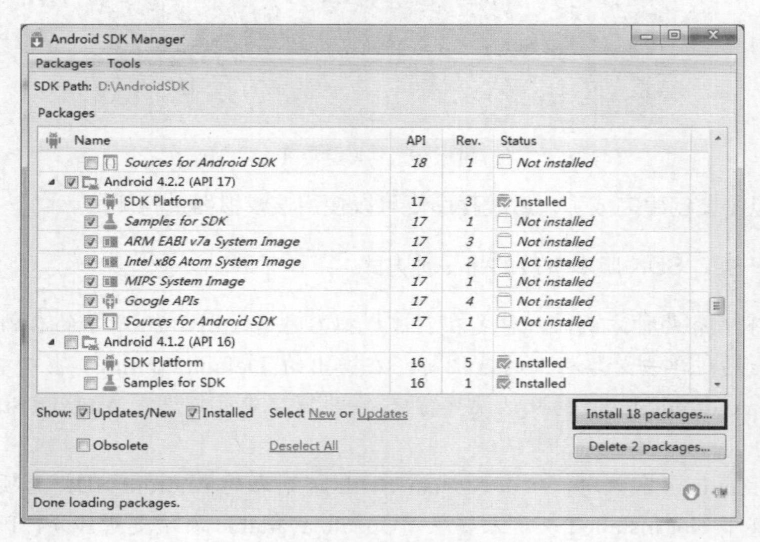

图1-25 Android SDK Manager窗口

1.2.3 DDMS 的使用

在使用模拟器或者手机进行程序测试时，通常会查看设备的内存使用情况，或者查看正在运行的进程等，这时就需要使用 Android Studio 提供的 DDMS。DDMS（Dalvik Debug Monitor Service）即 Dalvik 调试监控服务，是一个可视化的调试工具，它是开发环境与模拟器或者真机之间的桥梁，开发人员可以通过 DDMS 看到设备的运行状态，可以查看进程信息、LogCat 信息、进程分配内存情况，还可以向设备发送短信以及拨打电话等。对于开发人员来说，DDMS 是一个非常实用的工具。

单击 Android Studio 菜单栏中的按钮，即可打开 DDMS 视图，从而使用 DDMS 工具，如图 1-26 所示。

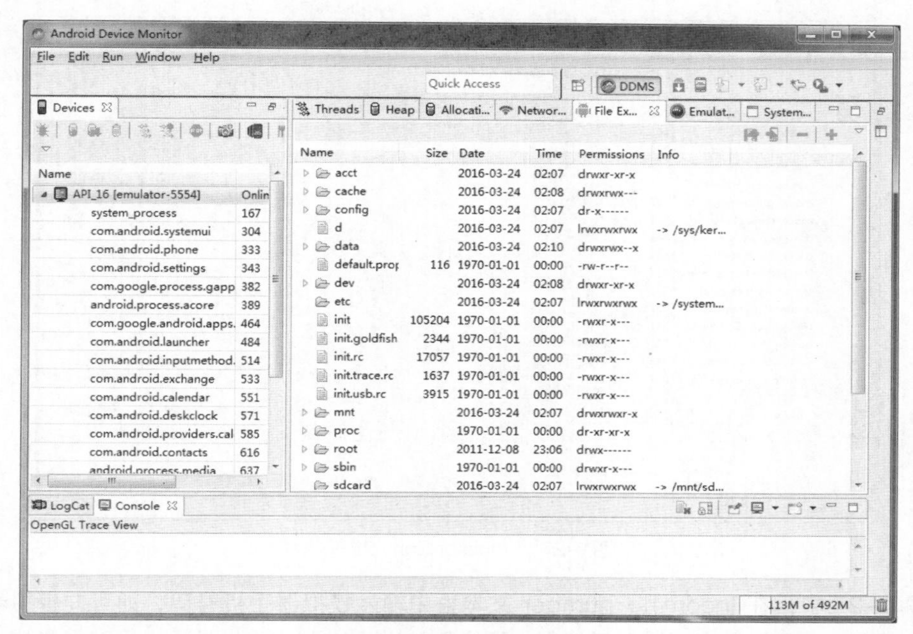

图1-26　DDMS视图

在图 1-26 中，可以看到 DDMS 窗口中有多个选项卡，这些选项卡分别负责不同的功能，具体说明如下。

- Devices：显示连接设备的详细信息，以及每个设备正在运行的 App 进程，每个进程最右边相对应的是与调试器连接的端口。
- Threads：显示当前进程中线程情况。
- Heap：显示应用中内存使用情况。
- Allocation Tracker：内存分配跟踪器，可以跟踪每个程序的内存分配情况。
- Network Statistics：网络统计，用于显示应用程序是如何使用网络资源的，以便优化代码中的网络请求。
- File Exporler：文件浏览器，可以查看 Android 设备中的文件，也可以将 Android 设备中的文件导出到本地，或者将本地文件上传到 Android 设备中，还可以进行删除操作，通过这三个按钮便可实现。在连接真机时很多操作需要 Root 权限才可以进行，模拟器则不需要。
- Emulator Control：实现对模拟器的控制，例如拨打电话，根据选项模拟各种不同网络情况、模拟短信发送及用虚拟地址坐标测试 GPS 功能等。
- System Information：Android 系统信息，用于显示帧的渲染时间、总的处理器负载以及设备的总内存使用率。
- LogCat：查看日志记录，用于显示运行设备中的应用程序所产生的所有日志信息。

Emulator Control 具有向 Android 模拟器拨打电话、发送短信的功能，由于这些功能在实际开发中比较常用，因此接下来就介绍一下如何使用 Emulator Control 向模拟器拨打电话及发送短信。

首先，开启 Android 模拟器，将 DDMS 视图切换到 Emulator Control 选项卡，如图 1-27 所示。

图1-27 Emulator Control选项卡

在图 1-27 中，在 Incoming number 文本框中输入模拟器手机号码，即可向模拟器发送短信和拨打电话。由于初学者刚接触模拟器，可能不知道模拟器的手机号码，仔细观察模拟器的标题栏会发现有 5554 的字样，此号码就为该模拟器的手机号码（实际虚拟手机号码应为 15555215554）。此时，初学者只要在 Incoming number 文本框中输入 5554 或者 11 位的虚拟手机号码，选中 Voice 单选按钮，单击【Call】按钮，即可向 Android 模拟器拨打电话，如图 1-28 所示。

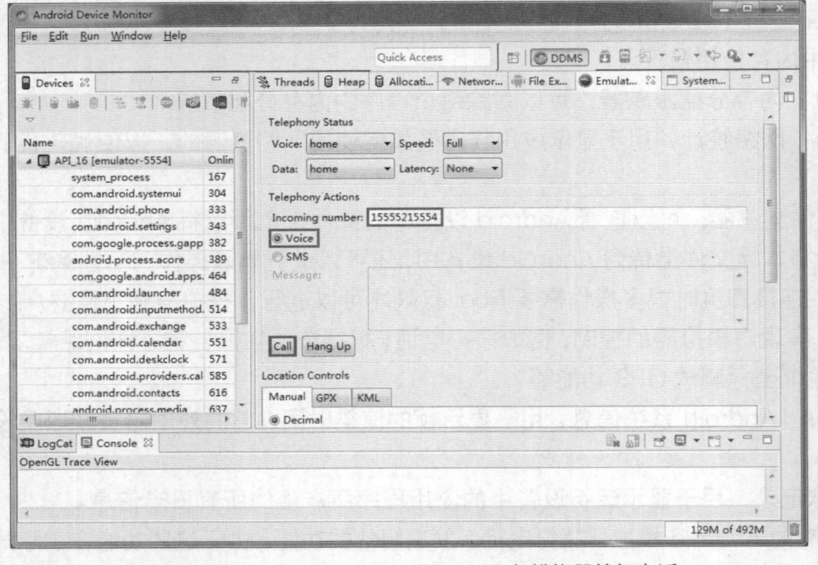

图1-28 向模拟器拨打电话

发送短信与拨打电话类似，同样是在 Incoming number 文本框中输入手机号码，不同的是，需要选中 SMS 单选按钮，在 Message 文本框中输入要发送的短信内容，单击【Send】按钮，即可向 Android 模拟器发送短信，如图 1-29 所示。

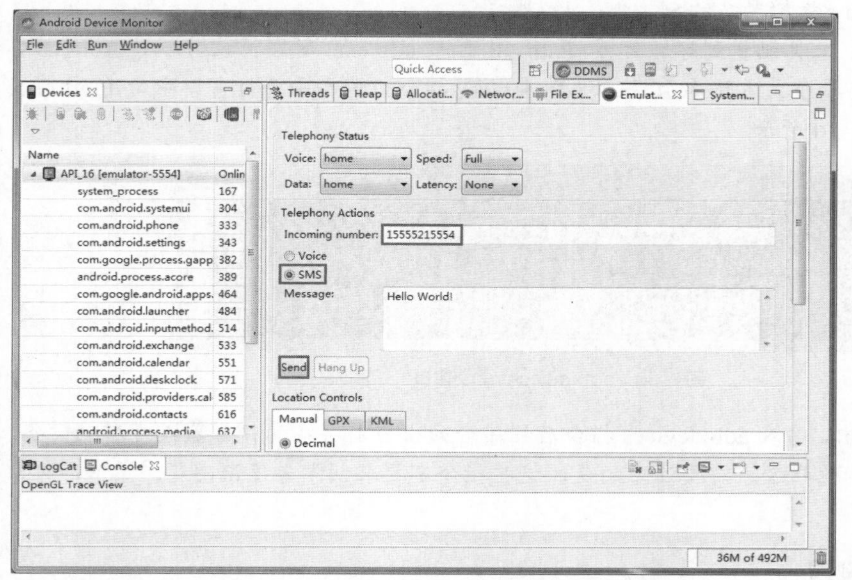

图1-29　向模拟器发送短信

当然，除了使用 Emulator Control 选项卡向 Android 模拟器拨打电话或发送短信以外，也可以通过开启两个模拟器的方法来实现。需要注意的是，使用 Emulator Control 选项卡时，在 Incoming number 处输入任意号码都是可以的，而使用另一个 Android 模拟器向该模拟器拨打电话或者发送短信时，就必须输入 15555215554 或者 5554。此方法比较简单，初学者可以自己进行测试，这里不做详细讲解。

多学一招：ADB 调试桥

与 DDMS 作用相同的工具还有一个 adb.exe，该工具通常被称为 ADB（Android Debug Bridge）调试桥。ADB 调试桥位于 SDK 的 platform-tools 目录中，它与 DDMS 工具的作用相同，只不过是通过命令行的方式管理模拟器和真机的调试。当 Android Studio 运行时，ADB 进程就会自动运行，借助 adb.exe 工具就可以操作模拟器或者真机，例如安装软件、卸载软件、将数据复制到 SD 卡等。

由于 ADB 是通过命令行的形式操作模拟器或者真机的，因此 ADB 调试桥有很多指令，下面介绍几种常见的指令，具体如下。

- adb start-server：开启 ADB 服务
- adb devices：列出所有设备
- adb logcat：查看日志
- adb kill-server：关闭 ADB 服务
- adb shell：挂载到 Linux 的空间

- adb install <应用程序(加扩展名)>：安装应用程序
- adb -s <模拟器名称> install <应用程序(加扩展名)>：安装应用程序到指定模拟器
- adb uninstall <程序包名>：卸载指定的应用程序
- adb emulator -avd <模拟器名称>：启动模拟器

接下来将 adb.exe 工具配置到环境变量 Path 中（将 adb.exe 所在目录 D:\AndroidSDK\platform-tools 添加到变量值文本域中），并以 adb devices 指令为例在命令行窗口中使用 adb.exe 工具，运行结果如图 1-30 所示。

```
C:\Windows\system32\cmd.exe
Microsoft Windows [版本 6.1.7601]
版权所有 (c) 2009 Microsoft Corporation。保留所有权利。

C:\Users\admin>adb devices
List of devices attached
emulator-5554   device
```

图1-30 adb devices命令窗口

从图 1-30 可以看出，输入 adb devices 指令后程序会列出当前存在的模拟器或者移动设备。初学者可以自行测试其他指令。需要注意的是，这些指令不要求初学者死记硬背，了解即可，需要的时候可以查询。

1.2.4 快捷键设置

在实际开发中，熟练使用快捷键可以大大节省工作时间，提高工作效率。Android Studio 与其他开发工具一样，也有很多快捷键，下面介绍几种常用的快捷键。

- Ctrl+D：复制光标所在行的代码，并在此行的下面粘贴出来。
- Ctrl+ /：以双斜杠的形式注释当前行的代码，即“//”。
- Ctrl+Shift + /：将当前选中代码以文档形式进行标注，即“/*…*/”。
- Ctrl+F：在当前类搜索与输入匹配的内容。
- Ctrl+X：剪切整行内容。
- Ctrl+Y：删除整行内容。
- Ctrl+F12：显示当前文件的结构。
- Ctrl+ Alt+L：格式化代码。
- Ctrl+ Alt+S：打开设置界面。
- Ctrl+Shift+Space：自动补全代码。
- Shift+Enter：在当前行的下面插入新行，并将代码移动到下一行。
- Alt+Enter：自动导入包。

如果使用的快捷键与电脑中一些热键冲突或者想要依照个人习惯而设置快捷键，那么在 Android Studio 中修改快捷键也是很方便的，下面进行具体介绍。在菜单中单击【File】→【Settings…】选项，如图 1-31 所示。

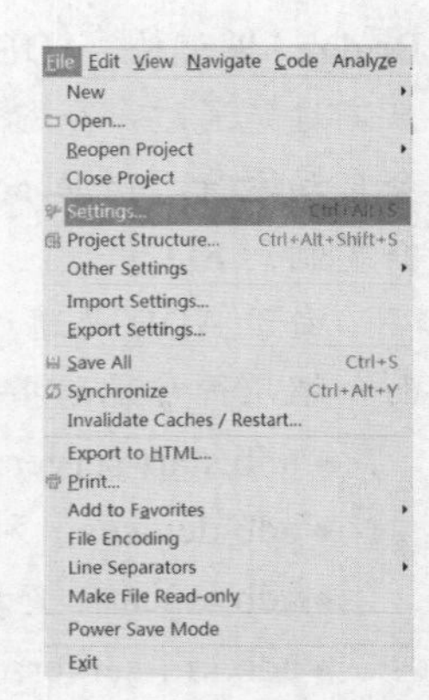

图1-31 Settings选项

在【Settings】界面中，选择【Keymap】选项，找到要修改的快捷键（以 Tab 键为例），在修改的快捷键条目上单击鼠标右键，选择【Remove Tab】选项，如图 1-32 所示。

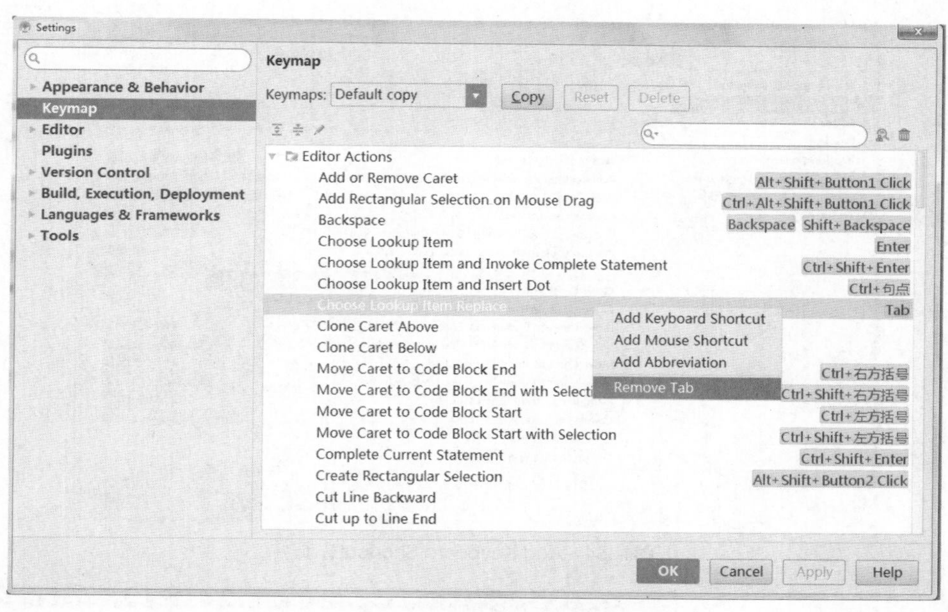

图1-32　Remove Tab选项

单击【Remove Tab】选项之后，将快捷键【Tab】删除，如图 1-33 所示。

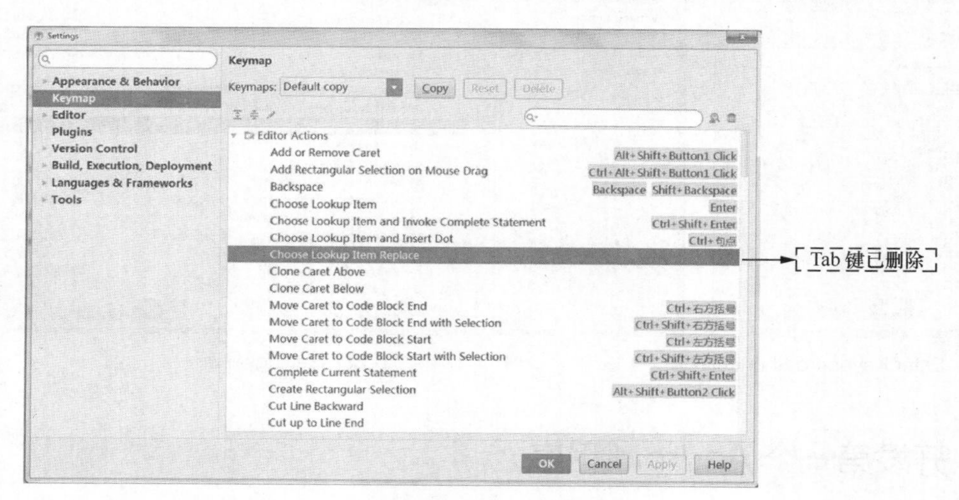

图1-33　Settings界面

然后设置自己想使用的快捷键，在当前选项上单击右键，选择【Add Keyboard Shortcut】选项，如图 1-34 所示。

单击【Add Keyboard Shortcut】选项之后，进入 Enter Keyboard Shortcut 界面，在【First Stroke】文本框中直接按下键盘上要设置的快捷键（以键盘按键“F10”为例），如图 1-35 所示。

设置快捷键完成之后，单击【OK】按钮，回到 Settings 界面，如图 1-36 所示。

在 Settings 界面可以看到自定义的快捷键已经完成了设置，单击【OK】按钮应用设置，即可在 Android Studio 中进行使用。

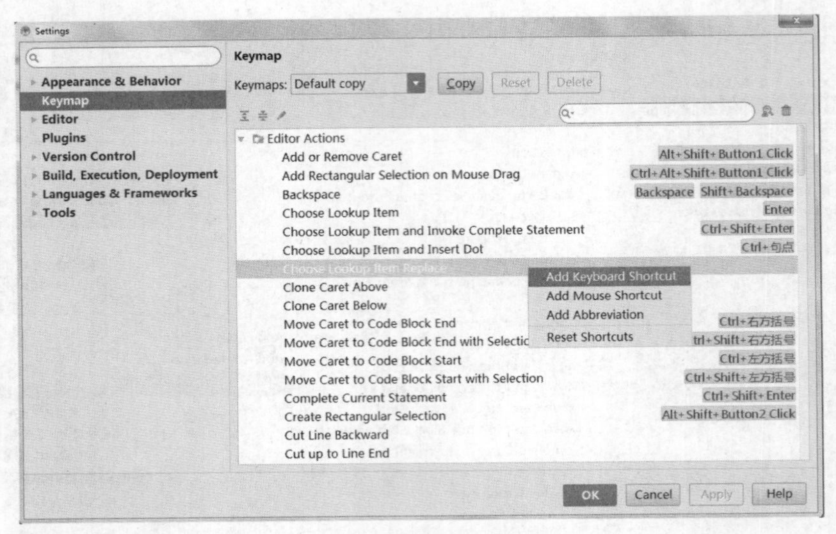

图1-34 Add Keyboard Shortcut选项

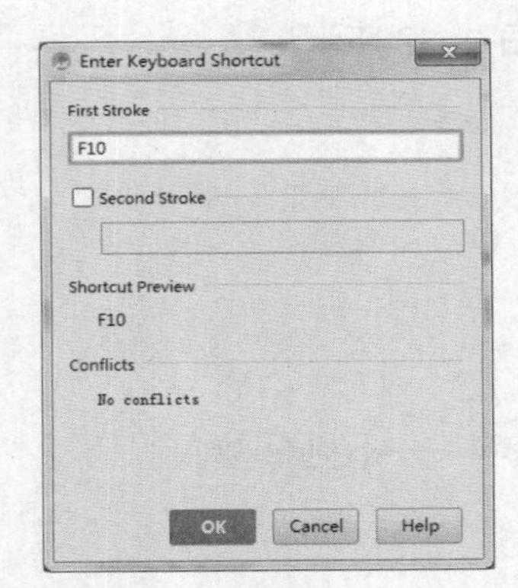

图1-35 Enter Keyboard Shortcut界面

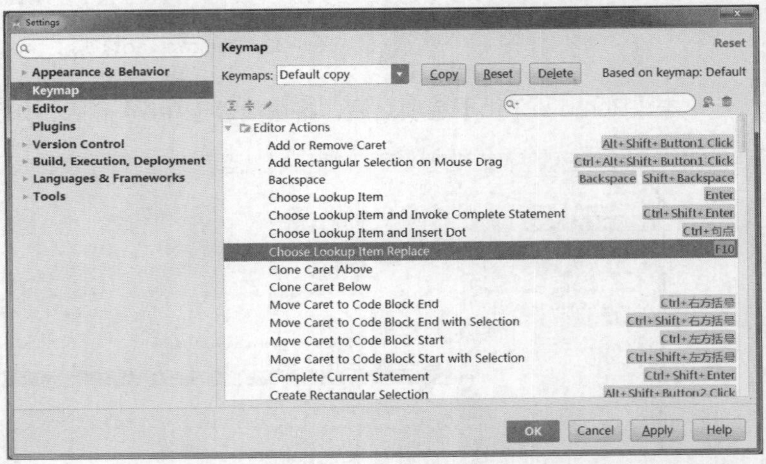

图1-36 Settings界面

1.3 开发第一个 Android 程序

任何一门语言编写的第一个程序几乎都是 HelloWorld，Android 程序也不例外，本小节就讲解如何编写一个 HelloWorld 程序，以及了解 Android 项目的结构。

1.3.1 实战演练——开发 HelloWorld 程序

在 1.2 小节中已经搭建好了开发环境，接下来就按照步骤来开发 HelloWorld 程序。

1. 创建 HelloWorld 程序

单击【File】→【New】→【New Project】选项，此时会进入 New Project 界面，分别设置应用名称、公司域名、项目的包名和 Project 存放的本地目录，如图 1-37 所示。

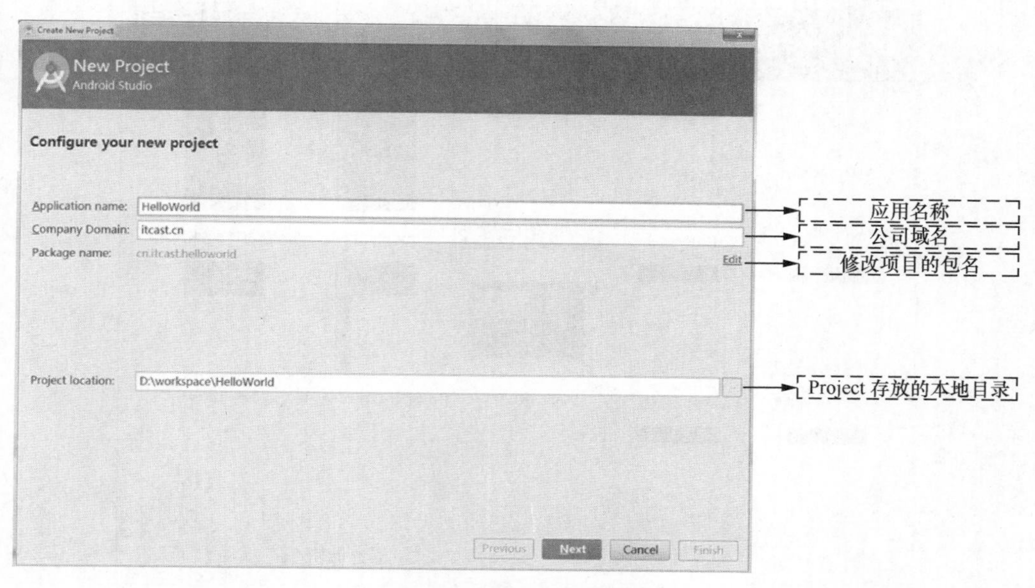

图1-37　New Project界面

在图 1-37 中，选项设置完成后单击【Next】按钮，进入 Target Android Devices 界面，如图 1-38 所示。

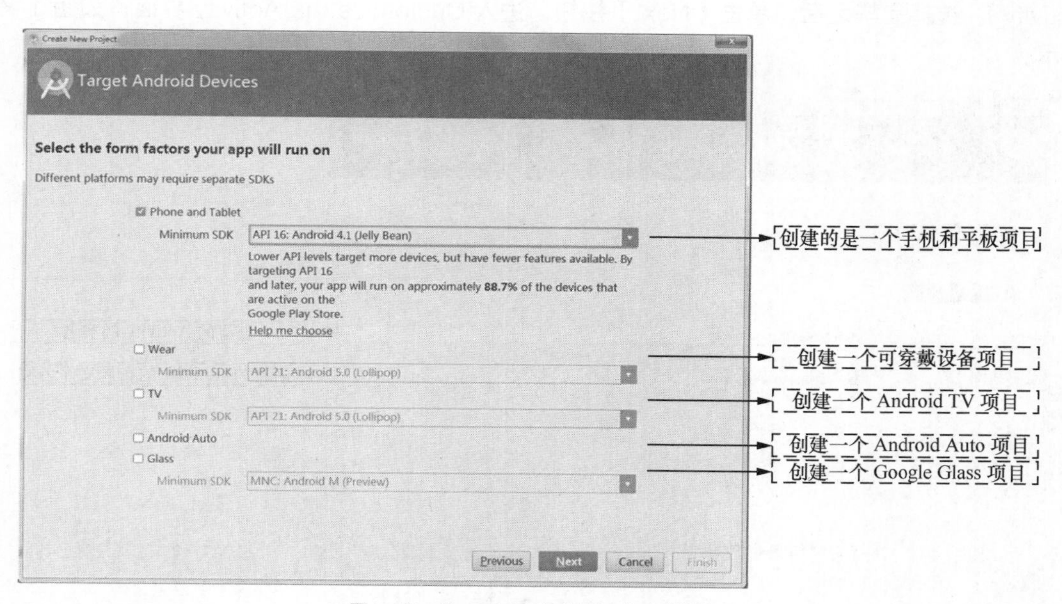

图1-38　Target Android Devices界面

在图 1-38 中，Minimum SDK 表示支持 Android 的最低版本，根据不同的需求选择不同的版本。设置完成之后单击【Next】按钮，进入 Add an activity to Mobile 界面，如图 1-39 所示。

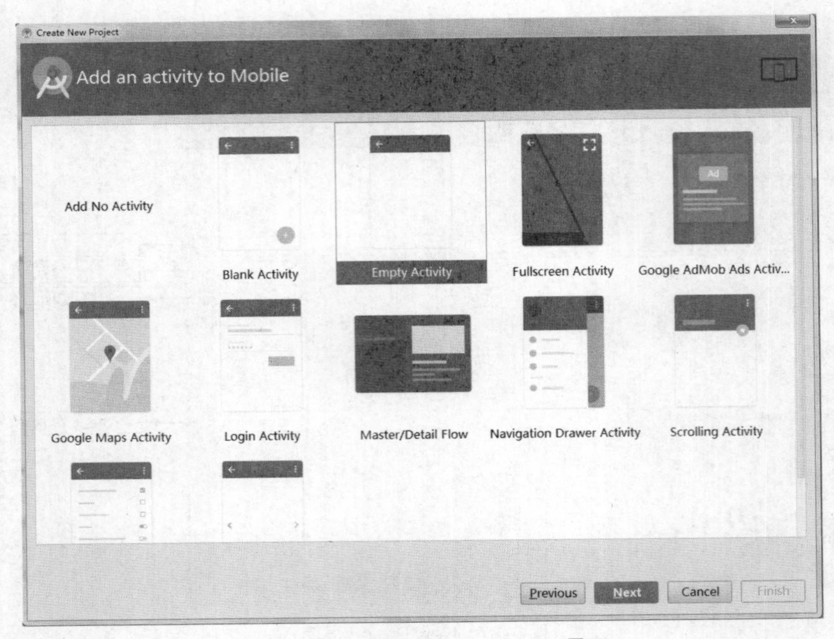

图1-39 Add an activity to Mobile界面

在图 1-39 中，创建 Activity 时有多个模板可供选择，这些模板都是在 Empty Activity 模板的基础上添加了一些简单的控件，因此，选择 Empty Activity 即可（本书所有案例均采用 Empty Activity）。选择完毕之后，单击【Next】按钮，进入 Customize the Activity 界面，如图 1-40 所示。

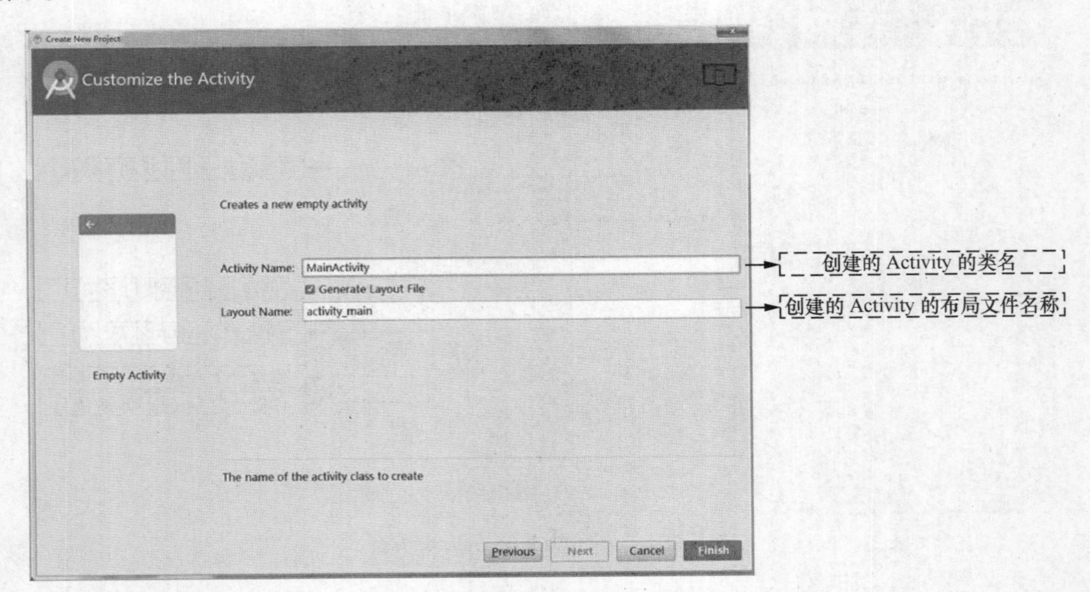

图1-40 Customize the Activity界面

在图 1-40 中，设置完成后单击【Finish】按钮，项目就创建完成了，此时在 Android Studio 中会显示创建好的 HelloWorld 程序，如图 1-41 所示。

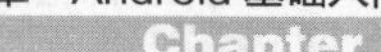

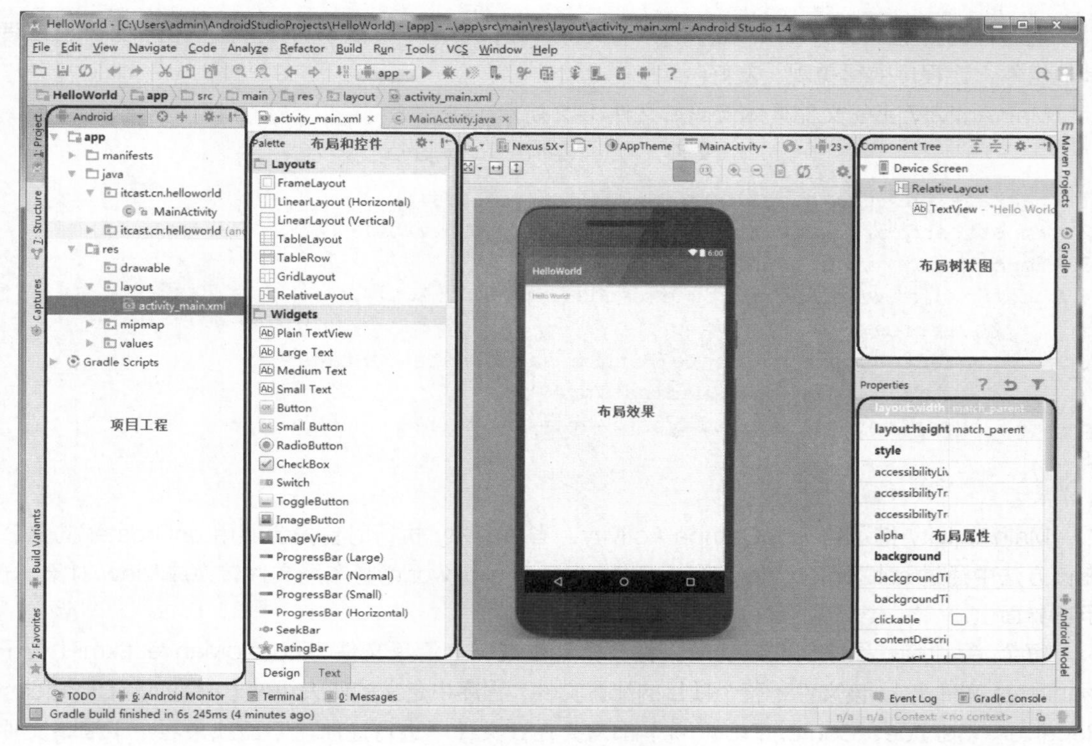

图1-41 HelloWorld程序

至此，HelloWorld 程序的创建已全部完成，接下来将认识程序中的文件。

2. 认识程序中的文件

当 HelloWorld 项目创建成功后，Android Studio 会自动生成两个默认的文件，那就是布局文件和 Activity 文件，布局文件主要用于展示 Android 项目的界面，Activity 文件主要用于完成界面的交互功能，接下来将分别展示两个文件代码。activity_main.xml 文件具体代码如文件 1-1 所示。

文件 1-1 activity_main.xml

```
<?xml version="1.0" encoding="utf-8"?>
<RelativeLayout xmlns:android="http://schemas.android.com/apk/res/android"
   xmlns:tools="http://schemas.android.com/tools"
   android:layout_width="match_parent"
   android:layout_height="match_parent"
   android:paddingBottom="16dp"
   android:paddingLeft="16dp"
   android:paddingRight="16dp"
   android:paddingTop="16dp"
   tools:context=".MainActivity">
   <TextView
      android:layout_width="wrap_content"
      android:layout_height="wrap_content"
      android:text="Hello World!" />
</RelativeLayout>
```

上述代码就是 HelloWorld 程序的布局文件，在该布局中可以添加任意的按钮和文本框或者其他组件，让程序变得美观、友好。

MainActivity.java 文件具体代码如文件 1-2 所示。

文件 1-2 MainActivity.java

```
1  package cn.itcast.helloworld;
2  import android.support.v7.app.AppCompatActivity;
3  import android.os.Bundle;
4  public class MainActivity extends AppCompatActivity {
5      @Override
6      protected void onCreate(Bundle savedInstanceState) {
7          super.onCreate(savedInstanceState);
8          setContentView(R.layout.activity_main);
9      }
10 }
```

MainActivity 继承自 AppCompatActivity，当 Activity 执行时首先会调用 onCreate()方法，在该方法中通过 setContentView(R.layout.activity_hello_world)将布局文件转换成 View 对象，显示在界面上。

每个 Android 程序创建成功后，都会自动生成一个清单文件 AndroidManifest.xml（位于 manifests 文件夹），该文件是整个项目的配置文件，程序中定义的四大组件（Activity、Broadcast Receiver、Service、ContentProvider）都需要在该文件中进行注册。下面就来看一下清单文件中的默认内容，具体代码如文件 1-3 所示。

文件 1-3 AndroidManifest.xml

```
<?xml version="1.0" encoding="utf-8"?>
<manifest xmlns:android="http://schemas.android.com/apk/res/android"
    package="cn.itcast.myapplication" >
    <application
        android:allowBackup="true"
        android:icon="@mipmap/ic_launcher"
        android:label="HelloWorld"
        android:supportsRtl="true"
        android:theme="@style/AppTheme" >
        <activity android:name=".MainActivity" >
            <intent-filter>
                <action android:name="android.intent.action.MAIN" />
                <category android:name="android.intent.category.LAUNCHER" />
            </intent-filter>
        </activity>
    </application>
</manifest>
```

在上述代码中，<application>标签中的 allowBackup 属性用于设置是否允许备份应用数据；icon 属性用于设置应用程序图标；label 属性用来指定显示在标题栏上的名称；supportsRtl 属性设置为 true 时，应用将支持 RTL（Right-to-Left）布局；theme 属性用于指定主题样式，就是能够应用于此程序中所有的 Activity 或者 application 的显示风格。

<activity android:name=".MainActivity" >标签用于注册一个 Activity，<intent-filter>标签中设置的 action 属性表示当前 Activity 最先启动，category 属性表示当前应用显示在桌面程序列表中。

3. 运行程序

程序创建成功后，暂时不需要添加任何的代码就可以直接运行程序。在模拟器在线的情况下，单击工具栏中的运行按钮，会进入 Choose Device 界面，如图 1-42 所示。

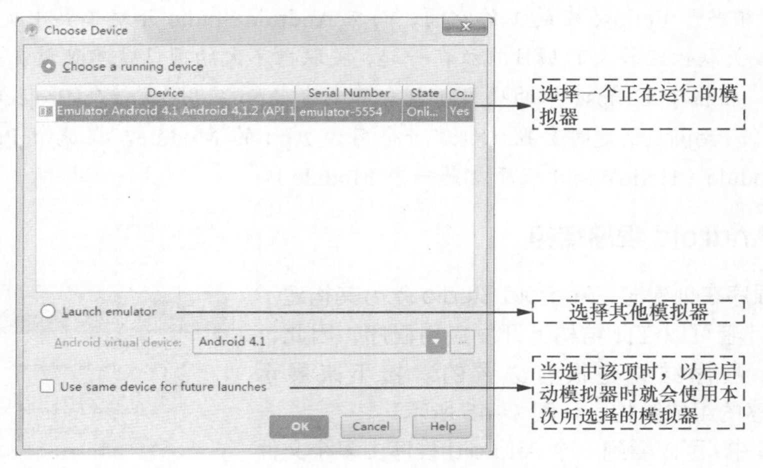

图1-42　Choose Device界面

选择完合适的模拟器之后，单击【OK】按钮，等待约几秒钟的时间，运行结果如图 1-43 所示。

程序运行成功后，会发现模拟器上已经安装了 HelloWorld 这个程序，打开程序列表，如图 1-44 所示。

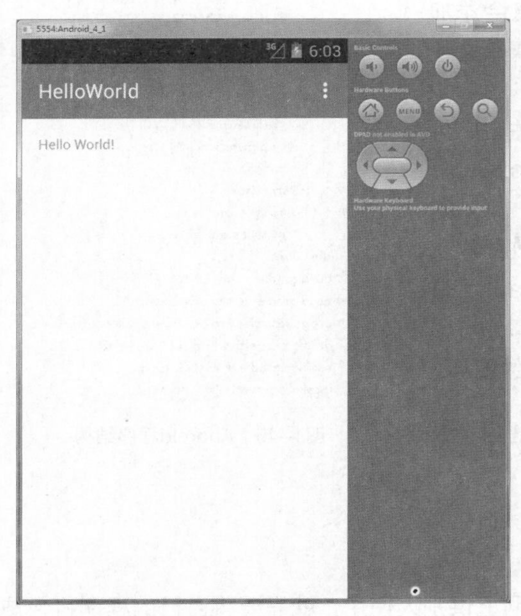

图1-43　运行结果

图1-44　应用程序列表

在图 1-44 中，可以看到一个 HelloWorld 程序，默认使用 Android 图标，说明程序运行成功。

多学一招：Project 与 Module 区别

在 Android Studio 开发工具中，有两个重要概念，一个是 Project，一个是 Module，具体说明如下。

- Project：相当于 Eclipse 中的工作空间，而在 Android Studio 开发工具中更强调 Project 中项目的关联性，关联性比较大的项目就放在一起，关联性不大的项目就单独放在一个 Project 中。
- Module：相当于 Eclipse 中的项目（包含库或者 App 应用），一个 Project 可以包含多个 Module，并且在 Project 创建时会默认创建一个名为 App 的 Module，在这个 Project 中还可以创建其他的 Module（HelloWorld 程序就是一个 Module）。

1.3.2 Android 程序结构

Android 程序在创建时，Android Studio 就为其构建了基本结构，设计者可以在此结构上开发应用程序，因此，掌握 Android 程序结构是很有必要的。接下来展示 HelloWorld 程序的组成结构，如图 1-45 所示。

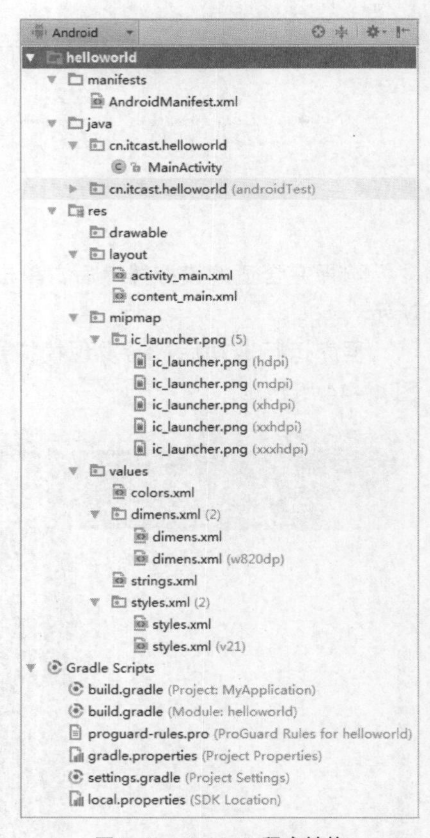

图1-45 Android程序结构

在图 1-45 中，可以看到一个 Android 程序由多个文件以及文件夹组成，这些文件分别用于不同的功能，具体分析如下。

- manifests：用于存放 AndroidManifest.xml 文件（又称清单文件），该文件是整个项目的配置文件。在程序中定义的四大组件都需要在这个文件中注册，另外在该文件中还可以给程序添加权限。在清单文件中配置的信息会添加到 Android 系统中，当程序运行时，系统会找到清单文件中的配置信息，然后根据配置信息打开相应组件。
- java：用于存放所有的 Java 代码，在该文件夹中可以创建多个包，每个包中可以存放不同的文件或 Activity。
- res：用于存放 Android 程序所用到的资源，例如图片、布局文件、字符串等。drawable 目录用于存放图片及 XML 文件，layout 目录用于存放布局文件，mipmap 目录通常用于存放应用程序图标，系统会根据手机屏幕分辨率（hdpi/mdpi/xhdpi/xxhdpi/xxxhdpi）匹配相应大小的图标，values 目录用于放置定义的字符串。
- Gradle Scripts：用于存放项目创建的相关文件，无须修改。

1.3.3 Android 程序打包

Android 程序开发完成后，如果要发布到互联网上供别人使用，就需要将自己的程序打包成正式的 Android 安装包文件（Android Package 简称 APK），其后缀名为“.apk”。这是每个应用程序发布之前必做的一项工作，因此初学者一定要掌握，接下来将针对 Android 程序打包过程进行详细讲解。

首先，在菜单栏中单击【Build】→【Generate Signed APK】选项，如图 1-46 所示。

在图 1-46 中，单击【Generate Signed APK】选项后，进入 Generate Signed APK 界面，如图 1-47 所示。

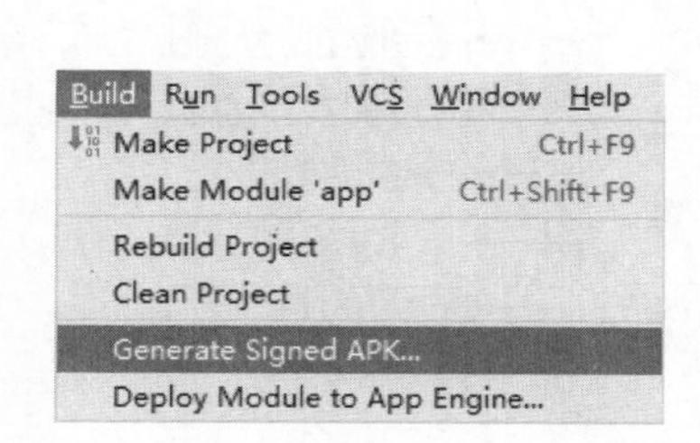

图1-46　Generate Signed APK选项

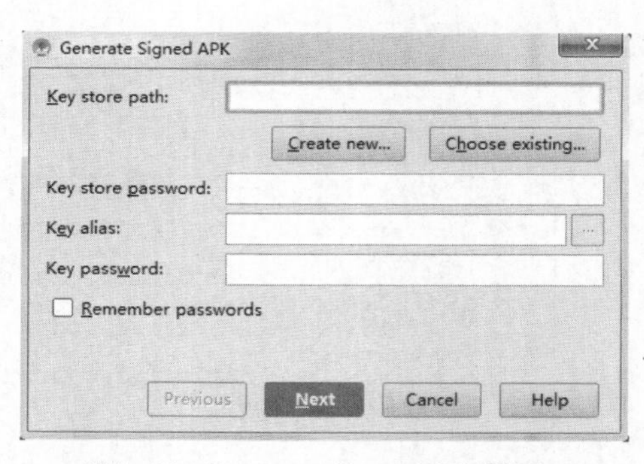

图1-47　Generate Signed APK界面

在图 1-47 中，Key store path 项用于选择程序证书地址，由于是第一次开发程序没有证书，因此需要创建一个新的证书。单击 Create new 按钮，进入 New Key Store 界面，如图 1-48 所示。

在图 1-48 中，单击 Key store path 项之后的【…】按钮，进入 Choose keystore file 界面，选择证书存放路径，如图 1-49 所示。

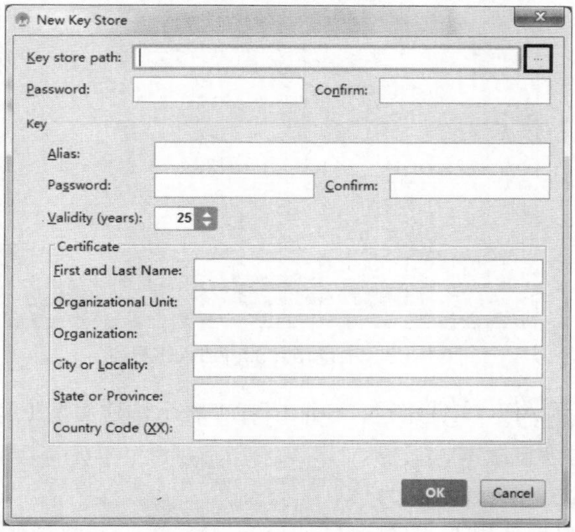

图1-48　New Key Store界面

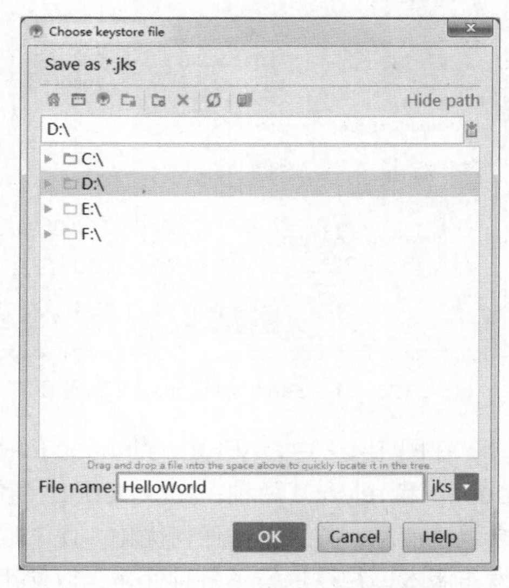

图1-49　Choose keystore file界面

在图 1-49 中，选择证书所存放路径，并在下方 File name 中填写证书名称，然后单击【OK】按钮，返回 New Key Store 界面，填写相关信息，如图 1-50 所示。

在图 1-50 中，信息填写完毕之后，单击【OK】按钮，返回 Generate Signed APK 界面，如图 1-51 所示。

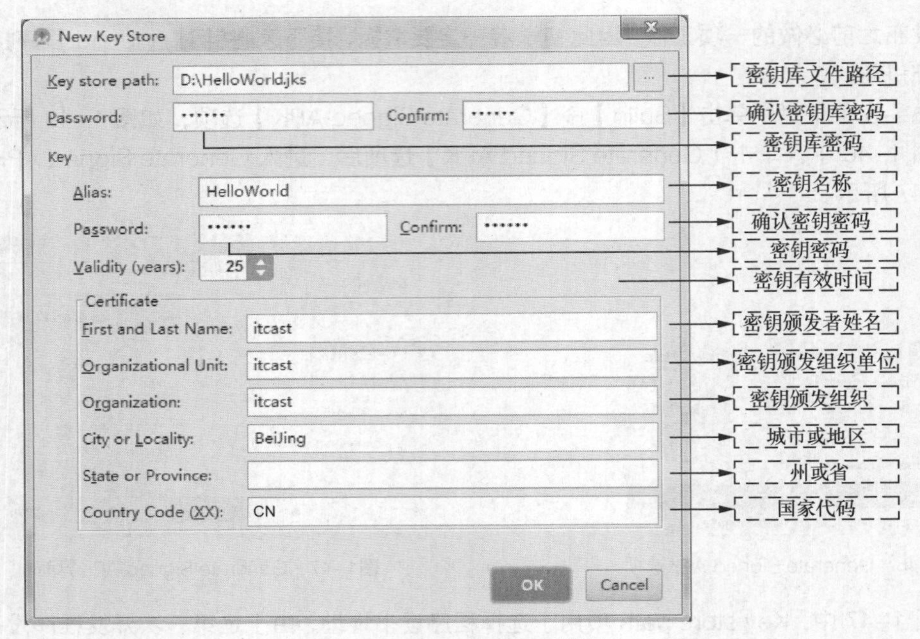

图1-50 New Key Store界面

在图 1-51 中，创建好的证书信息已经自动填写完毕，单击【Next】按钮，进入如图 1-52 所示界面。

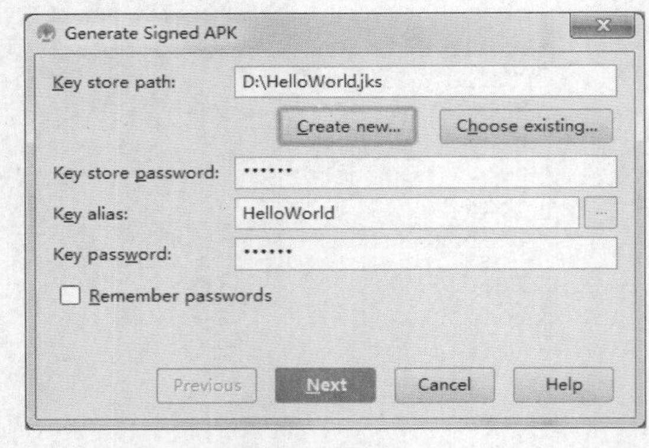

图1-51 Generate Signed APK界面

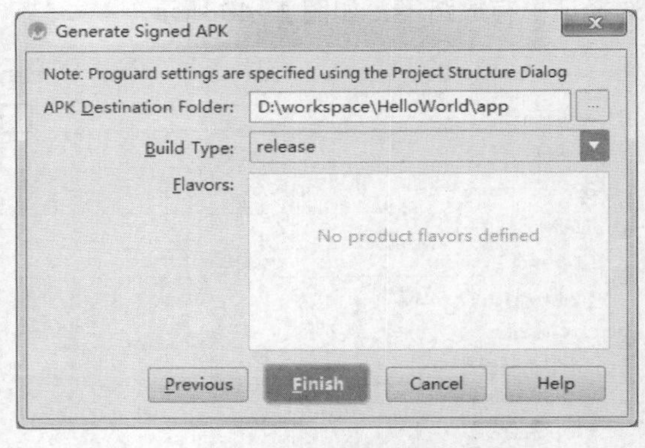

图1-52 Generate Signed APK界面

在图 1-52 中，APK Destination Folder 表示 APK 文件路径，Build Type 表示构建类型（有 debug 和 release 两种，其中 debug 通常称为调试版本，它包含调试信息，并且不作任何优化，便于程序调试。release 称为发布版本，往往进行了各种优化，以便用户很好地使用）。此处选择 release，然后单击【Finish】按钮，进入 Signed APK's generated successfully 界面，如图 1-53 所示。

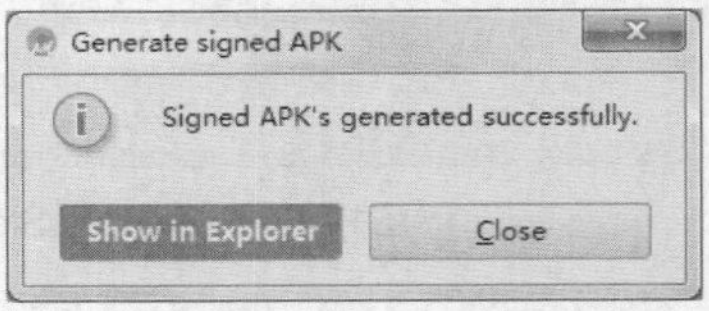

图1-53 Signed APK's generated successfully界面

在图 1-53 中，单击【Show in Explorer】按钮，即可查看生成的 APK 文件，如图 1-54 所示。

至此，HelloWorld 程序已成功完成打包，这个打包的程序能够在 Android 手机上进行安装运行，也能够放在市场中让其他人进行下载。

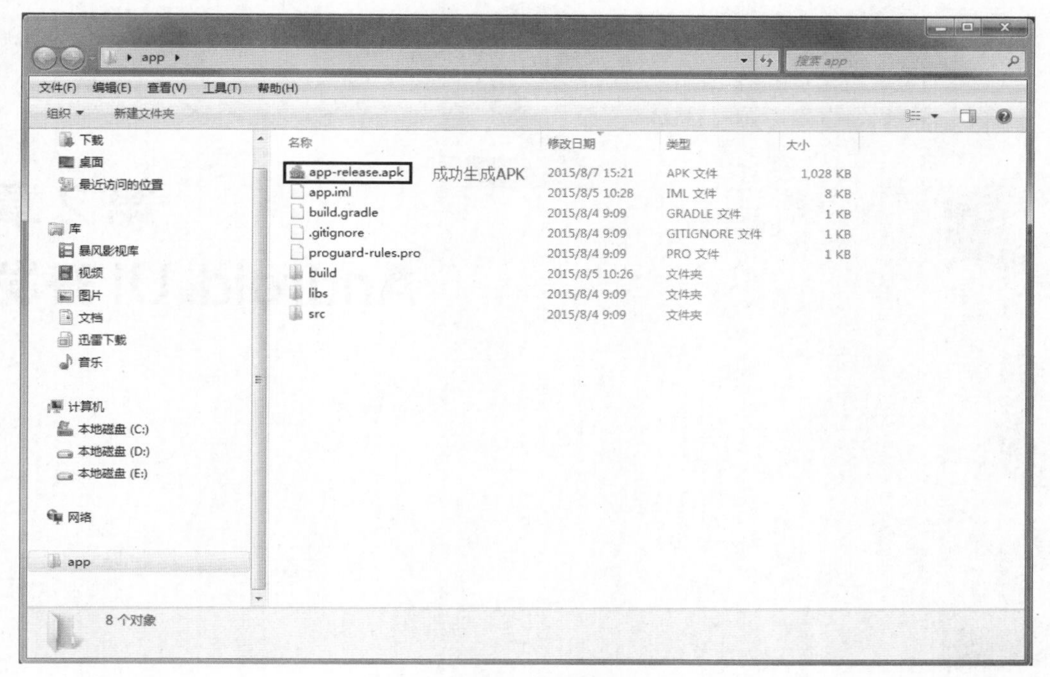

图1-54　成功生成APK

1.4 本章小结

本章主要讲解了 Android 的基础知识。首先介绍了 Android 的起源以及体系结构，然后讲解 Android 开发环境的搭建，最后通过一个 HelloWorld 程序来讲解如何开发 Android 程序。本章所讲解的知识是 Android 开发者的入门知识，要求初学者熟练掌握本章知识，为后面的学习做好铺垫。

【思考题】

1. Java 虚拟机和 Dalvik 虚拟机的区别有哪些?
2. 如何使用 DDMS 工具打开 SD 卡目录?

2 Chapter

第2章 Android UI开发

Android

学习目标

- 掌握布局以及控件的使用，会搭建常见布局；
- 掌握程序调试的方法，实现对程序的调试；
- 学会使用LogCat，能够快速定位日志信息。

UI（User Interface）界面是人与手机之间数据传递、信息交互的重要媒介和对话窗口，是Android系统的重要组成部分。界面的美观度直接影响用户的第一印象，因此，开发一个整齐、美观的界面至关重要。本章将针对Android UI开发进行详细讲解。

2.1 布局的创建

在Android程序中界面是通过布局文件设定的，在每个应用程序创建时会默认包含一个主界面布局，该布局位于res/layout目录中。由于实际开发中每个应用程序都包含多个界面，而程序默认提供的一个主界面布局无法满足需求，因此经常会在程序中添加多个布局。添加布局的过程非常简单，首先选中layout文件夹并单击右键，依次选中【New】→【XML】→【Layout XML File】选项，如图2-1所示。

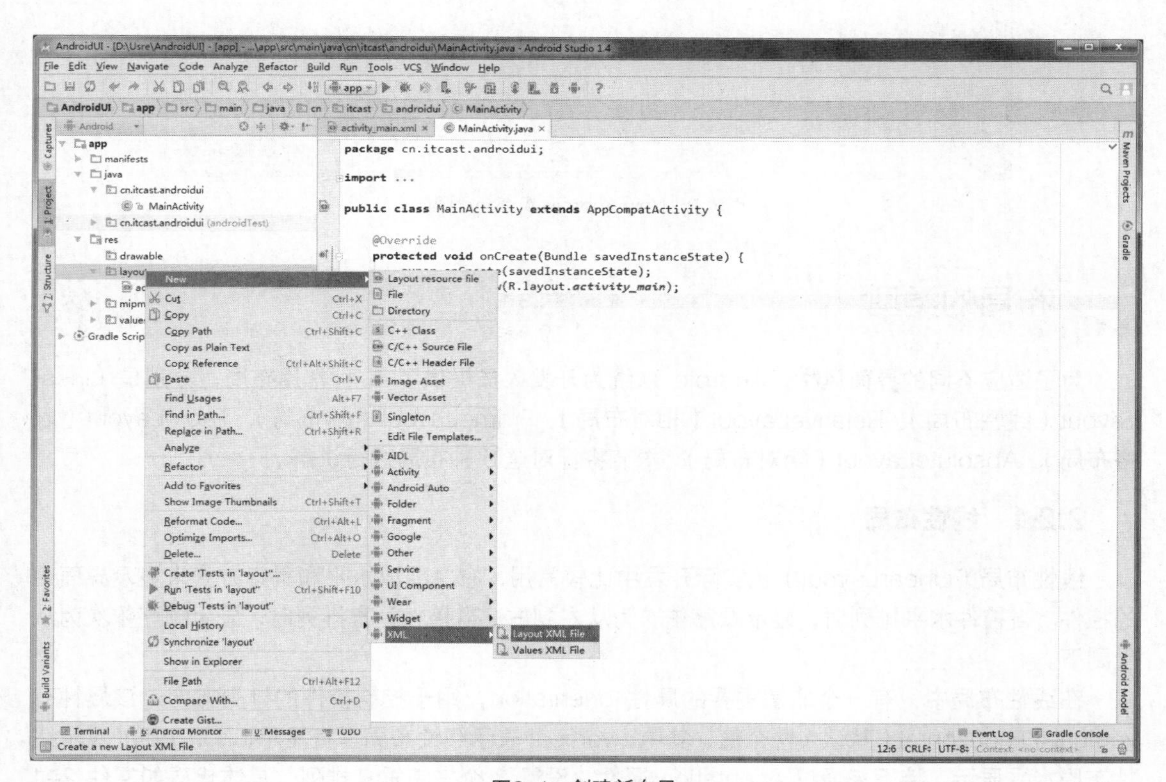

图2-1 创建新布局

单击该选项后会弹出New Android Activity界面，如图2-2所示。

在图2-2中，有两个选项，其中Layout File Name是填写文件的名称，该名称只能包含小写字母a~z，数字0~9或下划线“_”，若命名不符合要求，则下方会出现错误提示。Root Tag表示根元素标签，默认为LinearLayout（线性布局）。单击【Finish】按钮，新布局就创建完成了。

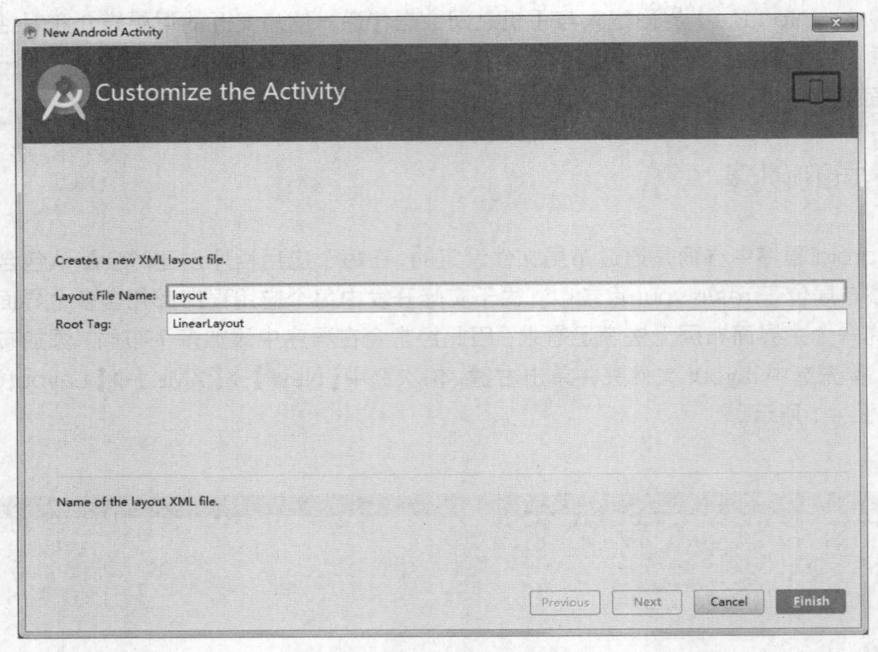

图2-2　New Android Activity界面

2.2 布局的类型

为了适应不同的界面风格，Android 系统为开发人员提供了 5 种常用布局，分别是 LinearLayout（线性布局）、RelativeLayout（相对布局）、FrameLayout（帧布局）、TableLayout（表格布局）、AbsoluteLayout（绝对布局），本节将针对这 5 种布局进行讲解。

2.2.1　线性布局

线性布局（LinearLayout）在实际开发中比较常用，它主要以水平和垂直方式来显示界面中的控件。当控件水平排列时，显示顺序依次为从左到右；当控件垂直排列时，显示顺序依次为从上到下。

在线性布局中，有一个非常重要的属性 orientation，用于控制控件的排列方向，该属性有 vertical 和 horizontal（默认）两个值，其中，vertical 表示线性布局垂直显示，horizontal 表示线性布局水平显示。接下来通过 orientation 属性，设置 3 个按钮垂直排列，具体代码如文件 2-1 所示。

文件 2-1　linearlayout1.xml

```
<?xml version="1.0" encoding="utf-8"?>
<LinearLayout xmlns:android="http://schemas.android.com/apk/res/android"
    android:layout_width="wrap_content"
    android:layout_height="wrap_content"
    android:orientation="vertical">
    <Button
```

```
        android:id="@+id/btn_one"
        android:layout_width="wrap_content"
        android:layout_height="wrap_content"
        android:text="按钮 1"/>
    <Button
        android:id="@+id/btn_two"
        android:layout_width="wrap_content"
        android:layout_height="wrap_content"
        android:text="按钮 2"/>
    <Button
        android:id="@+id/btn_three"
        android:layout_width="wrap_content"
        android:layout_height="wrap_content"
        android:text="按钮 3"/>
</LinearLayout>
```

在上述代码中，将 orientation 属性值设置为 vertical，控件垂直显示。若将该值修改为 horizontal，则控件会水平显示，预览效果如图 2-3 所示。

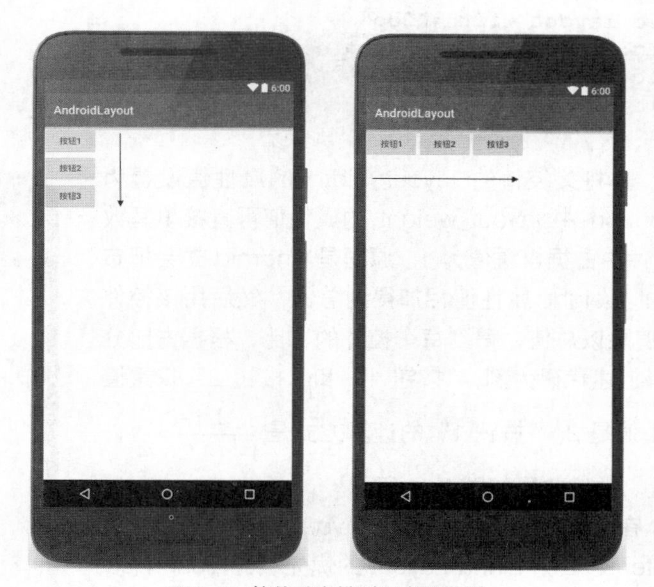

图2-3 控件垂直排列和水平排列

需要注意的是，当控件水平排列时，控件属性 layout_width 只能设置为 wrap_content（包裹内容让当前控件根据控件内容大小自动伸缩），不能设置为 match_parent（填充父窗体由父容器大小决定控件大小），否则其余控件会被挤出屏幕右侧不显示。同理，如果控件垂直排列也会出现同样情况。

从图 2-3 可以看出，当控件水平排列时，3 个 Button 未占满一行，右侧留有空白区域，这样既不美观又浪费空间。此时，利用 layout_weight 属性可完美解决这个问题，该属性被称为权重，通过比例调整布局中所有控件的大小，在进行屏幕适配时起到关键作用，具体代码如文件 2-2 所示。

文件 2-2 linearlayout2.xml

```
<?xml version="1.0" encoding="utf-8"?>
<LinearLayout xmlns:android="http://schemas.android.com/apk/res/android"
    android:layout_width="match_parent"
    android:layout_height="wrap_content">
    <Button
        android:id="@+id/btn_one"
        android:layout_width="0dp"
        android:layout_height="wrap_content"
        android:layout_weight="1"
        android:text="按钮 1"/>
    <Button
        android:id="@+id/btn_two"
        android:layout_width="0dp"
        android:layout_height="wrap_content"
        android:layout_weight="1"
        android:text="按钮 2"/>
    <Button
        android:id="@+id/btn_three"
        android:layout_width="0dp"
        android:layout_height="wrap_content"
        android:layout_weight="2"
        android:text="按钮 3"/>
</LinearLayout>
```

在上述代码中，需将父控件的 layout_width 的属性值设置为“match_parent”，Button 中 layout_weight 的属性值可直接填写数字，1 表示在整个控件中占据权重值为 1。原理是 Android 先会把布局内所有控件 layout_weight 属性值相加得到总值，然后用该控件 layout_weight 属性值除以总值，得到每个控件的占比，根据占比分配控件所占大小。以上述代码为例，“按钮 1”和“按钮 2”权重值是 1，“按钮 3”权重值是 2。“按钮 1”的计算方式是 $\frac{1}{1+1+2}=\frac{1}{4}$，因此占据 1/4 的位置。预览效果如图 2-4 所示。

需要注意的是，在上述代码中线性布局 layout_width 的属性值不可设为 wrap_content，因为 LinearLayout 的优先级比 Button 高，所以 Button 标签中 layout_weight 属性会失去作用。当 Button 标签中使用 layout_weight 时，控件宽度不再由 layout_width 来决定，所以指定为 0dp 不会影响效果，这样写也是一种规范。

AndroidLayout
按钮1 按钮2 按钮3

图2-4 layout_weight属性效果

2.2.2 相对布局

在 Android 程序创建时，默认采用的就是相对布局（RelativeLayout）。相对布局是通过相对定位的方式指定控件位置，即以其他控件或父容器为参照物，摆放控件位置。在设计相对布局时要遵循控件之间的依赖关系，后放入控件的位置依赖于先放入的控件。

相对布局属性较多，但都是有规律的，所以不难理解，下面先来介绍在布局内控件摆放位置的属性，如表 2-1 所示。

表 2-1 设置控件位置的属性

控件属性	功能描述
android:layout_centerInParent	设置当前控件位于父布局的中央位置
android:layout_centerVertical	设置当前控件位于父布局的垂直居中位置
android:layout_centerHorizontal	设置当前控件位于父布局的水平居中位置
android:layout_above	设置当前控件位于某控件上方
android:layout_below	设置当前控件位于某控件下方
android:layout_toLeftOf	设置当前控件位于某控件左侧
android:layout_toRightOf	设置当前控件位于某控件右侧
android:layout_alignParentTop	设置当前控件是否与父控件顶端对齐
android:layout_alignParentLeft	设置当前控件是否与父控件左对齐
android:layout_alignParentRight	设置当前控件是否与父控件右对齐
android:layout_alignParentBottom	设置当前控件是否与父控件底端对齐
android:layout_alignTop	设置当前控件的上边界与某控件的上边界对齐
android:layout_alignBottom	设置当前控件的下边界与某控件的下边界对齐
android:layout_alignLeft	设置当前控件的左边界与某控件的左边界对齐
android:layout_alignRight	设置当前控件的右边界与某控件的右边界对齐

再来看一下相对于某控件间距的属性，如表 2-2 所示。

表 2-2 设置控件间距的属性

控件属性	功能描述
android:layout_marginTop	设置当前控件上边界与某控件的距离
android:layout_marginBottom	设置当前控件底边界与某控件的距离
android:layout_marginLeft	设置当前控件左边界与某控件的距离
android:layout_marginRight	设置当前控件右边界与某控件的距离

最后介绍在布局中设置内边距的属性，如表 2-3 所示。

表 2-3 设置布局内边距的属性

布局属性	功能描述
android:paddingTop	设置布局顶部内边距的距离
android:paddingBottom	设置布局底部内边距的距离
android:paddingLeft	设置布局左边内边距的距离
android:paddingRight	设置布局右边内边距的距离
android:padding	设置布局四周内边距的距离

下面通过上述属性设置 3 个按钮的位置，通过效果图对比更好地理解其作用，具体代码如文件 2-3 所示。

文件 2-3 relativelayout.xml

```
<?xml version="1.0" encoding="utf-8"?>
<RelativeLayout xmlns:android="http://schemas.android.com/apk/res/android"
    android:layout_width="match_parent"
    android:layout_height="match_parent"
    android:paddingBottom="20dp">
    <Button
        android:id="@+id/btn_one"
        android:layout_width="wrap_content"
        android:layout_height="wrap_content"
        android:layout_alignParentBottom="true"
        android:text="按钮 1"/>
    <Button
        android:id="@+id/btn_two"
        android:layout_width="wrap_content"
        android:layout_height="wrap_content"
        android:layout_centerHorizontal="true"
        android:layout_marginTop="260dp"
        android:text="按钮 2"/>
    <Button
        android:id="@+id/btn_three"
        android:layout_width="wrap_content"
        android:layout_height="wrap_content"
        android:layout_alignBottom="@id/btn_two"
        android:layout_marginBottom="100dp"
        android:layout_toRightOf="@id/btn_two"
        android:text="按钮 3"/>
</RelativeLayout>
```

在上述代码中，使用 RelativeLayout 标签定义了一个相对布局，并在该布局中添加 3 个按钮，通过设置属性控制每个控件位置，预览效果如图 2-5 所示。

通过观察图 2-5 与上述代码可知，在 RelativeLayout 布局标签中通过 paddingBottom 属性指定布局与屏幕底部边距为 20dp。

“按钮 1”通过 layout_alignParentBottom 属性指定当前控件位于布局底端，通过这两个属性的控制，“按钮 1”的位置距屏幕底部 20dp。

“按钮 2”通过 layout_centerHorizontal 属性指定它在父布局中水平居中，通过 layout_marginTop 属性指定当前控件上边缘与父布局顶部距离 260dp。

“按钮 3”通过 layout_alignBottom 属性指定它与“按钮 2”底部对齐，通过 layout_marginBottom 属性指定距离“按钮 2”底部 100dp，通过 layout_toRightOf 属性指定当前按钮在“按钮 2”右边。

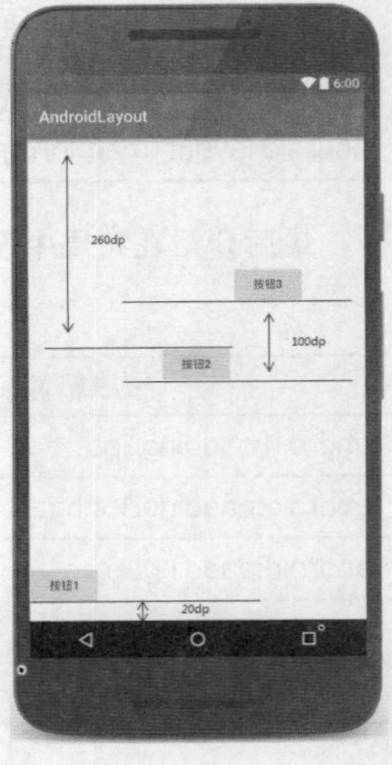

图2-5 RelativeLayout布局

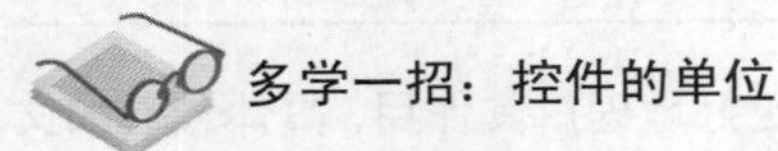
多学一招：控件的单位

为了让程序拥有更好的屏幕适配能力，在指定控件和布局宽高时最好使用“match_parent”

或“wrap_content”,尽量避免将控件宽高设置固定值。因为在控件很多的情况下会相互挤压，使控件变形。但特殊情况下需要使用指定宽高值时，可以选择使用px、pt、dp、sp四种单位。例如，android:layout_width="20dp"代表指定值是20dp。

- px：代表像素，即在屏幕中可以显示的最小元素单位，应用程序中任何控件都是由一个个像素点组成的。分辨率越高的手机，屏幕的像素点就越多。因此，如果使用px控制控件的大小，在分辨率不同的手机上控件显示的大小也会不同。
- pt：代表磅数，一磅等于1/72英寸，一般pt都会作为字体的单位来显示。pt和px的情况类似，在不同分辨率的手机上，用pt控件的字体大小也会不同。
- dp：一种基于屏幕密度的抽象单位。不同设备有不同的显示效果，它是根据设备分辨率的不同来确定控件的尺寸。
- sp：代表可伸缩像素，采用与dp相同的设计理念，推荐设置文字大小时使用。

2.2.3 帧布局

帧布局（FrameLayout）是Android中最为简单的一种布局，该布局为每个加入其中的控件创建一个空白区域（称为一帧，每个控件占据一帧）。采用帧布局方式设计界面时，所有控件都默认显示在屏幕左上角，并按照先后放入的顺序重叠摆放，先放入的控件显示在最底层，后放入的控件显示在最顶层。帧布局适用于图层设计，例如应用图标上信息提示数量。帧布局的大小由内部最大控件决定，它有两个特殊属性，具体如表2-4所示。

表2-4 FrameLayout属性

布局属性	功能描述
android:foreground	设置帧布局容器的前景图像（始终在所有子控件之上）
android:foregroundGravity	设置前景图像显示位置

接下来通过两个按钮来展示帧布局效果，具体代码如文件2–4所示。

文件2–4 framelayout.xml

```
<?xml version="1.0" encoding="utf-8"?>
<FrameLayout xmlns:android="http://schemas.android.com/apk/res/android"
    android:layout_width="match_parent"
    android:layout_height="match_parent"
    android:foreground="@mipmap/ic_launcher"
    android:foregroundGravity="left" >
    <Button
        android:layout_width="300dp"
        android:layout_height="450dp"
        android:text="按钮1" />
    <Button
        android:layout_width="200dp"
        android:layout_height="210dp"
        android:text="按钮2" />
</FrameLayout>
```

在上述代码中，添加两个按钮和一张前景图片，预览效果如图2–6所示。

从图 2–6 可以看出，最先放入的“按钮 1”位于最底层，后放入的按钮依次覆盖。前景图片是通过 FrameLayout 标签中的 foreground 属性设置的，并使用 foregroundGravity 属性设置图片居左。需要注意的是，前景图片始终保持在最上层。

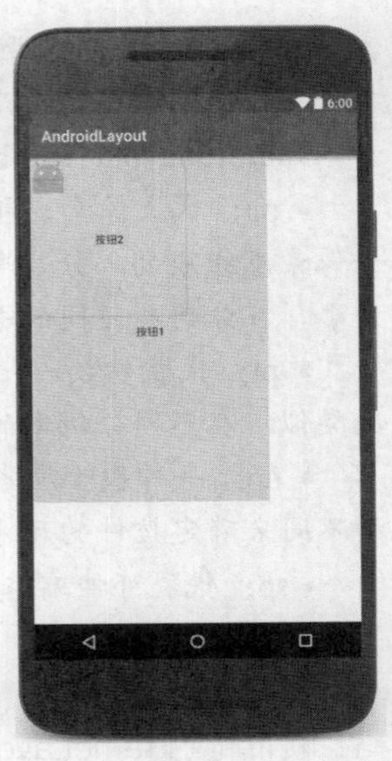

图2–6 FrameLayout布局

2.2.4 表格布局

表格布局（TableLayout）是以表格形式排列控件的，通过行和列将界面划分为多个单元格，每个单元格都可以添加控件。表格布局需要和 TableRow 配合使用，每一行都由 TableRow 对象组成，因此 TableRow 的数量决定表格的行数。而表格的列数是由包含最多控件的 TableRow 决定的，例如第 1 个 TableRow 有两个控件，第 2 个 TableRow 有 3 个控件，则表格列数为 3。

TableLayout 继承自 LinearLayout 类，除了继承了父类的属性和方法，还包含了一些表格布局的特有属性，其属性如表 2–5 所示。

表 2-5 TableLayout 布局属性

布局属性	功能描述
android:stretchColumns	设置该列被拉伸，列号从“0”开始。例如，android:stretchColumns="0" 表示第 1 列拉伸
android:shrinkColumns	设置该列被收缩，列号从“0”开始。例如，android:shrinkColumns="1,2"表示第 2、3 列可收缩
android:collapseColumns	设置该列被隐藏，列号从“0”开始。例如，android:collapseColumns="0"表示第 1 列隐藏

表格布局中控件有两个常用属性，分别用于设置控件显示位置、占据行数，如表 2–6 所示。

表 2-6 TableLayout 控件属性

控件属性	功能描述
android:layout_column	设置该单元显示位置，如 android:layout_column="1"表示在第 2 个位置显示
android:layout_span	设置该单元格占据几列，默认为 1 列

接下来编写一个表格布局，并使用上述属性，具体代码如文件 2–5 所示。

文件 2–5 tablelayout.xml

```
<?xml version="1.0" encoding="utf-8"?>
<TableLayout xmlns:android="http://schemas.android.com/apk/res/android"
    android:layout_width="wrap_content"
    android:layout_height="wrap_content"
    android:stretchColumns="2">
    <TableRow>
        <Button
            android:layout_width="wrap_content"
            android:layout_height="wrap_content"
```

```
            android:layout_column="0"
            android:text="按钮 1" />
        <Button
            android:layout_width="wrap_content"
            android:layout_height="wrap_content"
            android:layout_column="1"
            android:text="按钮 2" />
    </TableRow>
    <TableRow>
        <Button
            android:layout_width="wrap_content"
            android:layout_height="wrap_content"
            android:layout_column="1"
            android:text="按钮 3"/>
        <Button
            android:layout_width="wrap_content"
            android:layout_height="wrap_content"
            android:layout_column="2"
            android:text="按钮 4"/>
    </TableRow>
    <TableRow>
        <Button
            android:layout_width="wrap_content"
            android:layout_height="wrap_content"
            android:layout_column="2"
            android:text="按钮 5"/>
    </TableRow>
</TableLayout>
```

在上述代码中，设置了一个 3 行 3 列的表格布局，并通过 stretch Columns 属性指定表格布局的第 3 列被拉伸（下标值从 0 开始计算），通过 layout_column 属性指定当前控件位于第几列，预览效果如图 2-7 所示。

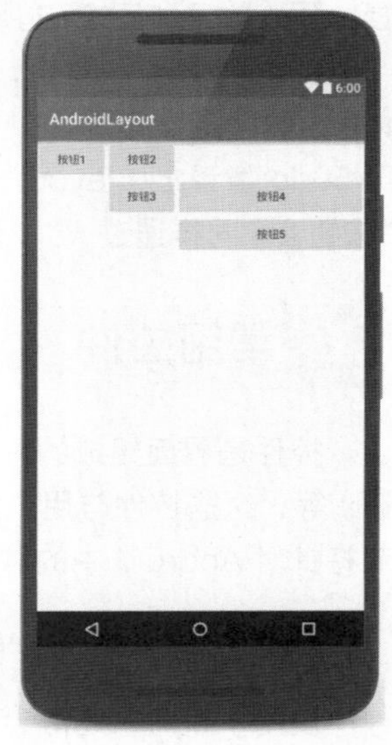

图2-7　TableLayout布局

需要注意的是，在 TableRow 标签中设置 layout_width 和 layout_height 属性是没有作用的，其宽度 layout_width 和高度 layout_height 会自动根据单元格控件决定，所以通常会省略这两个属性。如果其他控件在 TableRow 标签外，会自成一行。

2.2.5 绝对布局

绝对布局（AbsoluteLayout）是通过指定 *x*、*y* 坐标来控制每一个控件位置的。随着智能手机种类增多，屏幕分辨率千变万化，使用绝对布局需要精确地计算控件大小，同时还要考虑手机屏幕尺寸和分辨率，在开发中这是非常低效的，因此不推荐使用。同时，在 GoogleAPI 中提示此类已弃用，可使用 FrameLayout、RelativeLayout 代替它，大家只需了解即可。下面介绍一下设置控件位置的两个属性，具体如表 2-7 所示。

表 2-7 AbsoluteLayout 属性

布局属性	功能描述
android:layout_x	设置 x 坐标
android:layout_y	设置 y 坐标

接下来通过一段代码来演示如何使用绝对布局，具体代码如文件 2-6 所示。

文件 2-6 absolutelayout.xml

```
<?xml version="1.0" encoding="utf-8"?>
<AbsoluteLayout xmlns:android="http://schemas.android.com/apk/res/android"
    android:layout_width="match_parent"
    android:layout_height="match_parent">
    <Button
        android:layout_width="wrap_content"
        android:layout_height="wrap_content"
        android:layout_x="50dp"
        android:layout_y="50dp"
        android:text="按钮 1"/>
    <Button
        android:layout_width="wrap_content"
        android:layout_height="wrap_content"
        android:layout_x="200dp"
        android:layout_y="150dp"
        android:text="按钮 2"/>
</AbsoluteLayout>
```

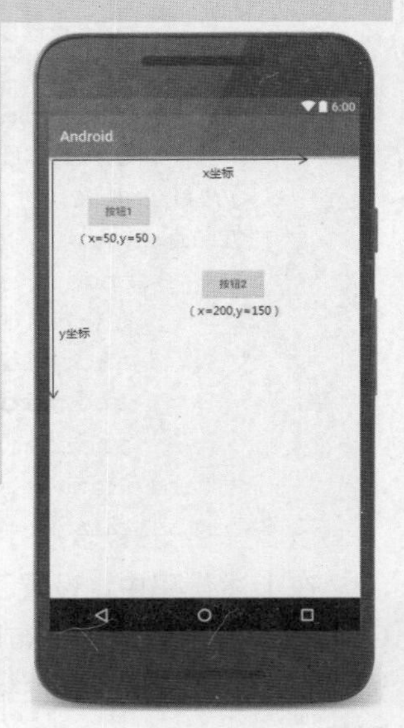

图2-8 AbsoluteLayout布局

在上述代码中，通过 layout_x 和 layout_y 属性控制 2 个按钮的位置，预览效果如图 2-8 所示。

从图 2-8 可以看出，两个按钮以左上角为坐标原点，根据指定 x、y 值准确地定位在屏幕中。“按钮 1”的 layout_x 属性指定在 x 坐标的第 50dp 像素上，layout_y 属性表示控件在 y 坐标的第 50dp 像素上，“按钮 2”同样通过 x、y 值设置控件位置。

2.3 常用控件

控件是界面组成的主要元素，例如 TextView（文本框）、EditText（编辑框）和 Button（按钮）等，这些控件与用户进行直接交互，因此掌握这些控件的使用对日后开发工作至关重要。本节将针对 Android 中的常用控件进行讲解。

2.3.1 TextView

使用手机时，经常会看见一些文本信息（字符串），这些文本信息通常是由 TextView 控件显示的。TextView 是 Android 中很常用的控件，开发者可以在代码中设置 TextView 控件属性，如字体大小、颜色、样式等。TextView 控件属性较多，为了让初学者更好地掌握，下面列举一些常用属性，具体如表 2-8 所示。

表 2-8　TextView 常用属性

控件属性	功能描述
android:text	设置显示文本
android:textColor	设置文本的颜色
android:textSize	设置文字大小，推荐单位为 sp，如 android:textSize = "15sp"
android:textStyle	设置文字样式，如 bold（粗体），italic（斜体），bolditalic（粗斜体）
android:height	设置文本区域的高度，支持单位: px/dp（推荐）/sp/in/mm
android:width	设置文本区域的宽度，支持单位: px/dp（推荐）/sp/in/mm
android:maxLength	设置文本长度，超出不显示，如 android:maxLength = "10"
android:password	设置文本以密码形式“.”显示
android:gravity	设置文本位置，如设置成“center”，文本将居中显示
android:phoneNumber	设置以电话号码的方式输入
android:layout_height	设置 TextView 控件的高度
android:layout_width	设置 TextView 控件的宽度

TextView 控件其实还有很多属性，这里就不一一列举了。下面看一下如何为 TextView 控件设置宽、高、文本颜色（黑色）、字体大小等属性，具体代码如文件 2-7 所示。

文件 2-7　activity_main.xml

```
<?xml version="1.0" encoding="utf-8"?>
<RelativeLayout xmlns:android="http://schemas.android.
com/apk/res/android"
    android:layout_width="match_parent"
    android:layout_height="match_parent">
    <!--下面是 TextView 控件及其属性-->
    <TextView
        android:layout_width="match_parent"
        android:layout_height="wrap_content"
        android:text="Hello World!"
        android:textColor="#000000"
        android:textSize="25sp"
        android:gravity="center"/>
</RelativeLayout>
```

图2-9　TextView控件

在上述代码中，通过 layout_width 和 layout_height 属性设置 TextView 的宽和高，这两个属性的值不仅可以设置为 match_parent 和 wrap_content，还可设置为固定值，预览效果如图 2-9 所示。

脚下留心：layout_width、layout_height 和 width、height 属性的区别

在 Android 系统中，layout_width、layout_height 属性和 width、height 属性的功能是相同的，都用于设置控件的宽、高，只不过带“layout”前缀的属性通常是相对父控件而言的，而 width、height 属性是相对于控件本身而言的。下面对比一下它们在使用时的区别。

（1）layout_width 和 layout_height 属性可以单独使用，而 width 和 height 属性不能，如果单独使用 width 和 height 属性，此时的控件是不显示的。

（2）layout_width 和 layout_height 可以设置为 wrap_content 或者 match_parent，而 width 和 height 只能设置固定值，否则会产生编译错误。

（3）如果要使用 width 和 height，就必须同时设置 layout_width 和 layout_height 属性，把 width 和 height 作为组件的微调使用。

综上所述，在设置 TextView 控件宽、高时，通常直接使用 layout_width 和 layout_height，简单方便。

2.3.2 EditText

使用 Android 程序时，用户经常会向程序中输入数据，此时就会用到文本编辑控件 EditText，接收用户输入信息，该控件类似一个运输工具，将用户信息传递给 Android 程序。EditText 继承自 TextView，与 TextView 最大的不同就是用户可以在设备上对 EditText 控件进行操作，同时还可以为 EditText 控件设置监听器，用来测试用户输入的内容是否合法。EditText 除了具有 TextView 的一些属性外，还有自己的特有属性，具体如表 2-9 所示。

表 2-9 EditText 常用属性

控件属性	功能描述
android:hint	设置 EditText 没有输入内容时显示的提示文本
android:lines	设置固定行数来决定 EditText 的高度
android:maxLines	设置最大行数
android:minLines	设置最小行数
android:password	设置文本以密码形式“.”显示
android:phoneNumber	设置文本以电话号码方式输入
android:scrollHorizontally	设置文本超出 TextView 的宽度的情况下，是否出现横拉条
android:capitalize	设置首字母大写
android:editable	设置是否可编辑

接下来为 EditText 设置上述属性，具体代码如文件 2-8 所示。

文件 2-8 activity_main.xml

```
<?xml version="1.0" encoding="utf-8"?>
<LinearLayout xmlns:android="http://schemas.android.com/apk/res/android"
    android:layout_width="match_parent"
    android:layout_height="match_parent"
    android:padding="10dp"
    android:orientation="vertical">
    <TextView
        android:layout_width="match_parent"
        android:layout_height="wrap_content"
        android:text="姓名:"
        android:textSize="28sp"
        android:textColor="#000000" />
```

```
    <!--下面是EditText控件及其属性-->
    <EditText
        android:layout_width="match_parent"
        android:layout_height="wrap_content"
        android:hint="请输入姓名"
        android:maxLines="2"
        android:textColor="#000000"
        android:textSize="20sp"
        android:textStyle="italic" />
</LinearLayout>
```

在上述代码中，EditText 控件有一个特有属性 hint，其作用是在 EditText 没有输入内容时，显示提示信息，当单击 EditText 输入内容时，提示文本消失，预览效果如图 2-10 所示。

需要注意的是，上述代码中将 EditText 高度设置为 wrap_content（包裹内容），如果输入内容过多，EditText 会被拉伸，影响界面美观。此时，使用 maxLines 属性就可以解决这个问题，代码中设置的 android:maxLines="2"表示 EditText 这个空间最大行数是两行，如果输入的内容超过了两行，文本就会出现上下滚动的效果，EditText 不会被拉伸。

2.3.3 Button

Button（按钮）是程序开发中必不可少的一个控件，其作用是用于响应用户的一系列点击事件，使程序更加流畅和完整。Button 控件常用的点击方式有 3 种，分别是在布局中指定 onClick 属性、使用匿名内部类、在当前 Activity 中实现 OnClickListener 接口。接下来针对这 3 种点击事件进行详细讲解。

首先创建一个布局，放置 2 个按钮并设置其点击事件，预览效果如图 2-11 所示。

图2-10 EditText控件

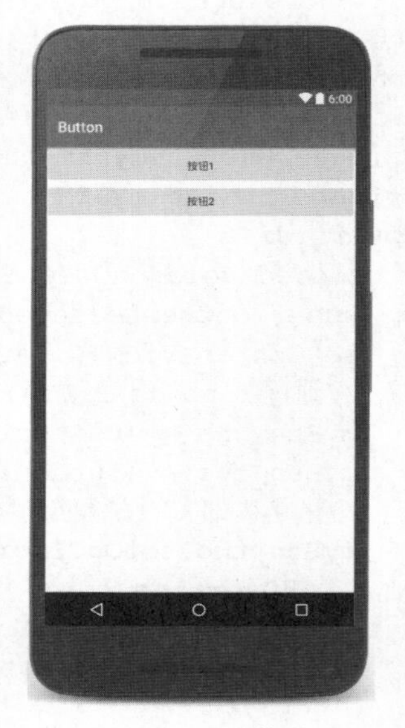

图2-11 Button控件

图 2-11 对应的布局代码如文件 2-9 所示。

文件 2-9 activity_main.xml

```
<?xml version="1.0" encoding="utf-8"?>
<RelativeLayout xmlns:android="http://schemas.android.com/apk/res/android"
    android:layout_width="match_parent"
    android:layout_height="match_parent">
    <Button
        android:id="@+id/btn_one"
        android:text="按钮 1"
        android:layout_width="match_parent"
        android:layout_height="wrap_content"
        android:onClick="click"/>
    <Button
        android:id="@+id/btn_two"
        android:text="按钮 2"
        android:layout_width="match_parent"
        android:layout_height="wrap_content"
        android:layout_below="@id/btn_one"/>
</RelativeLayout>
```

在上述代码中，两个按钮都设置了 id 属性，方便对按钮进行查找以及设置相关事件，其中“按钮 1”是在布局中指定 onClick 属性的方式来实现点击事件，“按钮 2”是通过匿名内部类的方式来实现点击事件。接下来在 MainActivity 中实现逻辑代码，具体代码如文件 2-10 所示。

文件 2-10 MainActivity.java

```
1  package cn.itcast.button;
2  import android.support.v7.app.AppCompatActivity;
3  import android.os.Bundle;
4  import android.view.View;
5  import android.widget.Button;
6  public class MainActivity extends AppCompatActivity {
7      private Button myBtn_one;
8      private Button myBtn_two;
9      @Override
10     protected void onCreate(Bundle savedInstanceState) {
11         super.onCreate(savedInstanceState);
12         setContentView(R.layout.activity_main);
13         //通过 findViewById()初始化控件
14         myBtn_one = (Button) findViewById(R.id.btn_one);
15         myBtn_two = (Button) findViewById(R.id.btn_two);
16         //匿名内部类的方法实现按钮 2 的点击事件
17         myBtn_two.setOnClickListener(new View.OnClickListener() {
18             @Override
19             public void onClick(View v) {
20                 myBtn_two.setText("按钮 2 已被点击");
21             }
22         });
23     }
24     //通过实现 onClick()方法，实现按钮 1 的点击事件
```

```
25     public void click(View v) {
26         myBtn_one.setText("按钮 1 已被点击");
27     }
28 }
```

在上述代码中，通过 findViewById()方法初始化控件，然后为“按钮 1”添加 click()方法触发点击事件，并通过 setText()方法修改按钮的文本信息。需要注意的是，布局代码中 onClick 属性的值（click）必须与 Activity 代码中定义的方法名保持一致，否则 Android 系统找不到绑定的点击事件。

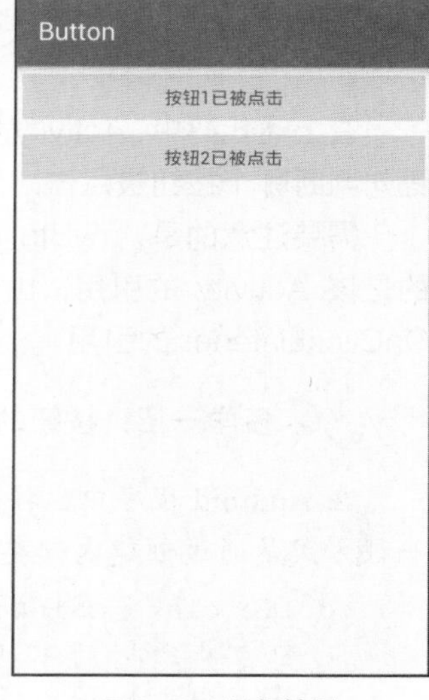

图2-12 运行结果

“按钮 2”是用匿名内部类作为监听器对点击事件进行监听，首先使用 setOnClickListener()方法对“按钮 2”进行绑定，然后实现 onClick()方法，在此方法中编写逻辑运行程序即可，运行结果如图 2-12 所示。

上述两种点击事件均适合按钮较少的情况，只不过匿名内部类的形式更加常用，因为在按钮少时使用匿名内部类会更加便捷。在按钮点击事件较多时，使用这两种方式均会比较麻烦，为了解决这个问题，可以使用第三种点击事件，即在当前 Activity 中实现 OnClickListener 接口。接下来修改 MainActivity 中的逻辑代码，具体代码如文件 2-11 所示。

文件 2-11 MainActivity.java

```
1  package cn.itcast.button;
2  import android.support.v7.app.AppCompatActivity;
3  import android.os.Bundle;
4  import android.view.View;
5  import android.widget.Button;
6  public class MainActivity extends AppCompatActivity implements
7          View.OnClickListener {
8      private Button myBtn_one;
9      private Button myBtn_two;
10     @Override
11     protected void onCreate(Bundle savedInstanceState) {
12         super.onCreate(savedInstanceState);
13         setContentView(R.layout.activity_main);
14         //通过 findViewById()初始化控件
15         myBtn_one = (Button) findViewById(R.id.btn_one);
16         myBtn_two = (Button) findViewById(R.id.btn_two);
17         myBtn_one.setOnClickListener(this);
18         myBtn_two.setOnClickListener(this);
19     }
20     @Override
21     public void onClick(View v) {
22         switch (v.getId()) {
23             case R.id.btn_one:
24                 myBtn_one.setText("按钮 1 已被点击");
```

```
25                  break;
26              case R.id.btn_two:
27                  myBtn_two.setText("按钮 2 已被点击");
28                  break;
29          }
30      }
31  }
```

在上述代码中，Activity 实现了 OnClickListener 接口并重写 onClick()方法，然后通过 switch 语句判断哪个按钮被点击，显然这种形式在按钮较多的情况下可以降低代码的重复率。

需要注意的是，myBtn_one.setOnClickListener(this)语句中有一个 this 参数，这个 this 代表的是该 Activity 的引用，由于 Activity 实现了 OnClickListener 接口，所以在这里 this 代表了 OnClickListener 的引用。

多学一招：按钮的另一种点击事件

在 Android 程序中，按钮的点击事件一共有 4 种，上述讲解的 3 种方式是较常用的，还有一种方式是通过创建内部类的形式，这种方式不太常用，了解即可。示例代码如下。

```
public class MainActivity extends AppCompatActivity {
    private Button myBtn_one;
    private Button myBtn_two;
    @Override
    protected void onCreate(Bundle savedInstanceState) {
        super.onCreate(savedInstanceState);
        setContentView(R.layout.activity_main);
        myBtn_one = (Button) findViewById(R.id.btn_one);
        myBtn_two = (Button) findViewById(R.id.btn_two);
        //传入实现了 OnClickListener 接口的类的对象
        myBtn_one.setOnClickListener(new MyButton());
        myBtn_two.setOnClickListener(new MyButton());
    }
    private class MyButton implements View.OnClickListener {
        @Override
        public void onClick(View v) {
            switch (v.getId()) {
                case R.id.btn_one:
                    myBtn_one.setText("按钮 1 已被点击");
                    break;
                case R.id.btn_two:
                    myBtn_two.setText("按钮 2 已被点击");
                    break;
            }
        }
    }
}
```

在上述代码中，创建一个名为 MyButton 的内部类，实现 OnClickListener 接口并重写 onClick()方法，在方法中写入点击事件的逻辑。内部类写完之后需要为按钮设置 setOnClick

Listener(Listener listener)属性，在参数中传入创建好的内部类对象，这样当点击按钮时就会自动触发内部类 MyButton 中的 onClick()方法调用事件逻辑。

2.3.4 RadioButton

RadioButton 为单选按钮，它需要与 RadioGroup 配合使用，提供两个或多个互斥的选项集。RadioGroup 是单选组合框，可容纳多个 RadioButton，并把它们组合在一起，实现单选状态。在 RadioGroup 中可以利用 android:orientation 控制 RadioButton 排列方向。预览效果如图 2-13 所示。

图2-13 RadioButton控件

图 2-13 对应的布局代码如文件 2-12 所示。

文件 2-12 activity_main.xml

```
<?xml version="1.0" encoding="utf-8"?>
<LinearLayout xmlns:android="http://schemas.android.
com/apk/res/android"
    android:layout_width="match_parent"
    android:layout_height="match_parent"
    android:orientation="vertical">
    <RadioGroup
        android:id="@+id/rdg"
        android:layout_width="match_parent"
        android:layout_height="wrap_content"
        android:orientation="vertical">
        <RadioButton
            android:id="@+id/rbtn"
            android:layout_width="wrap_content"
            android:layout_height="wrap_content"
            android:textSize="25dp"
            android:text="男"/>
        <RadioButton
            android:layout_width="wrap_content"
            android:layout_height="wrap_content"
            android:textSize="25dp"
            android:text="女"/>
    </RadioGroup>
    <TextView
        android:id="@+id/tv"
        android:layout_width="wrap_content"
        android:layout_height="wrap_content"
        android:layout_below="@id/rdg"
        android:textSize="30dp" />
</LinearLayout>
```

通过上述代码可以发现，RadioButton 属性和其他控件属性都是通用的，但 RadioButton 有个特有属性 checked，该属性值如果设置为 true，按钮会默认选中，设置为 false 则按钮未选中。将值设置成 false 通常是没有意义的，如果想让按钮处于未选中状态，可以不添加该属性。下方 TextView 标签中没有设置 text 属性，所以不显示文本。

接下来在 Activity 中编写逻辑代码，为 RadioButton 设置监听事件，具体代码如文件 2-13 所示。

文件 2-13　MainActivity.java

```
1  package cn.itcast.radiobutton;
2  import android.support.v7.app.AppCompatActivity;
3  import android.os.Bundle;
4  import android.widget.RadioGroup;
5  import android.widget.TextView;
6  public class MainActivity extends AppCompatActivity {
7      private RadioGroup radioGroup;
8      private TextView textView;
9      @Override
10     protected void onCreate(Bundle savedInstanceState) {
11         super.onCreate(savedInstanceState);
12         setContentView(R.layout.activity_main);
13         radioGroup = (RadioGroup) findViewById(R.id.rdg);
14         textView = (TextView) findViewById(R.id.tv);
15         //利用 setOnCheckedChangeListener()为 RadioGroup 建立监听
16         radioGroup.setOnCheckedChangeListener(new
17                 RadioGroup.OnCheckedChangeListener() {
18             @Override
19             public void onCheckedChanged(RadioGroup group, int checkedId) {
20                 //判断点击的是哪个 RadioButton
21                 if (checkedId == R.id.rbtn) {
22                     textView.setText("您的性别是：男");
23                 } else {
24                     textView.setText("您的性别是：女");
25                 }
26             }
27         });
28     }
29 }
```

在上述代码中，利用 setOnCheckedChangeListener()监听 RadioGroup 控件状态，通过 if 语句判断被选中 RadioButton 的 id，通过 textView.setText()方法设置显示对应的性别信息，运行结果如图 2-14 所示。

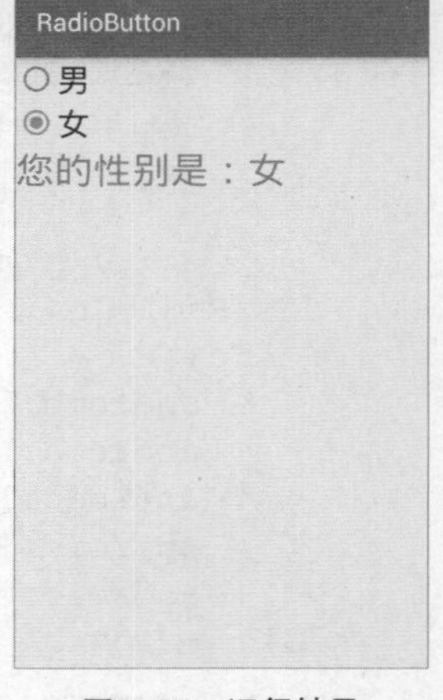

图2-14　运行结果

2.3.5 ImageView

ImageView 是视图控件，它继承自 View，其功能是在屏幕中显示图像。ImageView 类可以从各种来源加载图像（如资源库或网络），并提供缩放、裁剪、着色（渲染）等功能。接下来创建一个 ImageView 控件并在界面中显示出图片，具体代码如文件 2-14 所示。

文件 2-14　activity_main.xml

```
<?xml version="1.0" encoding="utf-8"?>
<RelativeLayout xmlns:android="http://schemas.android.com/apk/res/android"
```

```
    android:layout_width="match_parent"
    android:layout_height="match_parent">
    <ImageView
        android:layout_width="wrap_content"
        android:layout_height="wrap_content"
        android:background="@drawable/bg" />
    <ImageView
        android:layout_width="100dp"
        android:layout_height="100dp"
        android:src="@android:drawable/sym_def_app_icon" />
</RelativeLayout>
```

在上述代码中，声明两个<ImageView>标签，在第一个 ImageView 标签中利用 background 属性为 ImageView 指定一张背景图片，该图片资源存放在 res/drawable 文件夹中，通过 @drawable 来找到此文件夹，再以“/”形式引用图片名称。与程序相关的图片资料存放在 drawable 文件夹即可，在向此文件夹保存图片时，图片名称最好用小写字母并且是唯一的。

第二个 ImageView 标签中所用的是另一种引用图片的属性 src，案例中引用的是 Android 自带的图片，所以属性值是“@android:drawable/图片名称”。若引用 drawable 文件夹中的图片，它的用法和 background 是一样的，区别在于 background 是背景，会根据 ImageView 控件大小进行伸缩，而 src 是前景，以原图大小显示。可根据具体需求使用这两个属性，预览效果如图 2-15 所示。

2.3.6　实战演练——制作 QQ 登录界面

在前面小节中讲解了 5 种布局以及多种控件的使用，为了让初学者更好地掌握，现将其结合在一起制作一个 QQ 登录界面。在构建 UI 界面时不要着急动手，首先要考虑准备哪些素材（如图片资源），会用到哪些控件，把步骤想清楚再动手实践，养成良好的编程习惯在以后开发中会有很大帮助。现在先来看一下 QQ 登录界面，预览效果如图 2-16 所示。

图2-15　ImageView控件

图2-16　QQ登录界面

从图 2-16 可以看出，该界面需要一张图片作为 QQ 头像，因此先找 1 张图片（head.png）放在 drawable 文件夹中。然后分析该界面组成部分，从整体来看界面可分为三部分。第一部分放置 1 个 ImageView 控件用于显示头像；第二部分使用两个水平的线性布局，每个水平布局放置 1 个 TextView 控件和 1 个 EditText 控件，分别用于显示标题和输入内容；第三部分放置 1 个 Button 按钮用于实现登录，布局代码如文件 2-15 所示。

文件 2-15　activity_main.xml

```
<?xml version="1.0" encoding="utf-8"?>
<RelativeLayout xmlns:android="http://schemas.android.com/apk/res/android"
    android:layout_width="match_parent"
    android:layout_height="match_parent"
    android:background="#E6E6E6"
    android:orientation="vertical">
    <ImageView
        android:id="@+id/iv"
        android:layout_width="70dp"
        android:layout_height="70dp"
        android:layout_centerHorizontal="true"
        android:layout_marginTop="40dp"
        android:background="@drawable/head"/>
    <LinearLayout
        android:id="@+id/ll_number"
        android:layout_width="match_parent"
        android:layout_height="wrap_content"
        android:layout_below="@id/iv"
        android:layout_centerVertical="true"
        android:layout_marginBottom="5dp"
        android:layout_marginLeft="10dp"
        android:layout_marginRight="10dp"
        android:layout_marginTop="15dp"
        android:background="#ffffff">
        <TextView
            android:id="@+id/tv_number"
            android:layout_width="wrap_content"
            android:layout_height="wrap_content"
            android:padding="10dp"
            android:text="账号:"
            android:textColor="#000"
            android:textSize="20sp"/>
        <EditText
            android:id="@+id/et_number"
            android:layout_width="match_parent"
            android:layout_height="wrap_content"
            android:layout_marginLeft="5dp"
            android:background="@null"
            android:padding="10dp"/>
    </LinearLayout>
    <LinearLayout
        android:id="@+id/ll_password"
```

```
        android:layout_width="match_parent"
        android:layout_height="wrap_content"
        android:layout_below="@id/ll_number"
        android:layout_centerVertical="true"
        android:layout_marginLeft="10dp"
        android:layout_marginRight="10dp"
        android:background="#ffffff">
        <TextView
            android:id="@+id/tv_password"
            android:layout_width="wrap_content"
            android:layout_height="wrap_content"
            android:padding="10dp"
            android:text="密码:"
            android:textColor="#000"
            android:textSize="20sp"/>
        <EditText
            android:id="@+id/et_password"
            android:layout_width="match_parent"
            android:layout_height="wrap_content"
            android:layout_marginLeft="5dp"
            android:layout_toRightOf="@id/tv_password"
            android:background="@null"
            android:inputType="textPassword"
            android:padding="10dp"/>
    </LinearLayout>
    <Button
        android:id="@+id/btn_login"
        android:layout_width="match_parent"
        android:layout_height="wrap_content"
        android:layout_below="@id/ll_password"
        android:layout_marginLeft="10dp"
        android:layout_marginRight="10dp"
        android:layout_marginTop="50dp"
        android:background="#3C8DC4"
        android:text="登录"
        android:textColor="#ffffff"
        android:textSize="20sp"/>
</RelativeLayout>
```

上述代码看似很多，其实并不复杂，只是把之前学到的知识结合在一起而已，再利用各控件中的属性调试它们的位置和样式。在 EditText 中 android:background="@null"属性值是去掉控件默认的下划线，而 Button 中 android:background="#3C8DC4"属性值为蓝色。

2.4 常见对话框

在 Android 界面中，除了菜单之外，对话框也是程序与用户交互的一种方式，通常用于显示当前程序提示信息以及相关说明。对话框一般以小窗口的形式展示在 Activity 之上，当对话框显示时，处在下层的 Activity 失去焦点，对话框便可以接收用户的交互信息。本节将针对几种常用的对话框进行详细讲解。

2.4.1 普通对话框

在普通对话框（Dialog）中，一般只会显示提示信息，并通常具有“确定”和“取消”按钮。在使用 Dialog 对话框时会用到几种常用的方法，具体如表 2-10 所示。

表 2-10 Dialog 方法

方法名称	功能描述
setTitle()	设置对话框标题
setIcon()	设置对话框图标
setPositiveButton()	设置对话框添加 yes 按钮
setNegativeButton()	设置对话框添加 no 按钮
setMessage()	设置对话框提示信息

接下来使用上述方法，实现一个简单的对话框，具体代码如文件 2-16 所示。

文件 2-16 MainActivity.java

```
1  package cn.itcast.androiddialog;
2  import android.support.v7.app.AlertDialog;
3  import android.support.v7.app.AppCompatActivity;
4  import android.os.Bundle;
5  public class MainActivity extends AppCompatActivity {
6      @Override
7      protected void onCreate(Bundle savedInstanceState) {
8          super.onCreate(savedInstanceState);
9          setContentView(R.layout.activity_main);
10         //声明对象
11         AlertDialog dialog;
12         //绑定当前界面窗口，设置标题
13         dialog = new AlertDialog.Builder(this).setTitle("Dialog 对话框")
14                         .setMessage("是否确定退出？")       //设置提示信息
15                         .setIcon(R.mipmap.ic_launcher)   //设置图标
16                         .setPositiveButton("确定", null) //添加“确定”按钮
17                         .setNegativeButton("取消", null) //添加“取消”按钮
18                         .create(); //创建对话框
19         dialog.show();              //显示对话框
20     }
21 }
```

在上述代码中，通过 AlertDialog 生成一个对话框，用 setTitle()方法设置标题，setMessage()方法设置提示信息，setIcon()用于设置对话框图标，setPositiveButton()设置“确定”按钮，第一个参数为按钮显示信息，第二个参数为是否设置监听，没有则设为“null”，setNegativeButton()设置“取消”按钮。当完成对话框属性设置之后，需调用 create()方法创建对话框。在对话框创建完成后，需调用 show()方法进行显示，运行结果如图 2-17 所示。

多学一招：关于参数“this”

在AlertDialog.Builder()中参数是context（上下文）类型，而this意思是当前对象。图2-17案例之所以直接用“this”，是因为Dialog在Activity中onCreate()方法里生成的，this指向当前类对象。若Dialog生成在匿名内部类中，直接填写“this”会出现编译错误，因为这个“this”指向是内部类，而不是当前的Activity，所以想在指定的界面生成对话框，参数就必须指向这个Activity的“this”，所以参数用Activity的“类名.this”才能实现，例如：AlertDialog.Builder (MainActivity.this)。

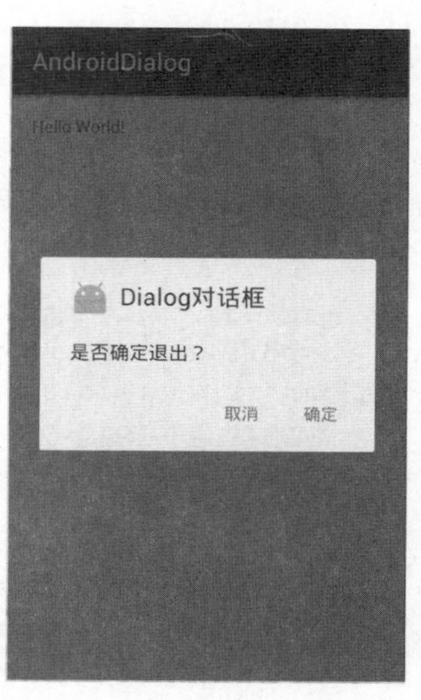

图2-17 运行结果

2.4.2 单选对话框

单选对话框和RadioButton作用类似，只能选择一个选项，它是通过AlertDialog对象调用setSingleChoiceItems()方法创建的，具体代码如文件2-17所示。

文件2-17 MainActivity.java

```
1  package cn.itcast.androiddialog;
2  import android.content.DialogInterface;
3  import android.support.v7.app.AlertDialog;
4  import android.support.v7.app.AppCompatActivity;
5  import android.os.Bundle;
6  public class MainActivity extends AppCompatActivity {
7      @Override
8      protected void onCreate(Bundle savedInstanceState) {
9          super.onCreate(savedInstanceState);
10         setContentView(R.layout.activity_main);
11         //生成对话框
12         new AlertDialog.Builder(this)
13                 .setTitle("请选择性别")              //设置标题
14                 .setIcon(R.mipmap.ic_launcher) //设置图标
15                 .setSingleChoiceItems(new String[]{"男", "女"}, 0,
16                         new DialogInterface.OnClickListener() {
17                             public void onClick(DialogInterface dialog, int which) {
18                             }
19                         }
20                 )
21                 .setPositiveButton("确定", null)
22                 .show();
23     }
24 }
```

在上述代码中，setSingleChoiceItems()方法需要设置3个参数，第1个参数建立数组，用于显示选项内容；第2个参数设置是否默认选中，“0”表示默认选中第一个选项，如果默认未选中，参数填写-1；第3个参数是设立监听，允许对话框被点击，运行结果如图2-18所示。

2.4.3 多选对话框

多选对话框通常在需要勾选多种选项时使用，例如添加兴趣爱好、喜爱的电影等。创建多选对话框与创建单选对话框类似，调用 setMultiChoiceItems()方法就可实现，具体代码如文件 2-18 所示。

文件 2-18 MainActivity.java

```
1  package cn.itcast.androiddialog;
2  import android.support.v7.app.AlertDialog;
3  import android.support.v7.app.AppCompatActivity;
4  import android.os.Bundle;
5  public class MainActivity extends AppCompatActivity {
6      @Override
7      protected void onCreate(Bundle savedInstanceState) {
8          super.onCreate(savedInstanceState);
9          setContentView(R.layout.activity_main);
10         new AlertDialog.Builder(this)
11                 .setTitle("请添加兴趣爱好！")
12                 .setIcon(R.mipmap.ic_launcher)
13                 .setMultiChoiceItems(new String[]{"旅游", "美食", "汽车", "宠物"},
14                                      null, null)
15                 .setPositiveButton("确定", null)
16                 .show();
17     }
18 }
```

在上述代码中，setMultiChoiceItems()同样有 3 个参数，第 1 个参数建立数组，用于显示选项内容；第 2 个参数是 boolean 数组，用来判断哪个选项需要勾选，如果没有选项选中则用“null”即可；第 3 个参数是建立监听，允许对话框被点击，运行结果如图 2-19 所示。

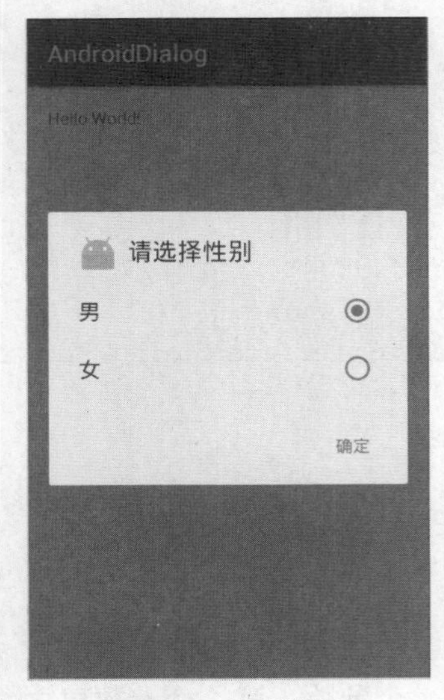

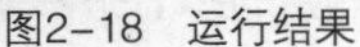

图2-18 运行结果

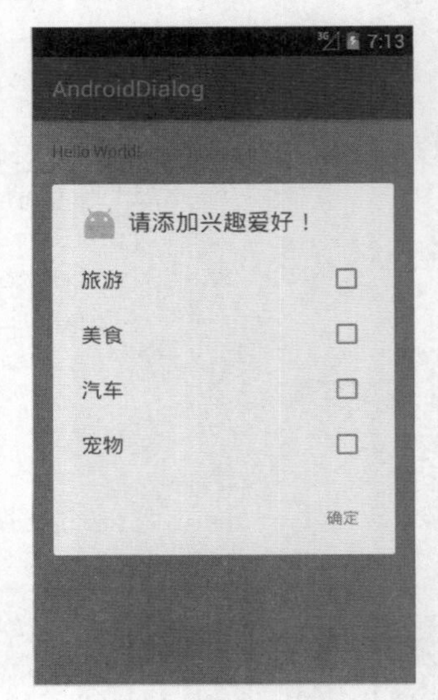

图2-19 运行结果

需要注意的是，在 setMultiChoiceItems()方法的第 2 个参数使用 boolean 数组时，定义的长度要对应第 1 个参数设置的选项个数，例如图 2-19 中有 4 个选项，那么 boolean 数组的长度也应该是 4。

同时也可通过代码实现默认勾选效果，例如第 2 个参数填写为 new boolean[]{true, true,true,true}。

2.4.4 进度条对话框

当应用程序在实现耗时操作时（如下载资源、获取图片等），为了与用户更友好地交互，进度条对话框（ProgressDialog）是必不可少的。在 Android 中提供了圆形进度条和水平进度条两种进度条样式，通过 setProgressStyle()方法便可设置进度条样式，具体代码如文件 2-19 所示。

文件 2-19 MainActivity.java

```
1  package cn.itcast.androiddialog;
2  import android.app.ProgressDialog;
3  import android.support.v7.app.AppCompatActivity;
4  import android.os.Bundle;
5  public class MainActivity extends AppCompatActivity {
6      @Override
7      protected void onCreate(Bundle savedInstanceState) {
8          super.onCreate(savedInstanceState);
9          setContentView(R.layout.activity_main);
10         ProgressDialog prodialog;                 //声明对话框
11         prodialog = new ProgressDialog(this); //构建对话框
12         prodialog.setTitle("进度条对话框");
13         prodialog.setIcon(R.mipmap.ic_launcher);
14         prodialog.setMessage("正在下载请等候...");
15         //设置水平进度条
16         prodialog.setProgressStyle(ProgressDialog.STYLE_HORIZONTAL);
17         prodialog.show();
18     }
19 }
```

在上述代码中，通过调用 setProgressStyle()方法将进度条样式设置为水平进度条，运行结果如图 2-20（a）所示；如果将参数更改为 ProgressDialog.STYLE_SPINNER，则样式变为圆形进度条，运行结果如图 2-20（b）所示。

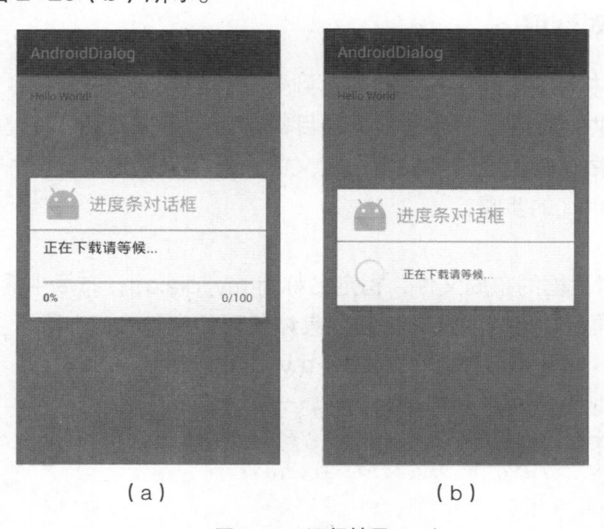

（a）（b）

图2-20 运行结果

2.4.5 消息对话框

消息对话框（Toast）是 Android 系统提供的轻量级信息提醒机制，用于向用户提示即时消息，Toast 对话框显示在应用程序界面的最上层，显示一段时间后自动消失，不会打断当前操作，也不获得焦点。由于 Toast 只起到提示作用，因此多用在触发事件的监听中。接下来通过一段代码更好地了解 Toast 对话框，具体代码如文件 2-20 所示。

文件 2-20　MainActivity.java

```
1  package cn.itcast.androiddialog;
2  import android.support.v7.app.AppCompatActivity;
3  import android.os.Bundle;
4  import android.widget.Toast;
5  public class MainActivity extends AppCompatActivity {
6      @Override
7      protected void onCreate(Bundle savedInstanceState) {
8          super.onCreate(savedInstanceState);
9          setContentView(R.layout.activity_main);
10         //创建 Toast
11         Toast.makeText(this, "Hello,Toast", Toast.LENGTH_SHORT).show();
12     }
13 }
```

在上述代码中，通过 makeText()方法实例化一个 Toast 对象，该方法需要接收 3 个参数，第 1 个参数为当前类的 Context（上下文）对象，第 2 个参数为文本显示内容，第 3 个参数为 Toast 显示的时间，显示时间的长短是通过常量 Toast.LENGTH_SHORT 和 Toast.LENGTH_LONG 控制的，前者显示时间较短，后者显示时间较长。最后一定不要忘记调用 show()方法，否则不会弹出 Toast。运行结果如图 2-21 所示。

图2-21　运行结果

2.4.6 自定义对话框

在 Android 项目中为了提高用户体验，达到更理想的效果，一般不直接使用系统提供的对话框，而是根据项目需求自己定义对话框的样式。Dialog 对话框就是经常需要自己定义的，接下来就通过代码来演示自定义 Dialog 的步骤。

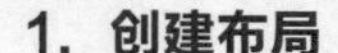

1. 创建布局

创建一个自定义对话框的布局文件，指定名称为 my_dialog，布局中需要设定对话框的标题、对话框的内容以及“确定”与“取消”按钮，具体代码如文件 2-21 所示。

文件 2-21　my_dialog.xml

```
<?xml version="1.0" encoding="utf-8"?>
<FrameLayout xmlns:android="http://schemas.android.com/apk/res/android"
    android:layout_width="match_parent"
    android:layout_height="match_parent"
    android:orientation="vertical">
```

```
    <LinearLayout
        android:layout_width="match_parent"
        android:layout_height="wrap_content"
        android:layout_gravity="center"
        android:background="#ffffff"
        android:orientation="vertical">
        <TextView
            android:id="@+id/tv_title"
            android:layout_width="match_parent"
            android:layout_height="40dp"
            android:background="#0080FF"
            android:gravity="center"
            android:text="自定义对话框"
            android:textColor="#ffffff"
            android:textSize="18sp"
            android:visibility="visible" />
        <LinearLayout
            android:id="@+id/ll_content"
            android:layout_width="match_parent"
            android:layout_height="match_parent"
            android:gravity="center">
            <TextView
                android:id="@+id/tv_msg"
                android:layout_width="match_parent"
                android:layout_height="match_parent"
                android:gravity="center"
                android:minHeight="100dp"
                android:paddingBottom="15dp"
                android:paddingLeft="20dp"
                android:paddingRight="20dp"
                android:paddingTop="15dp"
                android:textColor="#ff6666"
                android:textSize="16sp" />
        </LinearLayout>
        <LinearLayout
            android:layout_width="match_parent"
            android:layout_height="60dp"
            android:layout_gravity="bottom"
            android:background="#E0E0E0"
            android:gravity="center"
            android:orientation="horizontal">
            <Button
                android:id="@+id/btn_ok"
                android:layout_width="114dp"
                android:layout_height="40dp"
                android:layout_marginLeft="20dp"
                android:background="#FF8000"
                android:gravity="center"
                android:text="确定"
                android:textColor="#ffffff"
```

```
                android:textSize="15sp" />
            <Button
                android:id="@+id/btn_cancel"
                android:layout_width="114dp"
                android:layout_height="40dp"
                android:layout_marginLeft="20dp"
                android:layout_marginRight="20dp"
                android:background="#d0d0d0"
                android:gravity="center"
                android:text="取消"
                android:textColor="#666666"
                android:textSize="15sp" />
        </LinearLayout>
    </LinearLayout>
</FrameLayout>
```

2. 创建自定义对话框

创建一个 MyDialog 类继承自 Dialog 类，主要用于初始化自定义对话框中的控件以及响应按钮的点击事件，具体代码如文件 2-22 所示。

文件 2-22 MyDialog.java

```
1  package cn.itcast.androiddialog;
2  import android.app.Dialog;
3  import android.content.Context;
4  import android.os.Bundle;
5  import android.view.View;
6  import android.view.Window;
7  import android.widget.Button;
8  import android.widget.TextView;
9  public class MyDialog extends Dialog {
10     private String dialogName;
11     private TextView tvMsg;
12     private Button btnOK;
13     private Button btnCancel;
14     public MyDialog(Context context, String dialogName) {
15         super(context);
16         this.dialogName = dialogName;
17     }
18     @Override
19     protected void onCreate(Bundle savedInstanceState) {
20         super.onCreate(savedInstanceState);
21         requestWindowFeature(Window.FEATURE_NO_TITLE);//去除标题
22         setContentView(R.layout.my_dialog);        //引入自定义对话框布局
23         tvMsg = (TextView) findViewById(R.id.tv_msg);
24         btnOK = (Button) findViewById(R.id.btn_ok);
25         btnCancel = (Button) findViewById(R.id.btn_cancel);
26         tvMsg.setText(dialogName);    //设置自定义对话框显示内容
27         //为“确定”按钮设置点击事件
28         btnOK.setOnClickListener(new View.OnClickListener() {
29             @Override
```

```
30             public void onClick(View v) {
31                 //点击“确定”按钮时的操作
32             }
33         });
34         //为“取消”按钮设置点击事件
35         btnCancel.setOnClickListener(new View.OnClickListener() {
36             @Override
37             public void onClick(View v) {
38                 dismiss();        //关闭当前对话框
39             }
40         });
41     }
42 }
```

从上述代码可以看出，在自定义对话框的onCreate()方法中，通过setContentView()方法就可以把自定义对话框的布局显示出来，并且可以按照需求来操作自定义对话框布局中的控件。

3. 使用自定义对话框

在MainActivity中，只要调用MyDialog的构造方法就可以把自定义的对话框显示出来，具体代码如文件2-23所示。

文件2-23 MainActivity.java

```
1  package cn.itcast.androiddialog;
2  import android.support.v7.app.AppCompatActivity;
3  import android.os.Bundle;
4  public class MainActivity extends AppCompat Activity {
5      @Override
6      protected void onCreate(Bundle savedInstance State) {
7          super.onCreate(savedInstanceState);
8          setContentView(R.layout.activity_main);
9          MyDialog myDialog = new MyDialog(this, "我是
10         自定义的Dialog");
11         myDialog.show();
12     }
13 }
```

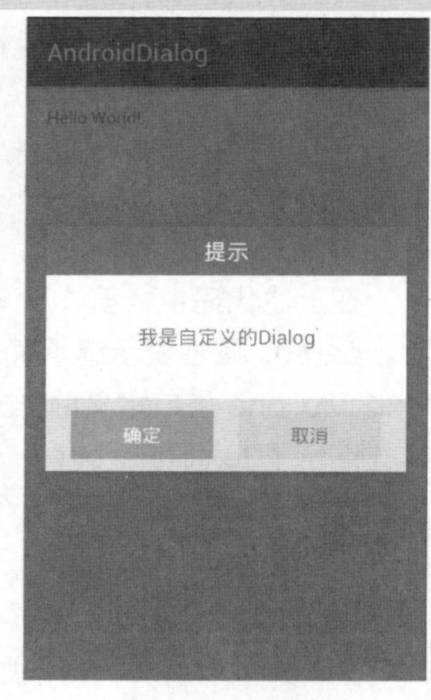

图2-22 运行结果

接下来运行程序，结果如图2-22所示。

从图2-22可以看出，自定义对话框的界面效果可以自行设置，并且与系统自带的对话框相比，自定义对话框更加灵活，界面更加美观。

2.5 样式和主题

Android系统中包含了很多样式和主题资源，这些样式和主题用于定义界面上的布局风格。其中样式是针对某个View，例如TextView或Button等控件，而主题是针对整个Activity界面或整个应用程序，本节将针对样式和主题进行详细讲解。

2.5.1 样式

样式（style）是包含一种或多种控件的属性集合，可以指定控件高度、宽度、字体大小及颜色等。Android 中的样式类似于网页中 CSS 样式，可以让设计与内容分离。样式在 XML 资源文件中定义，并且可以继承、复用等，方便统一管理并减少代码量。

创建一个样式，首先需要找到 res\values\style 目录下 styles.xml 文件，打开可以看到<resource>根标签和定义样式的<style>标签，它包含多个<item>来声明样式名称和属性。接下来编写两种 TextView 控件样式，具体如文件 2-24 所示。

文件 2-24　styles.xml

```
<resources>
    <!-- Base application theme. -->
    <style name="AppTheme" parent="Theme.AppCompat.Light.DarkActionBar">
        <!-- Customize your theme here. -->
        <item name="colorPrimary">@color/colorPrimary</item>
        <item name="colorPrimaryDark">@color/colorPrimaryDark</item>
        <item name="colorAccent">@color/colorAccent</item>
    </style>
    <style name="textStyle_one">
        <item name="android:layout_width">match_parent</item>
        <item name="android:layout_height">wrap_content</item>
        <item name="android:textColor">#999999</item>
        <item name="android:textSize">35sp</item>
    </style>
    <style name="textStyle_two" parent="@style/textStyle_one">
        <item name="android:textSize">25sp</item>
    </style>
</resources>
```

在上述代码中，第 1 个<style>标签中的代码是系统自带的样式，其中 name 属性是样式名称，parent 属性表示继承某个样式，并且通过<item>标签以键值对的形式定义属性和属性值。textStyle_one 是自定义的样式，设置了控件的宽、高、字体颜色、字体大小四个属性。textStyle_two 样式继承了 textStyle_one，并在该属性中重新定义了 android:textSize 覆盖掉原有属性。

接下来在布局中创建两个 TextView 控件，来看是如何引用上述定义的样式，具体代码如文件 2-25 所示。

文件 2-25　activity_main.xml

```
<?xml version="1.0" encoding="utf-8"?>
<LinearLayout xmlns:android="http://schemas.android.com/apk/res/android"
    android:layout_width="match_parent"
    android:layout_height="match_parent"
    android:orientation="vertical">
    <TextView
        style="@style/textStyle_one"
        android:text="TextView 样式一"/>
    <TextView
        style="@style/textStyle_two"
```

```
        android:text="TextView样式二"/>
    </LinearLayout>
```

在上述代码中，两个 TextView 只需要以 style="@style/×××"这种方式就可以引用自定义样式中所有属性，其中属性值对应自定义样式的名称，预览效果如图 2-23 所示。

图2-23 TextView样式

在实际开发项目中，当然也可自己创建样式文件，只要把文件创建在 values 目录下并以“.xml”结束，文件中代码结构与上述相同即可。

2.5.2 主题

主题（theme）是应用到整个 Activity 和 Application 的样式，而不是只应用到单个视图。当设置好主题后，Activity 或整个程序中的视图都将使用主题中的属性。当主题和样式中的属性发生冲突时，样式的优先级要高于主题。

主题与样式在代码结构上是一样的，不同之处在于引用方式上，主题要在 AndroidManifest.xml 文件中引用。接下来编写一个 Activity 主题，打开 values 目录下的 styles.xml 文件编写主题样式代码，具体代码如文件 2-26 所示。

文件 2-26 styles.xml

```
<resources>
    <!-- Base application theme. -->
    <style name="AppTheme" parent="Theme.AppCompat.Light.DarkActionBar">
        <!-- Customize your theme here. -->
        <item name="colorPrimary">@color/colorPrimary</item>
        <item name="colorPrimaryDark">@color/colorPrimaryDark</item>
        <item name="colorAccent">@color/colorAccent</item>
    </style>
    <style name="grayTheme" parent="Theme.AppCompat.Light.DarkActionBar">
        <item name="android:background">#999999</item>
    </style>
</resources>
```

在上述代码中，定义了一个灰色的背景主题。需要注意的是，在定义主题时，需要用到 parent 属性去继承 Theme.AppCompat.Light.DarkActionBar 来保证它的兼容性，否则运行时会出现异常。接下来打开 AndroidManifest.xml 文件引用这个主题，在<activity>标签中添加 android: theme="@style/ grayTheme "属性，具体代码如文件 2-27 所示。

文件 2-27 AndroidManifest.xml

```
<?xml version="1.0" encoding="utf-8"?>
<manifest xmlns:android="http://schemas.android.com/apk/res/android"
    package="itcast.cn.dialog" >
    <application
        android:allowBackup="true"
        android:icon="@mipmap/ic_launcher"
        android:label="@string/app_name"
```

```
        android:supportsRtl="true"
        android:theme="@style/AppTheme" >
        <activity
            android:name=".MainActivity"
            android:theme="@style/grayTheme">
            <intent-filter>
                <action android:name="android.intent.action.MAIN" />
                <category android:name="android.intent.category.LAUNCHER" />
            </intent-filter>
        </activity>
    </application>
</manifest>
```

在上述代码中，大家会发现在<application>标签中同样存在andorid:theme 属性，此处是整个应用程序主题的样式，而<activity>标签中是改变当前界面的主题样式，这里要注意区分清楚。运行效果如图 2-24 所示。

图2-24 运行结果

需要注意的是，在 Activity 代码中同样可以引用自定义主题，只需要在 Activity 类 onCreate()方法内添加 setTheme()方法即可，例如 setTheme(R.style. grayTheme)，也可以实现上述效果。不过在引用主题时需要注意 setTheme()方法位置，不能创建在逻辑代码之后，要在 Activity 界面创建加载时执行，因为代码执行顺序是由上至下，位置错误会导致一些功能代码不会执行，通常情况下把此方法放在 setContentView()方法之后即可。

2.6 国际化

在开发 Android 程序时，如果想让不同国家的用户看到不同的效果，就需要对这个应用进行国际化（internationalization）。国际化的应用具备支持多种语言功能，能被不同国家或地区用户同时访问，提供符合访问者阅读习惯的页面和数据。由于国际化单词 internationalization 首字母“i”和尾字母“n”之间有 18 个字符，因此被简称为 I18N。

实现国际化很简单，创建一个名为 I18N 的应用程序，指定包名为 cn.itcast.i18n。在该程序的“res/values/”目录下创建两个用于国际化的文件 strings.xml。单击右键，选择【New】→【Values resource file】选项，此时会弹出 New Resource File 界面，如图 2-25 所示。

在图 2-25 中，File name 表示文件名称，此命名只能包含小写字母 a～z、数字 0～9 或下划线“_”。Source set 是资源集合，Directory name 是目录名，Available qualifiers 中则表示包含一些特定的文件类型。

在 Available qualifiers 区域中选择 Locale，单击中间的向右图标 >>，此时会看到很多国家和地区名称。在 Language 语言区域中选择中文，在 Specific Region Only（特定区域）中选择中国，此时 Directory name 名称会根据选择的语言以及区域自动变化，其命名规则为“values-语言代码-r 国家或地区代码”，如图 2-26 所示。

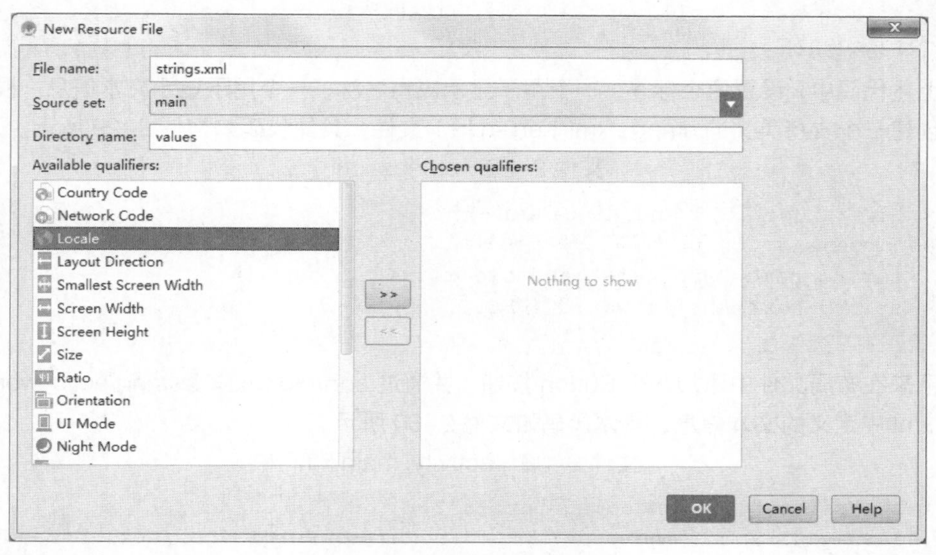

图2-25　New Resource File界面

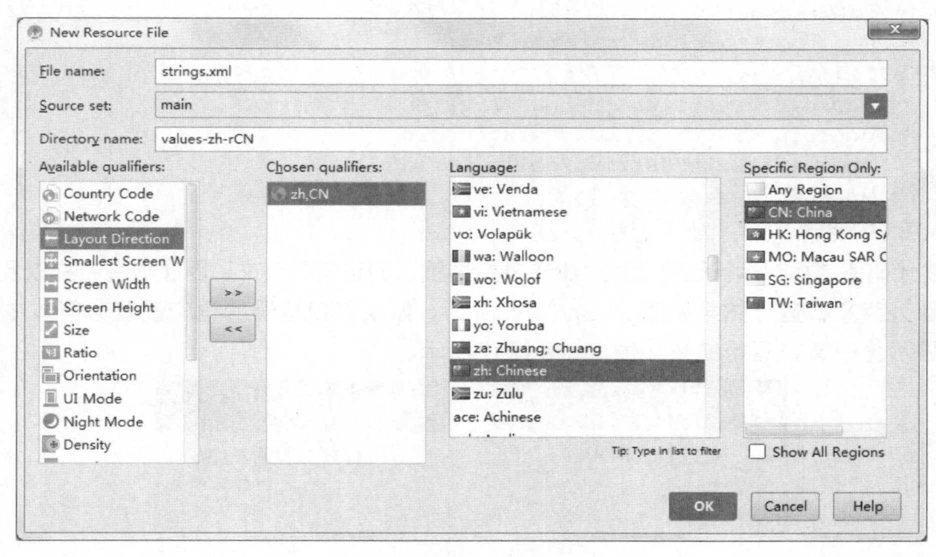

图2-26　国际化

选中支持的国家和地区，单击【OK】按钮后支持中文的 strings.xml（zh-rCN）文件就创建完成了，其中 zh 代表语言代码，表示中文，CN 是区域代码，代表中国大陆。需要注意的是，由于每个程序都会默认自带一个 strings.xml 文件，而在此基础上又创建一个同名的国际化文件，此时 Android Studio 工具就会自动创建一个同名文件夹来存放这些文件，并且会根据语言和地区区分这些文件。

接下来在创建好的 strings.xml 文件中编写支持的中文内容，具体代码如文件 2-28 所示。

文件 2-28　strings.xml

```
<?xml version="1.0" encoding="utf-8"?>
<resources>
    <string name="app_name">安卓_i18n</string>
```

```
    <string name="hello_world">你好，世界!</string>
</resources>
```

在上述代码中，设置两个标签，一个用于显示应用名称，一个用于显示文本信息。根据上述步骤再创建一个支持英文的 strings.xml（en-rUS）文件，具体代码如文件 2-29 所示。

文件 2-29　strings.xml

```
<?xml version="1.0" encoding="utf-8"?>
<resources>
    <string name="app_name">Android_i18n</string>
    <string name="hello_world">HELLO, WORLD!</string>
</resources>
```

接下来在布局文件中添加一个 Button 按钮，并通过 android:text="@string/hello_world"引用 strings.xml 中定义的文本信息，具体代码如文件 2-30 所示。

文件 2-30　activity_main.xml

```
<?xml version="1.0" encoding="utf-8"?>
<LinearLayout xmlns:android="http://schemas.android.com/apk/res/android"
    android:layout_width="match_parent"
    android:layout_height="match_parent"
    android:orientation="vertical">
    <Button
        android:layout_width="match_parent"
        android:layout_height="wrap_content"
        android:text="@string/hello_world"
        android:textSize="25sp"/>
</LinearLayout>
```

上述代码完成后，运行程序测试，由于模拟器默认的语言为英文，因此项目名称以及按钮上的文字都为英文，运行结果如图 2-27（a）所示。如果将模拟器的语言设置为简体中文，则文字均显示为中文，运行结果如图 2-27（b）所示。

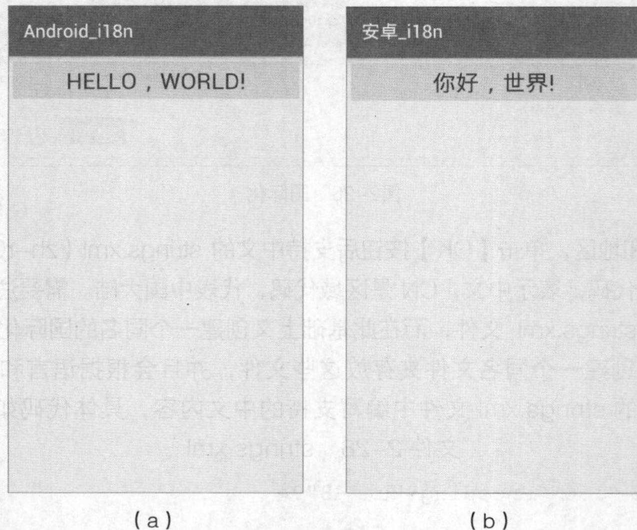

图2-27　运行结果

在图 2-27(b)中，应用名称和按钮文本部分变为中文，正是通过引用 strings.xml(zh-rCN)文件中的内容。其原理是，当用@string/×××方式引用一个文本资源时，Android 系统会首先判断手机设置的语言和地区，然后通过这些信息去对应 values 目录下 strings.xml 文件，引用其中的内容。

需要注意的是，Android 有自己的国际化规范和方法，布局中所有文字资源只有通过 android:text="@string/×××"这种方式引用才能起到效果，如果使用 android:text="×××"这种方式直接设置文字资源，那么是无法进行国际化的。

2.7 程序调试

在实际开发中，每个 Android 程序都会进行一系列测试工作，确保程序能够正常运行。测试 Android 程序有多种方式，例如单元测试、LogCat(日志控制台)和 Debug 断点调试等，本节将针对这几种测试方式进行详细讲解。

2.7.1 单元测试

单元测试是指在应用程序开发过程中对最小的功能模块进行测试，可以在完成某个功能之后对该功能进行单独测试，而不需要把应用程序安装到手机或启动模拟器再对各项功能进行测试，这样会提高开发效率和质量。如果应用中每个单元都能通过测试，说明代码的健壮性已经非常好了。

使用 Android Studio 开发工具完成单元测试要简单得多，在项目创建时 Android Studio 就已经默认创建了一个 androidTest 包和 ApplicationTest 类，所有测试的功能模块写入此类即可，如图 2-28 所示。

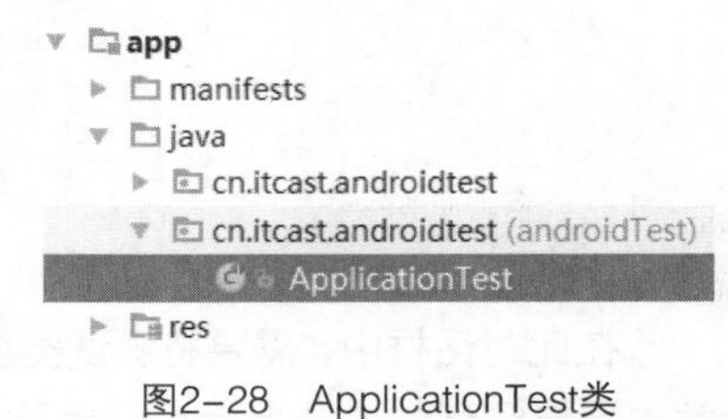

图2-28 ApplicationTest类

双击打开 ApplicationTest 类，在该类中添加一个 test()测试方法，对比两个参数值，具体代码如文件 2-31 所示。

文件 2-31 ApplicationTest.java

```
1  package cn.itcast.androidui;
2  import android.app.Application;
3  import android.test.ApplicationTestCase;
4  /**
5   * <a href="http://d.android.com/tools/testing/
6   * testing_android.html">Testing Fundamentals</a>
7   */
8  public class ApplicationTest extends ApplicationTestCase<Application> {
9      public ApplicationTest() {
10         super(Application.class);
11     }
12     public void test()throws Exception{
13         final int expected =1;
14         final int reality =1;
15         //断言,expected 期望的参数值与 reality 相同
16         assertEquals(expected, reality);
```

```
17     }
18 }
```

编写好代码之后，在类 class ApplicationTest 处单击右键，选择【Create 'Application Test'】选项，此时会弹出一个设置对话框，如图 2-29 所示。

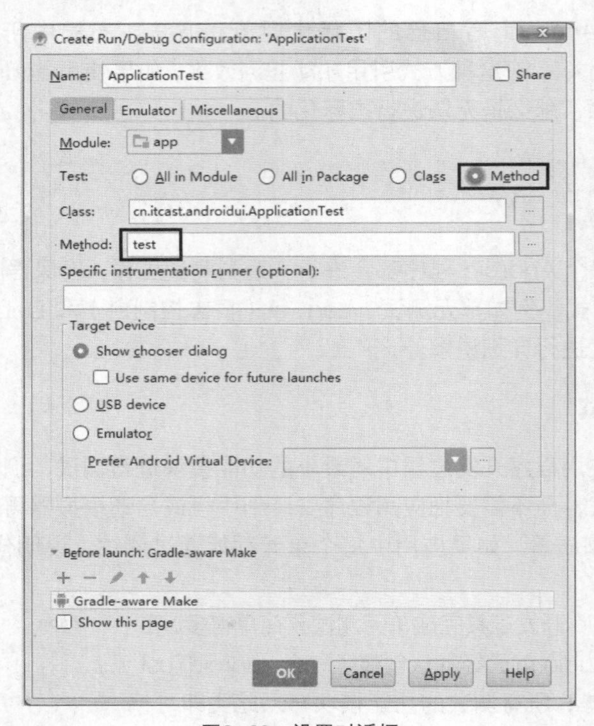

图2-29　设置对话框

在此对话框中，需要将测试类型修改为 Method，此时会出现一栏输入框，填写 ApplicationTest 类中需要测试的方法名 test，也可单击输入框右侧 ··· 图标选择需要测试的方法，然后单击【OK】按钮就可以运行程序了。启动程序后，在下方单击 4: Run 图标查看结果，运行结果如图 2-30 所示。

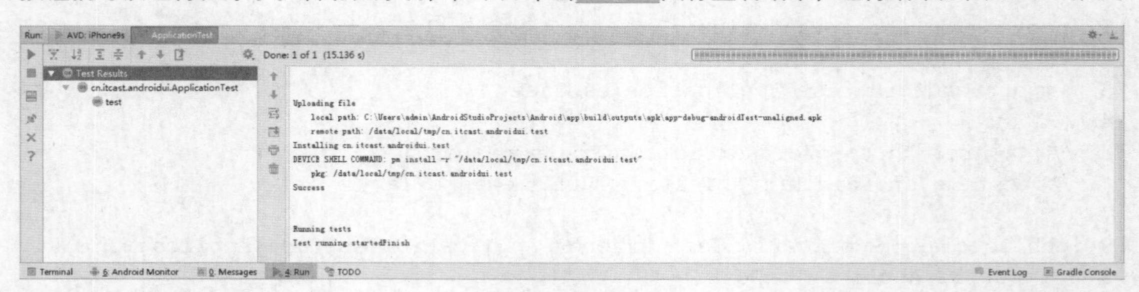

图2-30　测试结果正常

从图 2-30 可以看出，测试窗口中出现一个绿条，说明方法中两个参数相同，测试结果正常。接下来修改上述程序代码，让其显示错误信息，修改如下。

```
final int reality =2;
```

运行程序，此时会发现测试窗口显示红条，测试未通过，说明方法中两个参数不同，测试结果错误，如图 2-31 所示。

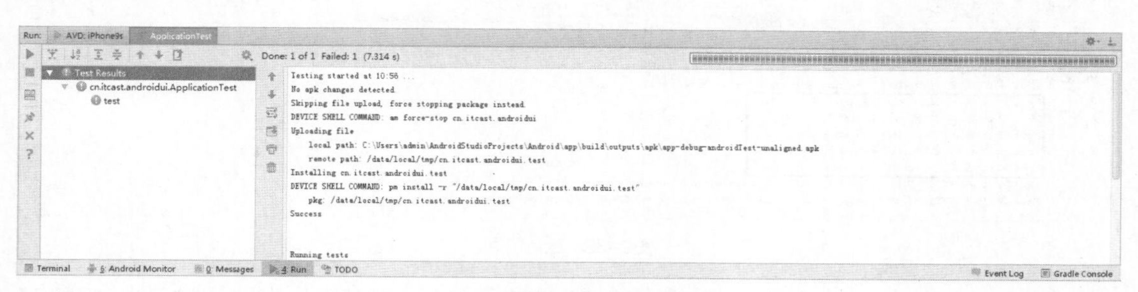

图2-31　测试结果错误

从上述的讲解可以发现，单元测试不需要关注控制层，当业务层逻辑写好之后就可以进行单独测试，确保程序没有错误之后由控制层直接调用，既简单、方便，又可以提升开发效率，因此熟练掌握单元测试是很有必要的。需要注意的是，所有的测试方法必须以 test 开头，如本案例方法 public void test()，否则没有测试选项。

2.7.2　LogCat 的使用

LogCat 是 Android 中的命令行工具，用于获取程序从启动到关闭的日志信息。Android 中的应用运行在一个单独的设备中，应用的调试信息会输出到这个设备单独的日志缓冲区中，要想从设备日志缓冲区中取出信息，就需要学会使用 LogCat。

Android 采用 android.util.Log 类的静态方法实现输出程序信息，Log 类所输出的日志内容分为 6 个级别，由低到高分别是 Verbose、Debug、Info、Warning、Error、Assert，前 5 个级别分别对应 Log 类中的 Log.v()、Log.d()、Log.i()、Log.w()、Log.e()静态方法。Assert 比较特殊，它是 Android 4.0 新增加的日志级别，没有对应的静态方法。

接下来通过编译 Activity 代码打印 Log 信息，具体代码如文件 2-32 所示。

文件 2-32　MainActivity.java

```
1  package cn.itcast.logcat;
2  import android.support.v7.app.AppCompatActivity;
3  import android.os.Bundle;
4  import android.util.Log;
5  public class MainActivity extends AppCompatActivity {
6      @Override
7      protected void onCreate(Bundle savedInstanceState) {
8          super.onCreate(savedInstanceState);
9          setContentView(R.layout.activity_main);
10         Log.v("MainActivity","Verbose");
11         Log.d("MainActivity","Degug");
12         Log.i("MainActivity","Info");
13         Log.w("MainActivity","Warning");
14         Log.e("MainActivity","Error");
15     }
16 }
```

运行程序，此时 LogCat 窗口中会打印程序运行的所有 Log 信息，如图 2-32 所示。

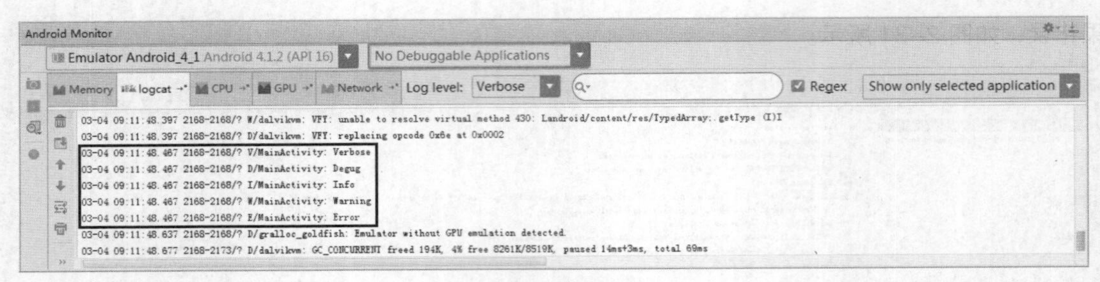

图2-32 Log信息

在图 2-32 中，由于 LogCat 输出的信息多而繁杂，找到所需的 Log 信息比较困难，因此可以使用过滤器，过滤掉不需要的信息。单击 Android Studio 菜单栏中 按钮，打开 DDMS 窗口，如图 2-33 所示。

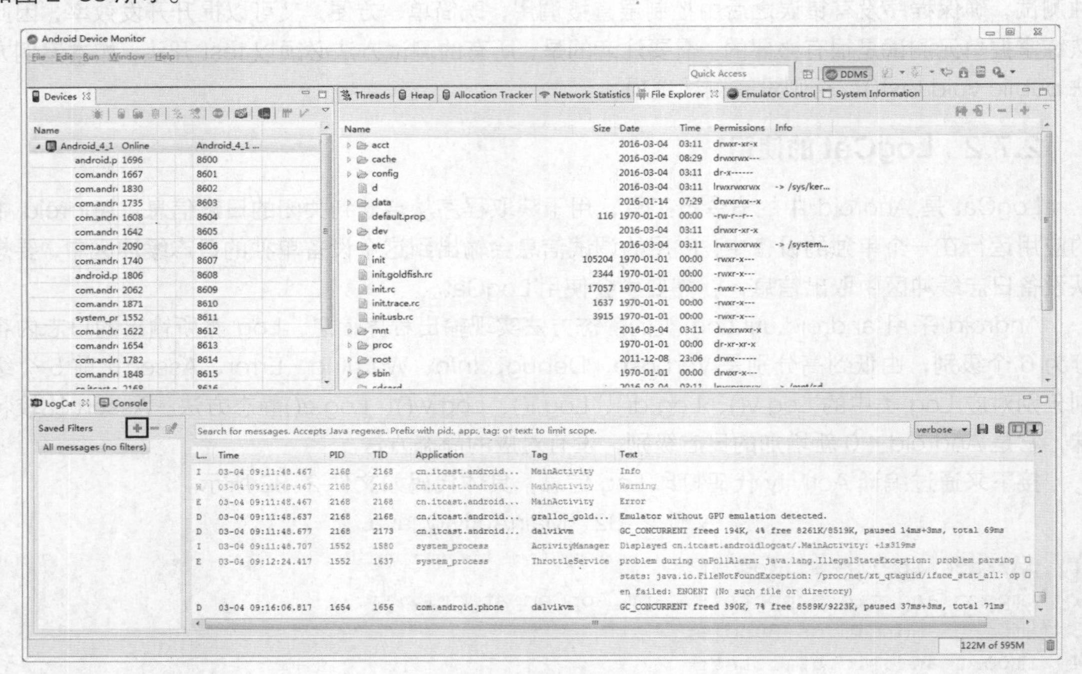

图2-33 DDMS窗口

在 DDMS 窗口中，单击左下方 图标，弹出 LogCat 过滤器，如图 2-34 所示。

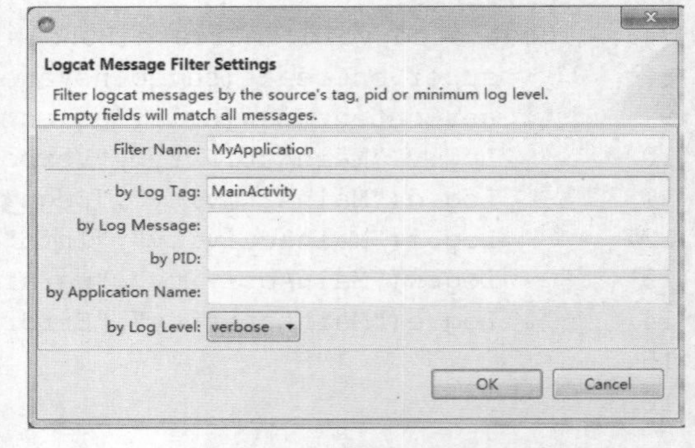

图2-34 LogCat过滤器

LogCat 过滤器共有 6 个条目，每个条目都有特定的功能，具体说明如下。

- Filter Name：过滤器的名称，同样使用项目名称。
- by Log Tag：根据定义的 Tag 过滤信息，通常使用类名。
- by Log Message：根据输出的内容过滤信息。

- by PID：根据进程 ID 过滤信息。
- by Application Name：根据应用名称过滤信息。
- by Log Level：根据日志的级别过滤信息。

除了设置过滤器过滤所需的信息外，还可以直接根据 Log 级别过滤信息，如图 2-35 所示。

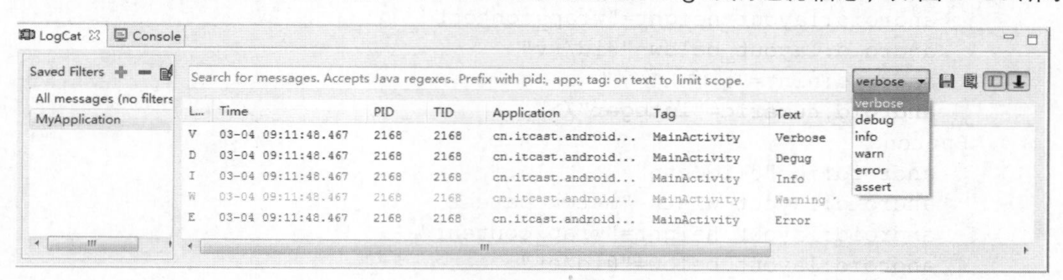

图2-35 根据Log级别过滤

在图 2-35 中，LogCat 窗口的右上角的下拉列表可以选择日志级别，假如当前选择的日志级别为 error，那么在日志窗口显示的就只有错误级别的日志信息。LogCat 区域中日志信息显示的颜色是不同的，而且 Level 列中共有 5 种类型的字母，分别是 V、D、I、W、E，这些字母表示不同的级别，具体如下。

- verbose(V)：显示全部信息，黑色。
- debug(D)：显示调试信息，蓝色。
- info(I)：显示一般信息，绿色。
- warning(W)：显示警告信息，橙色。
- error(E)：显示错误信息，红色。

需要注意的是，Android 中也支持通过 System.out.println("")语句，把信息直接输出到 LogCat 控制台中，但不建议使用。因为 Java 类繁多，使用这种方式输出的调试信息很难定位到具体代码中，打印时间无法确定，也不能添加过滤器，日志没有级别区分。

2.7.3 Debug 的使用

Debug 是跟踪程序流程的一种模式，可以通过在代码处设置断点，再利用 Debug 窗口查看。所谓断点是在代码行加入停止点，当程序执行到该行时会暂停，开发者可以从中查看到此行的变量、数值和内容等。

接下来以 Android Studio 开发工具为例，讲解如何使用 Debug 调试代码。首先编写一个案例，用户输入数字，然后点击按钮计算出累加的总和。布局代码如文件 2-33 所示。

文件 2-33 activity_main.xml

```
<?xml version="1.0" encoding="utf-8"?>
<RelativeLayout xmlns:android="http://schemas.android.com/apk/res/android"
    android:layout_width="match_parent"
    android:layout_height="match_parent">
    <TextView
        android:id="@+id/tv"
        android:layout_width="match_parent"
        android:layout_height="wrap_content"
```

```
        android:textSize="23sp"
        android:textColor="#f000"/>
    <EditText
        android:id="@+id/et"
        android:layout_width="match_parent"
        android:layout_height="wrap_content"
        android:layout_below="@id/tv"
        android:hint="请输入数字"
        android:numeric="integer"/>
    <Button
        android:id="@+id/btn"
        android:layout_width="match_parent"
        android:layout_height="wrap_content"
        android:layout_below="@id/et"
        android:text="累加"
        android:textSize="20sp"/>
</RelativeLayout>
```

在上述代码中，<EditText>标签内有个特殊属性 android:numeric="integer"，其作用是指定编辑框内只能输入整数。接下来在 Activity 类中编写逻辑代码，具体如文件 2-34 所示。

文件 2-34　MainActivity.java

```
1  package cn.itcast.androiddebug;
2  import android.support.v7.app.AppCompatActivity;
3  import android.os.Bundle;
4  import android.util.Log;
5  import android.view.View;
6  import android.widget.Button;
7  import android.widget.EditText;
8  import android.widget.TextView;
9  public class MainActivity extends AppCompatActivity {
10     TextView textView;
11     EditText editText;
12     Button button;
13     @Override
14     protected void onCreate(Bundle savedInstanceState) {
15         super.onCreate(savedInstanceState);
16         setContentView(R.layout.activity_main);
17         textView = (TextView) findViewById(R.id.tv);
18         editText = (EditText) findViewById(R.id.et);
19         button = (Button) findViewById(R.id.btn);
20         button.setOnClickListener(new View.OnClickListener() {
21             @Override
22             public void onClick(View v) {
23                 int n = Integer.parseInt(editText.getText().toString());
24                 int sum = 0;
25                 for (int i = 0; i <= n; i++) {
26                     //第二个参数强转成 Int 类型
27                     Log.i("i =", Integer.toString(i));
28                     sum += i;
```

```
29                  Log.i("sum = ", Integer.toString(sum));
30              }
31              textView.setText("从0累加到" + n + ", 总和是: " + sum);
32          }
33      });
34  }
35 }
```

在上述代码中，利用for循环语句编写了一段逻辑，从0累加到用户所填写的数字，计算出结果，代码中利用Integer.parseInt(editText.getText().toString())方法获得用户输入的数据，在Log.i()方法中利用Integer.toString()方法将Integer类型强转成String类型。

接下来在代码行中加入断点查看程序计算过程，将鼠标光标在24行左侧单击左键设置断点，在保证虚拟机启动情况下单击图标执行项目并打开Debug窗口，接着在EditText控件中输入一个整数“3”，然后单击“累加”按钮，这时发现程序会卡住，正是因为程序代码中加入断点的原因，此时Debug窗口也出现变化，如图2-36所示。

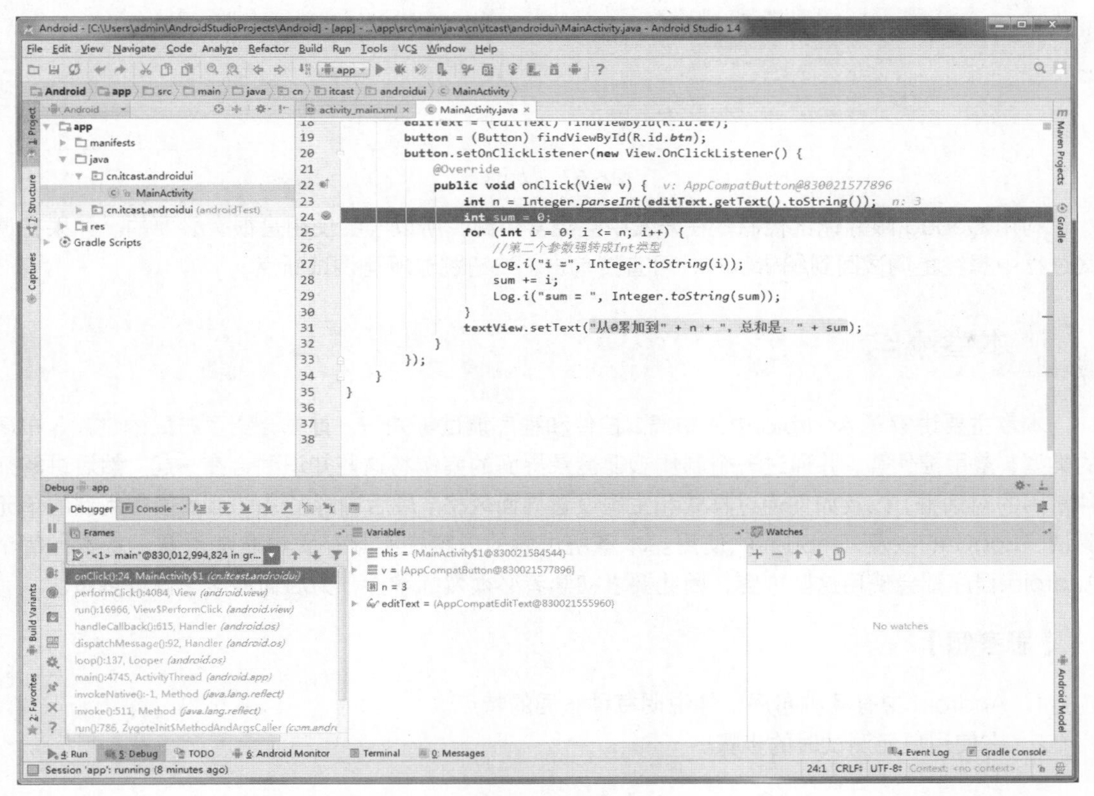

图2-36 Debug窗口

在Debug窗口上面出现的一些调试按钮，具体说明如下。

- Step Over：执行下一行代码，快捷键F8。
- Step Into：当见到方法时，进入此方法，快捷键F7。
- Force Step Into：该按钮在调试时可进入任何方法，可以看到所有调用的方法是如何实现的，研究源码非常方便。

- Step Out：如果调试时进入了一个方法，并觉得该方法没有问题，就可以单击这个按钮跳出该方法。
- Resume Program：执行下一个断点，如果后面代码没有断点，再次单击该按钮将会执行完程序。
- Stop app：停止调试。
- View Breakpoints：可以查看所有设置的断点。

在图 2-36 中，通过 Variables 窗口可以看到 n（用户输入的整数）的值为 3，连续单击按钮可查看整个计算过程，程序在 for 循环语句中反复执行，直到满足循环条件为止。接下来切换到 6: Android Monitor 选项，查看 LogCat 日志会发现，变量 i 和 sum 值不断地变化，如图 2-37 所示。

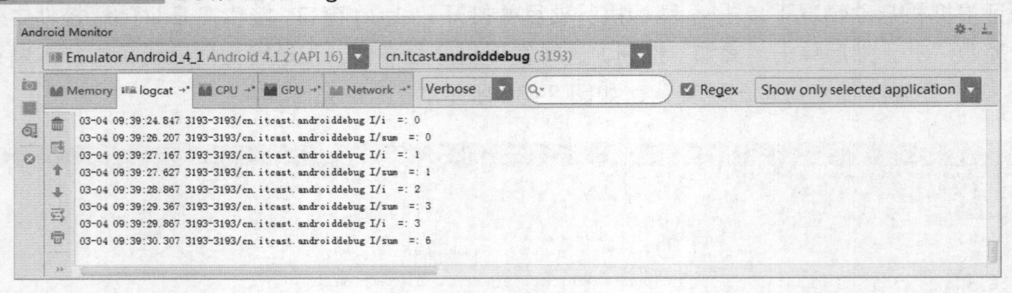

图2-37 Log信息

利用 Debug 跟踪调试代码，在开发中会经常用到，所以学会使用是很有必要的。如果在调试过程中想终止调试回到编辑状态，可直接单击按钮跳过所有调试断点。

2.8 本章小结

本章主要讲解了 Android 中的布局、控件和程序调试等知识。首先介绍了布局的创建、布局的类型、常用控件等，并通过一个制作 QQ 登录界面的案例将这些知识融合在一起。然后讲解几种常用的对话框，以及如何通过样式和主题设置界面风格。最后讲解了 Android 最常用到的单元测试、LogCat 以及 Debug 的使用。本章所讲解的内容在实际开发中非常重要，基本上每个 Android 程序都会使用这些内容，因此要求初学者必须熟练掌握，为后面的学习做好铺垫。

【思考题】

1. Android 中有几种布局，并说明每种布局的特点。
2. 在使用单元测试时的步骤。

Android

3 Chapter

第3章 Activity

学习目标

- 了解 Activity 生命周期状态，会使用 Activity 生命周期方法；
- 了解 Activity 中的任务栈，掌握 Activity 的 4 种启动模式；
- 掌握 Intent 的使用，学会使用 Intent 进行数据传递。

在现实生活中，经常会使用手机打电话、发短信、玩游戏等，这就需要与手机界面进行交互。在 Android 系统中，用户与程序的交互是通过 Activity 完成的，Activity 负责管理 Android 应用程序的用户界面。本章将针对 Activity 的相关知识进行详细讲解。

3.1 Activity 的创建

Activity 是 Android 程序中的四大组件之一，为用户提供可视化界面及操作。一个应用程序通常包含多个 Activity，每个 Activity 负责管理一个用户界面。这些界面可以添加多个控件，每个控件负责实现不同功能。接下来讲解如何创建一个 Activity。

首先，在程序的包名处（应用程序已存在）单击右键，选择【New】→【Activity】→【Empty Activity】选项，如图 3-1 所示。

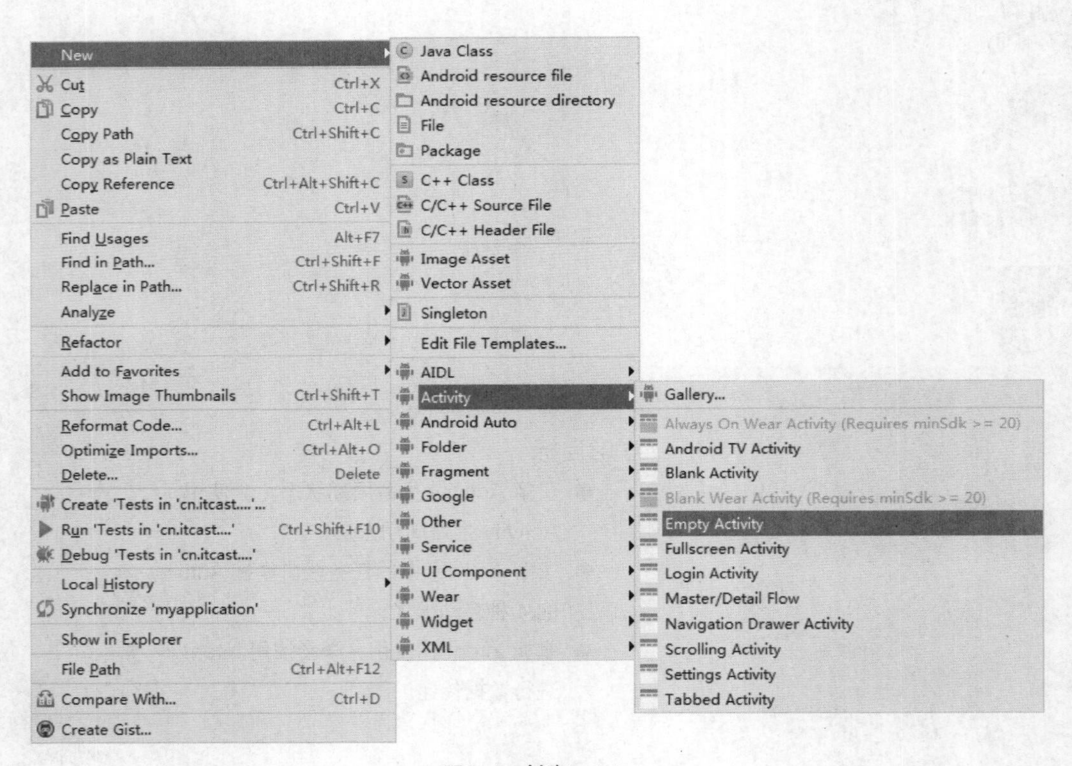

图3-1 创建Activity

单击【Empty Activity】选项时，会弹出 Customize the Activity 界面，如图 3-2 所示。

在图 3-2 中，Activity Name 选项用于输入 Activity 名称，Layout Name 选项用于输入布局名称，Launcher Activity 复选框用于设置当前 Activity 是否为最先启动界面，通常情况下不勾选。Package name 表示包名，Target Source Set 表示目标源集，这两项默认即可。然后单击【Finish】按钮，Activity 便创建完成了，此时打开 ActivityExample.java 文件，具体代码如文件 3-1 所示。

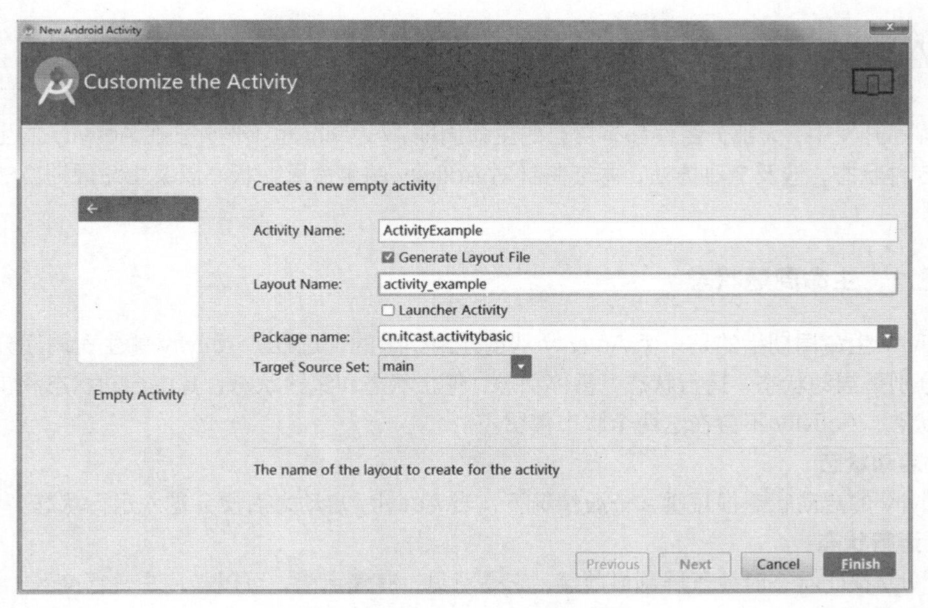

图3-2 Customize the Activity界面

文件 3-1 ActivityExample.java

```
1  package cn.itcast.activitybasic;
2  import android.support.v7.app.AppCompatActivity;
3  import android.os.Bundle;
4  public class ActivityExample extends AppCompatActivity {
5      @Override
6      protected void onCreate(Bundle savedInstanceState) {
7          super.onCreate(savedInstanceState);
8          setContentView(R.layout.activity_example);
9      }
10 }
```

在上述代码中，创建的 ActivityExample 继承自 AppCompatActivity，并且重写了该类中的 onCreate()方法，该方法是在 Activity 创建时调用，因此通常放置一些控件的初始化代码。

需要注意的是，在 Android 中创建四大组件都需要在 AndroidManifest.xml 文件（清单文件）中注册。当 Activity 在清单文件中注册时，会添加一行<activity android:name=".ActivityExample" />代码。由于 Android Studio 开发工具很智能，会自动进行注册，因此不需要手动维护，只需了解即可。

多学一招：Activity 的另一种创建方式

Activity 还有一种创建方式，是通过创建一个 Java 类继承自 AppCompatActivity，并在清单文件中手动添加<activity android:name=".ActivityExample"></activity>代码进行注册。相比两种方式可以看出，直接创建 Activity 更加方便，可以避免忘记在清单文件中注册环节。后面讲解的其他 Android 四大组件都可以通过这种方式创建。

3.2 Activity 的生命周期

在程序开发中，大部分组件都有自己的生命周期，Activity 也不例外。在 Activity 的生命周期中包含 5 种状态，涉及 7 种方法，本节将针对 Activity 的生命周期状态以及生命周期方法进行详细讲解。

3.2.1 生命周期状态

Activity 生命周期指的是一个 Activity 从创建到销毁的全过程。Activity 的生命周期分为 5 种状态，分别是启动状态、运行状态、暂停状态、停止状态和销毁状态，其中启动状态和销毁状态是过渡状态，Activity 不会在这两个状态停留。

1. 启动状态

Activity 的启动状态很短暂，一般情况下，当 Activity 启动之后便会进入运行状态。

2. 运行状态

Activity 在此状态时处于屏幕最前端，它是可见、有焦点的，可以与用户进行交互，如单击、双击、长按事件等。

值得一提的是，当 Activity 处于运行状态时，Android 会尽可能地保持它的运行，即使出现内存不足的情况，Android 也会先销毁栈底的 Activity，来确保当前 Activity 正常运行。

3. 暂停状态

在某些情况下，Activity 对用户来说仍然可见，但它无法获取焦点，用户对它操作没有响应，此时它就处于暂停状态。例如，当前 Activity 上覆盖了一个透明或者非全屏的 Activity 时，被覆盖的 Activity 就处于暂停状态。

4. 停止状态

当 Activity 完全不可见时，它就处于停止状态，但仍然保留着当前状态和成员信息。如果系统内存不足，那么这种状态下的 Activity 很容易被销毁。

5. 销毁状态

当 Activity 处于销毁状态时，将被清理出内存。

为了让初学者更好地理解 Activity 的 5 种状态以及不同状态时使用的方法，Google 公司专门提供了 Activity 生命周期模型，如图 3-3 所示。

从图 3-3 可以看出，一个 Activity 从启动到关闭，会依次执行 onCreate()→onStart()→onResume()→onPause()→onStop()→onDestroy()方法。当 Activity 执行到 onPause()方法 Activity 失去焦点时，重新回到前台会执行 onResume()方法，如果此时进程被销毁，Activity 重新执行时会先执行 onCreate()方法。当执行到 onStop()方法 Activity 不可见时，再次回到前台会执行 onRestart()方法，如果此时进程被销毁，Activity 会重新执行 onCreate()方法。

3.2.2 生命周期方法

Activity 的生命周期中主要涉及 7 种方法，下面分别对这 7 种方法进行介绍。

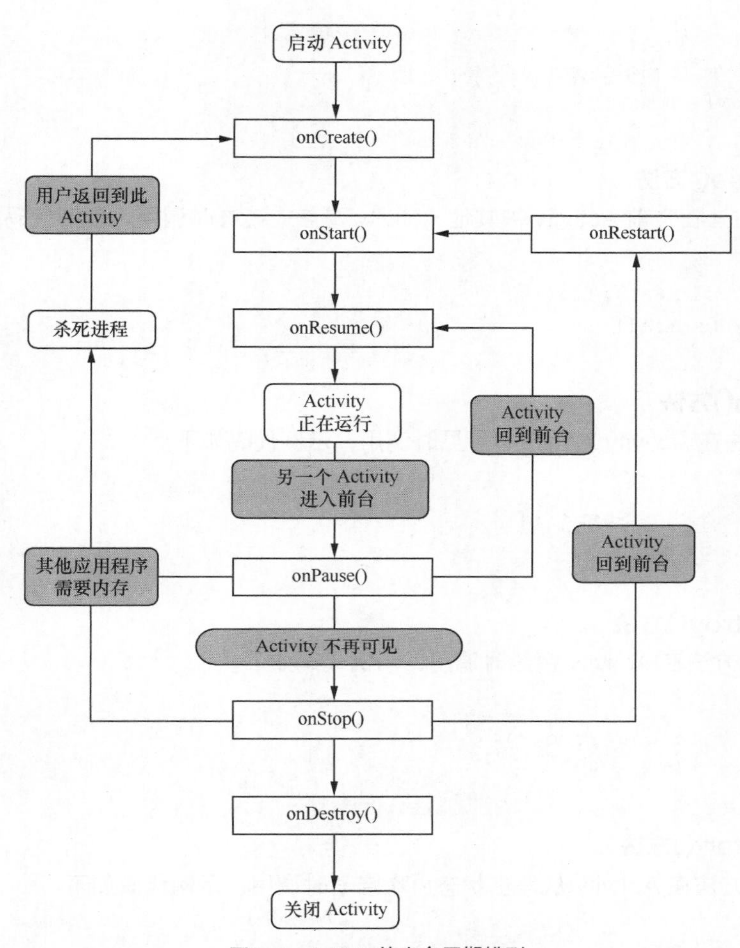

图3-3 Activity的生命周期模型

1. onCreate()方法

onCreate()方法是在 Activity 创建时调用，通常做一些初始化设置，示例代码如下。

```
@Override
protected void onCreate(Bundle savedInstanceState) {
    super.onCreate(savedInstanceState);
    setContentView(R.layout.activity_main);
}
```

2. onStart()方法

onStart()方法在 Activity 即将可见时调用，示例代码如下。

```
@Override
protected void onStart() {
    super.onStart();
}
```

3. onResume()方法

onResume()方法在 Activity 获取焦点开始与用户交互时调用，示例代码如下。

```
@Override
protected void onResume() {
    super.onResume();
}
```

4. onPause()方法

onPause()方法在当前 Activity 被其他 Activity 覆盖或锁屏时调用，示例代码如下。

```
@Override
protected void onPause() {
    super.onPause();
}
```

5. onStop()方法

onStop()方法在 Activity 对用户不可见时调用，示例代码如下。

```
@Override
protected void onStop() {
    super.onStop();
}
```

6. onDestroy()方法

onDestroy()方法在 Activity 销毁时调用，示例代码如下。

```
@Override
protected void onDestroy() {
    super.onDestroy();
}
```

7. onRestart()方法

onRestart()方法在 Activity 从停止状态再次启动时调用，示例代码如下。

```
@Override
protected void onRestart() {
    super.onRestart();
}
```

为了让初学者更直观地认识 Activity 生命周期，接下来通过一个案例来进行展示。首先创建一个名为“ActivityLife”的应用程序，在 MainActivity 中重写 Activity 的生命周期方法，并在每个方法中打印出 Log 以便观察，具体代码如文件 3-2 所示。

文件 3-2 MainActivity.java

```
1  package cn.itcast.activitylife;
2  import android.support.v7.app.AppCompatActivity;
3  import android.os.Bundle;
4  import android.util.Log;
5  public class MainActivity extends AppCompatActivity {
6      @Override
7      protected void onCreate(Bundle savedInstanceState) {
8          super.onCreate(savedInstanceState);
9          setContentView(R.layout.activity_main);
10         Log.i("MainActivityLife","调用 onCreate()");
11     }
```

```
12     @Override
13     protected void onStart() {
14         super.onStart();
15         Log.i("MainActivityLife", "调用 onStart()");
16     }
17     @Override
18     protected void onResume() {
19         super.onResume();
20         Log.i("MainActivityLife", "调用 onResume()");
21     }
22     @Override
23     protected void onPause() {
24         super.onPause();
25         Log.i("MainActivityLife", "调用 onPause()");
26     }
27     @Override
28     protected void onStop() {
29         super.onStop();
30         Log.i("MainActivityLife", "调用 onStop()");
31     }
32     @Override
33     protected void onDestroy() {
34         super.onDestroy();
35         Log.i("MainActivityLife", "调用 onDestroy()");
36     }
37     @Override
38     protected void onRestart() {
39         super.onRestart();
40         Log.i("MainActivityLife", "调用 onRestart()");
41     }
42 }
```

当第一次运行程序时，在 LogCat 中观察输出日志，可以发现程序启动后依次调用了 onCreate()、onStart()、onResume()。当调用了 onResume()方法之后程序不再向下进行，这时应用程序处于运行状态，等待与用户进行交互，运行结果如图 3-4 所示。

图3-4　启动Activity生命周期

接下来单击模拟器上的“返回”按钮，可以看到程序退出，同时 LogCat 中有新的日志输出。当调用了 onDestory()方法之后，Activity 被销毁清理出内存，运行结果如图 3-5 所示。

需要注意的是，代码中重写了 onRestart()方法，但是在 Activity 生命周期中并没有进行调用，这是因为程序中只有一个 Activity，无法进行返回操作，当程序中有多个 Activity 进行切换时就可以看到 onRestart()方法的执行。

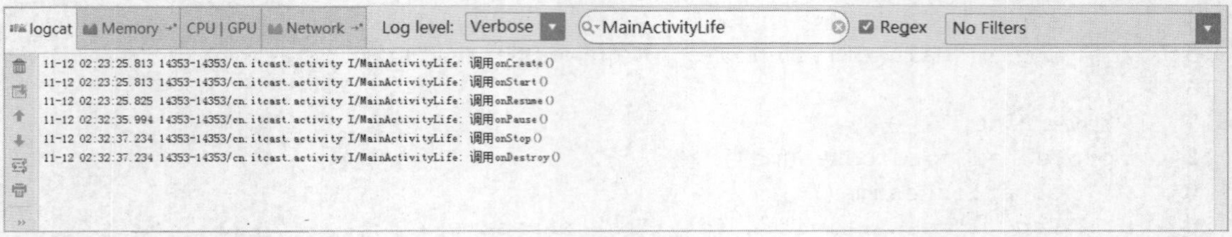

logcat
Memory
CPU | GPU
Network
Log level:
Verbose
MainActivityLife
Regex
No Filters
11-12 02:23:25.813 14353-14353/cn.itcast.activity I/MainActivityLife: 调用onCreate()
11-12 02:23:25.813 14353-14353/cn.itcast.activity I/MainActivityLife: 调用onStart()
11-12 02:23:25.825 14353-14353/cn.itcast.activity I/MainActivityLife: 调用onResume()
11-12 02:32:35.994 14353-14353/cn.itcast.activity I/MainActivityLife: 调用onPause()
11-12 02:32:37.234 14353-14353/cn.itcast.activity I/MainActivityLife: 调用onStop()
11-12 02:32:37.234 14353-14353/cn.itcast.activity I/MainActivityLife: 调用onDestroy()

图3-5 关闭Activity生命周期

脚下留心：横竖屏切换时的生命周期

现实生活中，使用手机时会根据不同情况进行横竖屏切换。当手机横竖屏切换时，会根据 AndroidManifest.xml 文件中 Activity 的 configChanges 属性不同而调用不同的生命周期方法（模拟器中横竖屏切换可以使用 Ctrl+F11）。

当使用默认属性时，Activity 生命周期会依次调用 onCreate()、onStart()、onResume()方法，当进行横竖屏切换时，调用的方法依次是 onPause()、onStop()、onDestory()、onCreate()、onStart()、onResume()。

通过上述生命周期调用的方法对比可知，在进行横竖屏切换时，首先会销毁 Activity，之后重建 Activity，这种模式在实际开发中肯定会有一定的影响。如果不希望在横竖屏切换时 Activity 被销毁重建，可以通过 configChanges 属性进行设置，这样无论怎样切换 Activity 都不会销毁重新创建，具体代码如下。

```
<activity android:name=".MainActivity"
        android:configChanges="orientation|keyboardHidden|screenSize">
```

当 configChanges 属性设置完成之后，打开程序时同样会调用 onCreate()、onStart()、onResume()方法，但当进行横竖屏切换时不会再执行其他的生命周期方法。

如果希望某一个界面一直处于竖屏或者横屏状态，不随手机的晃动而改变，同样可以在清单文件中通过设置 Activity 的参数来完成，具体代码如下。

```
竖屏：android:screenOrientation="portrait"
横屏：android:screenOrientation="landscape"
```

3.3 Activity 的启动模式

通过前面的学习可以发现，Activity 是可以层叠摆放的，每启动一个新的 Activity 就会覆盖在原 Activity 之上，如果单击“返回”按钮，则最上面的 Activity 被销毁，下面的 Activity 重新显示。Activity 之所以能这样显示，是因为 Android 系统是通过任务栈的方式来管理 Activity 实例的。本节将针对 Android 中的任务栈以及 Activity 的启动模式进行详细讲解。

3.3.1 Android 中的任务栈

栈是一种“先进后出”的数据结构。Android 中，采用任务栈的形式来管理 Activity。所谓的任务栈，是使用栈的方式来管理任务中的 Activity，这个栈又被称为返回栈，栈中 Activity 的顺序就是按照它们被打开的顺序依次存放的。

通常一个应用程序对应一个任务栈，默认情况下每启动一个 Activity 都会入栈，并处于栈顶位置，用户操作的永远是栈顶的 Activity。在栈中的 Activity 只有压入和弹出两种操作，被当前 Activity 启动时压入，用户单击“返回”按钮离开时弹出，而栈中 Activity 的位置和顺序都不会发生变化。为了让初学者更好地理解 Android 下的任务栈，接下来通过一个图例来展示 Activity 在栈中的存放情况，如图 3-6 所示。

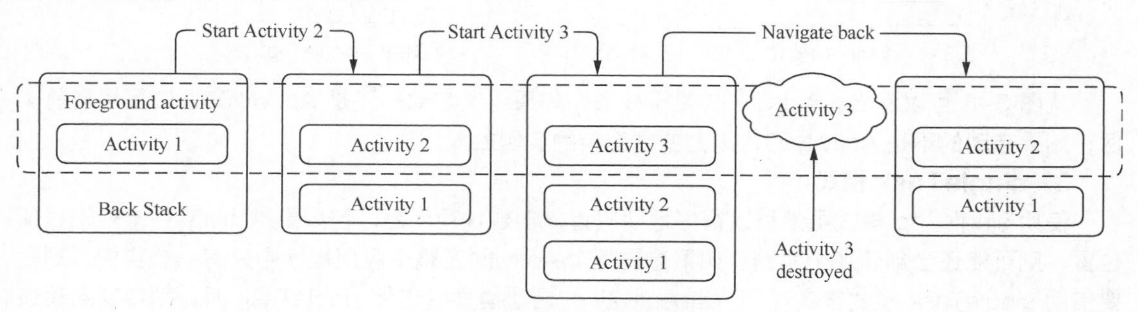

图3-6　Android中的任务栈

从图 3-6 可以看出，Activity1 处于正在运行的状态，当 Activity1 开启 Activity2 时，Activity2 会被放到栈顶。同样，当 Activity2 开启 Activity3 时，Activity3 就会被放到栈顶。依此类推，无论开启多少个 Activity，最后开启的 Activity 都会被压入栈的顶端并且获得焦点，而之前开启的 Activity 仍然保存在栈中，但已经被停止了。系统会保存 Activity 被停止时的状态，当用户单击“返回”按钮时，Activity3 会被弹出栈，并且恢复 Activity2 刚被保存的界面状态。

3.3.2　Activity 的 4 种启动模式

在实际开发中，应根据特定的需求为每个 Activity 指定恰当的启动模式。Activity 启动模式有 4 种，分别是 standard、singleTop、singleTask 和 singleInstance。在 AndroidManifest.xml 中，通过<activity>标签的 android:launchMode 属性可以设置启动模式。下面针对这 4 种启动模式进行详细讲解。

1. standard 模式

standard 是 Activity 的默认启动模式，这种模式的特点是，每启动一个 Activity 就会在栈顶创建一个新的实例。实际开发中，闹钟程序通常采用这种模式。standard 启动模式的原理如图 3-7 所示。

从图 3-7 可以看出，在 standard 启动模式下最先启动的 Activity01 位于栈底，依次为 Activity02、Activity03。出栈的时候，位于栈顶的 Activity03 最先出栈。

2. singleTop 模式

在某些情况下，会发现使用 standard 启动模式并不合理，例如当 Activity 已经位于栈顶，而再次启动 Activity 时还需创建一个新的实例，不能直接复用。在这种情况下，使用 singleTop 模式启动 Activity 更合理，该模式会判断要启动的 Activity 实例是否位于栈顶，如果位于栈顶则直接复用，否则创建新的实例。实际开发中，浏览器的书签通常采用这种模式。singleTop 启动模式的原理如图 3-8 所示。

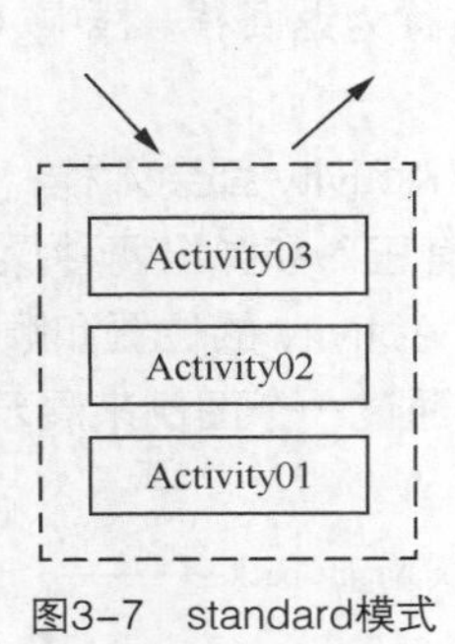

图3-7 standard模式

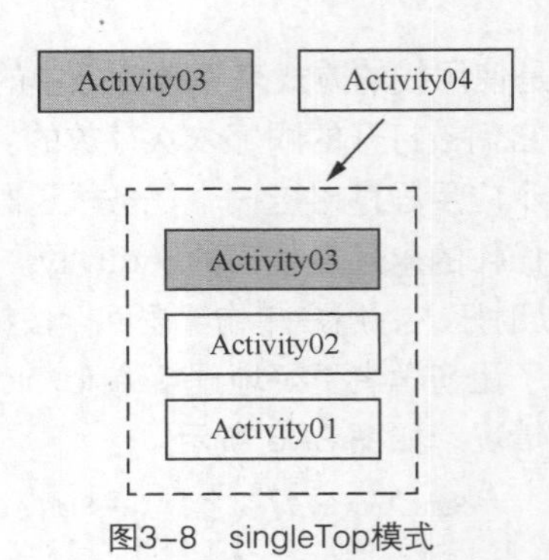

图3-8 singleTop模式

从图 3-8 可以看出，Activity03 位于栈顶，如果再次启动的还是 Activity03，则复用当前实例；如果启动的不是 Activity03，则需要创建新的实例放入栈顶。

3. singleTask 模式

使用 singleTop 模式虽然可以很好地解决重复创建栈顶问题，但如果 Activity 并未处于栈顶位置，则可能还会创建多个实例。如果想要某个 Activity 在整个应用程序中只有一个实例，则需要借助 singleTask 模式来实现了。当 Activity 的启动模式指定为 singleTask 时，则每次启动该 Activity 时，系统首先会检查栈中是否存在当前 Activity 实例，如果存在则直接使用，并把当前 Activity 之上的所有实例全部出栈，否则会重新创建一个实例。实际开发中，浏览器主界面通常采用这种模式。singleTask 启动模式的原理如图 3-9 所示。

从图 3-9 可以看出，当再次启动 Activity01 时，并没有创建新的实例，而是将 Activity02 和 Activity03 实例直接移除，复用 Activity01，让当前栈中只有一个 Activity01 实例。

4. singleInstance 模式

singleInstance 模式是 4 种启动模式中最特殊的一个，指定为 singleInstance 模式的 Activity 会启动一个新的任务栈来管理 Activity 实例，无论从哪个任务栈中启动该 Activity，该实例在整个系统中只有一个。这种模式存在的意义，是为了在不同程序中共享同一个 Activity 实例。

Activity 采用 singleInstance 模式启动分两种情况，一种是要启动的 Activity 不存在，则系统会先创建一个新的任务栈，然后再创建 Activity 实例。一种是要启动的 Activity 已存在，无论当前 Activity 位于哪个程序哪个任务栈中，系统都会把 Activity 所在的任务栈转移到前台，从而使 Activity 显示。实际开发中，来电界面通常采用这种模式。singleInstance 启动模式的原理如图 3-10 所示。

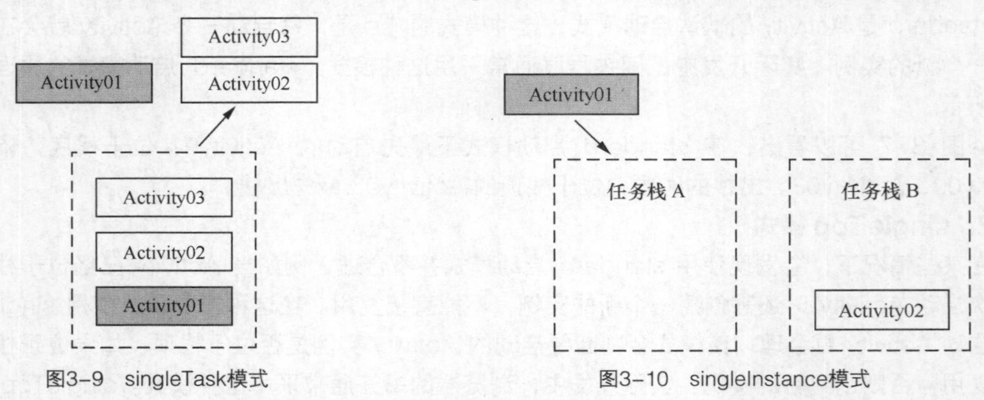

图3-9 singleTask模式　　图3-10 singleInstance模式

至此，Activity 的 4 种启动模式已经讲解完成，在实际开发中，根据实际情况来选择合适的启动模式即可。

3.4 Activity 之间的跳转

在 Android 系统中，每个应用程序通常都由多个界面组成，每个界面就是一个 Activity，在这些界面进行跳转时，实际上也就是 Activity 之间的跳转。Activity 之间的跳转需要用到 Intent（意图）组件，通过 Intent 可以开启新的 Activity 实现界面跳转功能。本节将针对 Activity 之间的跳转进行详细讲解。

3.4.1 Intent 简介

Intent 被称为意图，是程序中各组件进行交互的一种重要方式，它不仅可以指定当前组件要执行的动作，还可以在不同组件之间进行数据传递。一般用于启动 Activity、Service 以及发送广播等（Service 和广播将在后续章节讲解）。根据开启目标组件的方式不同，Intent 被分为显式意图和隐式意图两种类型，接下来分别针对这两种意图进行详细讲解。

1. 显式意图

显式意图可以直接通过名称开启指定的目标组件，通过其构造方法 Intent(Context packageContext, Class<?> cls)来实现，其中第 1 个参数为 Context 表示当前的 Activity 对象，这里使用 this 即可，第 2 个参数 Class 表示要启动的目标 Activity。通过这个方法创建一个 Intent 对象，然后将该对象传递给 Activity 的 startActivity（Intent intent）方法即可启动目标组件。示例代码如下。

```
Intent intent = new Intent(this, Activity02.class); // 创建 Intent 对象
startActivity(intent);                              // 开启 Activity02
```

2. 隐式意图

隐式意图相比显式意图来说更为抽象，它并没有明确指定要开启哪个目标组件，而是通过指定 action 和 category 等属性信息，系统根据这些信息进行分析，然后寻找目标 Activity。其示例代码如下。

```
Intent intent = new Intent();
// 设置 action 动作,该动作要和清单文件中设置的一样
intent.setAction("cn.itcast.START_ACTIVITY");
startActivity(intent);
```

在上述代码中，只指定了 action，并没有指定 category，这是因为在目标 Activity 的清单文件中配置的 category 是一个默认值，在调用 startActivity()方法时，自动将这个 category 添加到 Intent 中。

很显然，只有上述代码还不能开启指定的 Activity，还需在目标 Activity 的清单文件中配置 <intent-filter>，指定当前 Activity 能够响应的 action 和 category，示例代码如下。

```
<activity android:name="cn.itcast.Activity02">
    <intent-filter>
        <!--设置 action 属性,需要在代码中根据所设置的 name 打开指定的组件-->
        <action android:name="cn.itcast.START_ACTIVITY"/>
        <category android:name="android.intent.category.DEFAULT"/>
```

```
    </intent-filter>
</activity>
```

在清单文件中，目标组件 Activity02 指定了可以响应的<action>和<category>信息，只有当 action 和 category 属性与目标组件设置的内容相同时，目标组件才会被开启。需要注意的是，每个 Intent 只能指定一个 action，却能指定多个 category。

3.4.2 实战演练——打开浏览器

上一小节中，学习了显式意图和隐式意图的用法，其中显式意图非常简单，而隐式意图还有很多内容需要学习。使用隐式意图不仅可以启动自己程序中的 Activity，还可以启动其他程序中的 Activity，这使得程序之间可以共享某些功能。例如一个程序需要展示网页，而这时又没必要写一个浏览器，直接调用系统中的浏览器打开网页即可。接下来通过隐式意图来实现打开系统浏览器的功能，具体步骤如下。

图3-11 程序主界面

1. 创建程序

创建一个名为 OpenBrowser 的应用程序，指定包名为 cn.itcast.openbrowser，设计用户交互界面，预览效果如图 3-11 所示。

图 3-11 对应的布局具体代码如文件 3-3 所示。

文件 3-3 activity_main.xml

```
<?xml version="1.0" encoding="utf-8"?>
<RelativeLayout
    xmlns:android="http://schemas.android.com/apk/res/android"
    xmlns:tools="http://schemas.android.com/tools"
    android:layout_width="match_parent"
    android:layout_height="match_parent"
    android:background="@drawable/openbrowser"
    tools:context=".MainActivity">
    <Button
        android:id="@+id/main_button"
        android:layout_width="wrap_content"
        android:layout_height="wrap_content"
        android:layout_alignParentLeft="true"
        android:layout_alignParentStart="true"
        android:layout_alignParentTop="true"
        android:layout_marginLeft="20dp"
        android:layout_marginStart="20dp"
        android:layout_marginTop="30dp"
        android:background="@drawable/click"/>
</RelativeLayout>
```

2. 编写界面交互代码

在 MainActivity 中，通过隐式意图打开系统的浏览器访问百度页面，具体代码如文件 3-4 所示。

文件 3-4 MainActivity.java

```
1  package cn.itcast.openbrowser;
2  import android.content.Intent;
3  import android.net.Uri;
4  import android.support.v7.app.AppCompatActivity;
5  import android.os.Bundle;
6  import android.view.View;
7  import android.widget.Button;
8  public class MainActivity extends AppCompatActivity {
9      @Override
10     protected void onCreate(Bundle savedInstanceState) {
11         super.onCreate(savedInstanceState);
12         setContentView(R.layout.activity_main);
13         Button button = (Button) findViewById(R.id.main_button);
14         button.setOnClickListener(new View.OnClickListener() {
15             @Override
16             public void onClick(View v) {
17                 Intent intent = new Intent();
18                 //设置动作为 android.intent.action.VIEW
19                 intent.setAction("android.intent.action.VIEW");
20                 //设置要打开的网址
21                 intent.setData(Uri.parse("http:// www.
22                 baidu.com"));
23                 startActivity(intent);
24             }
25         });
26     }
27 }
```

在上述代码中，通过 setAction()设置需要开启 Activity 的动作为“android.intent.action. VIEW”，这是一个 Android 系统内置的动作，通过这个动作可以和浏览器进行匹配。然后通过 Uri.parse()方法将一个网址字符串解析成 Uri 对象，再调用 Intent 的 setData()方法将这个 Uri 对象传递进去。

3. 运行程序

单击“点击进入”按钮，此时会打开百度页面，运行结果如图 3-12 所示。

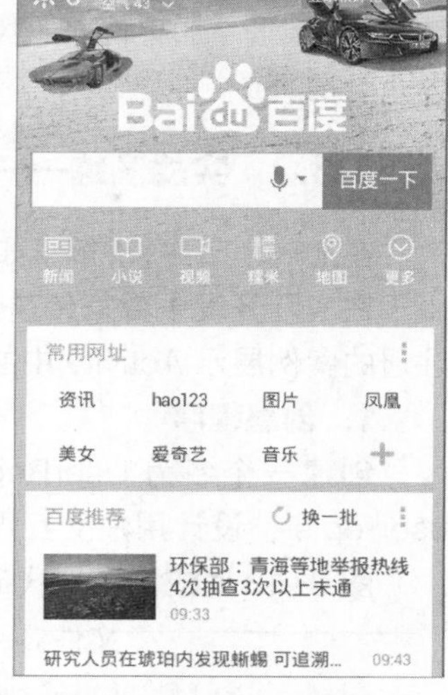

图3-12 运行结果

3.5 Activity 中的数据传递

在通信技术不发达时，人与人之间的消息传递往往是通过信函的方式。在 Android 系统中，组件之间也可以进行消息传递或者数据传递，此时使用的也是 Intent。Intent 不仅可以开启 Activity、Service、BroadcastReceiver 组件，还可以在这些组件之间传递数据。本节将针对 Activity 中的数据传递进行详细讲解。

3.5.1 数据传递

在 Activity 启动时传递数据非常简单，因为 Intent 提供了一系列重载的 putExtra(String name,String value)方法，通过该方法可以将要传递的数据暂存到 Intent 中，当启动另一个 Activity 之后，只需将这些数据从 Intent 取出即可。

例如将 Activity01 中的字符串传递到 Activity02 中，示例代码如下。

```
Intent intent = new Intent(this,Activity02.class);
intent.putExtra("extra_data", "Hello Activity02");
startActivity(intent);
```

在上述代码中，通过 Intent 开启 Activity02，用 putExtra()方法传递了一个字符串 data。putExtra()方法中接收两个参数，第 1 个参数是键用于后面从 Intent 中取值，第 2 个参数是传递的数据内容。

接下来在 Activity02 中取出传递过来的数据，示例代码如下。

```
Intent intent = getIntent();
String data  = intent.getStringExtra("extra_data");
```

在上述代码中，首先通过 getIntent()方法获取 Intent 对象，然后调用 getStringExtra(String name)，根据传入的键值，取出相应的数据。由于这里传递的是字符串类型数据，因此使用 getStringExtra()方法获取传递的数据。如果传递的数据是整数类型，则使用 getIntExtra()方法，以此类推。

3.5.2 实战演练——注册用户信息

在上一小节中，讲解了如何使用 Intent 在 Activity 中进行数据传递，由于在实际开发中数据传递使用频率较高，因此接下来通过一个游戏注册的案例展示 Activity 中的数据传递，具体步骤如下。

1. 创建程序

创建一个名为 UserRegist 的应用程序，指定包名为 cn.itcast.userregist，设计用户交互界面，预览效果如图 3-13 所示。

图3-13 注册界面

图 3-13 对应的布局代码如文件 3-5 所示。

文件 3-5 activity_main.xml

```
<?xml version="1.0" encoding="utf-8"?>
<RelativeLayout
    xmlns:android="http://schemas.android.com/apk/res/android"
    xmlns:tools="http://schemas.android.com/tools"
    android:layout_width="match_parent"
    android:layout_height="match_parent"
    android:background="@drawable/loading"
    tools:context=".MainActivity">
    <ImageView
        android:id="@+id/iv_head"
        android:layout_width="50dp"
```

```
        android:layout_height="50dp"
        android:layout_centerHorizontal="true"
        android:layout_marginTop="100dp"
        android:src="@drawable/head"/>
    <LinearLayout
        android:id="@+id/layout"
        android:layout_width="match_parent"
        android:layout_height="wrap_content"
        android:layout_below="@+id/iv_head"
        android:layout_margin="10dp"
        android:orientation="vertical">
        <RelativeLayout
            android:id="@+id/regist_username"
            android:layout_width="match_parent"
            android:layout_height="wrap_content"
            android:layout_margin="5dp">
            <TextView
                android:id="@+id/tv_name"
                android:layout_width="wrap_content"
                android:layout_height="wrap_content"
                android:layout_centerVertical="true"
                android:text="用户名："
                android:textSize="20sp"/>
            <EditText
                android:id="@+id/et_name"
                android:layout_width="match_parent"
                android:layout_height="wrap_content"
                android:layout_marginLeft="5dp"
                android:layout_toRightOf="@id/tv_name"
                android:hint="请输入用户名"
                android:textSize="16sp"/>
        </RelativeLayout>
        <RelativeLayout
            android:id="@+id/regist_password"
            android:layout_width="match_parent"
            android:layout_height="wrap_content"
            android:layout_margin="5dp">
            <TextView
                android:id="@+id/tv_psw"
                android:layout_width="wrap_content"
                android:layout_height="wrap_content"
                android:layout_centerVertical="true"
                android:text="密    码："
                android:textSize="20sp"/>
            <EditText
                android:id="@+id/et_password"
                android:layout_width="match_parent"
                android:layout_height="wrap_content"
                android:layout_marginLeft="5dp"
                android:layout_toRightOf="@id/tv_psw"
```

```
                android:hint="请输入密码"
                android:inputType="textPassword"
                android:textSize="16sp"/>
        </RelativeLayout>
    </LinearLayout>
    <Button
        android:id="@+id/btn_send"
        android:layout_width="160dp"
        android:layout_height="48dp"
        android:layout_below="@id/layout"
        android:layout_centerHorizontal="true"
        android:layout_marginLeft="10dp"
        android:layout_marginRight="10dp"
        android:background="@drawable/start"
        android:text="注册"
        android:textColor="#FFFFFF"
        android:textSize="20sp"
        android:textStyle="bold"/>
</RelativeLayout>
```

在上述代码中，定义一个相对布局 RelativeLayout，其中包含 ImageView 控件、LinearLayout 布局和 Button 按钮，ImageView 用于显示用户头像，LinearLayout 又包含了两个 RelativeLayout，分别用于输入用户名和密码，Button 用于单击“注册”按钮。

2. 添加数据展示界面

接下来创建一个展示数据的 Activity，在当前包中创建一个 Activity 类，名为 ShowActivity，并将布局文件名指定为 activity_show。该布局包含一个 ImageView 控件和两个 TextView 控件，分别用于展示图像和用户信息，预览效果如图 3-14 所示。

图3-14 展示界面

图 3-14 对应的布局代码如文件 3-6 所示。

文件 3-6 activity_show.xml

```
<?xml version="1.0" encoding="utf-8"?>
<LinearLayout xmlns:android="http://schemas.android.
com/apk/res/android"
    xmlns:tools="http://schemas.android.com/tools"
    android:layout_width="match_parent"
    android:layout_height="match_parent"
    android:background="@drawable/loading"
    android:orientation="vertical"
    tools:context=".MainActivity">
    <LinearLayout
        android:layout_width="match_parent"
        android:layout_height="wrap_content"
        android:layout_marginBottom="5dp"
        android:layout_marginTop="30dp"
        android:orientation="horizontal"
        android:padding="15dp">
```

```
        <ImageView
            android:id="@+id/pet_imgv"
            android:layout_width="0dp"
            android:layout_height="150dp"
            android:layout_weight="1"
            android:background="@drawable/baby"/>
        <LinearLayout
            android:layout_width="0dp"
            android:layout_height="wrap_content"
            android:layout_gravity="center"
            android:layout_weight="1"
            android:orientation="vertical"
            android:paddingLeft="20dp">
            <TextView
                android:id="@+id/tv_name"
                android:layout_width="wrap_content"
                android:layout_height="wrap_content"
                android:text="用户名:"
                android:textSize="14sp"/>
            <TextView
                android:id="@+id/tv_password"
                android:layout_width="wrap_content"
                android:layout_height="wrap_content"
                android:layout_marginTop="20dp"
                android:text="密    码:"
                android:textSize="14sp"/>
        </LinearLayout>
    </LinearLayout>
</LinearLayout>
```

3. 编写界面交互代码

当布局文件编写完成后，需要在 MainActivity 中编写与页面交互的代码，用于实现数据传递，具体代码如文件 3-7 所示。

文件 3-7 MainActivity.java

```
1  package cn.itcast.userregist;
2  import android.content.Intent;
3  import android.support.v7.app.AppCompatActivity;
4  import android.os.Bundle;
5  import android.view.View;
6  import android.widget.Button;
7  import android.widget.EditText;
8  public class MainActivity extends AppCompatActivity {
9      private EditText et_password;
10     private Button btn_send;
11     private EditText et_name;
12     protected void onCreate(Bundle savedInstanceState) {
13         super.onCreate(savedInstanceState);
14         setContentView(R.layout.activity_main);
15         et_name = (EditText) findViewById(R.id.et_name);
```

```
16          et_password = (EditText) findViewById(R.id.et_password);
17          btn_send = (Button) findViewById(R.id.btn_send);
18          //点击开始游戏按钮进行数据传递
19          btn_send.setOnClickListener(new View.OnClickListener() {
20              public void onClick(View v) {
21                  passDate();
22              }
23          });
24      }
25      //传递数据
26      public void passDate() {
27          //创建 Intent 对象,启动 Activity02
28          Intent intent = new Intent(this, ShowActivity.class);
29          //将数据存入 Intent 对象
30          intent.putExtra("name", et_name.getText().toString().trim());
31          intent.putExtra("password", et_password.getText().toString().trim());
32          startActivity(intent);
33      }
34  }
```

在上述代码中，passDate()方法用于获取用户输入数据，并且将 Intent 作为载体进行数据传递。为了让初学者看到数据传递效果，接下来在 ShowActivity 中编写代码，用于接收数据并展示，具体代码如文件 3-8 所示。

文件 3-8　ShowActivity.java

```
1   package cn.itcast.userregist;
2   import android.content.Intent;
3   import android.support.v7.app.AppCompatActivity;
4   import android.os.Bundle;
5   import android.widget.TextView;
6   public class ShowActivity extends AppCompatActivity {
7       private TextView tv_name;
8       private TextView tv_password;
9       protected void onCreate(Bundle savedInstanceState) {
10          super.onCreate(savedInstanceState);
11          setContentView(R.layout.activity_show);
12          //获取到 Intent 对象
13          Intent intent = getIntent();
14          //取出 key 对应的 value 值
15          String name = intent.getStringExtra("name");
16          String password = intent.getStringExtra("password");
17          tv_name = (TextView) findViewById(R.id.tv_name);
18          tv_password = (TextView) findViewById(R.id.tv_password);
19          tv_name.setText("用户名: " + name);
20          tv_password.setText("密    码: " + password);
21      }
22  }
```

在上述代码中，第 13～20 行代码通过 getIntent()方法获取到 Intent 对象，然后通过该对象的 getStringExtra()方法拿到输入的用户名和密码，并将得到的用户名和密码绑定在 TextView 控件中进行显示。需要注意的是，getStringExtra()方法传入的参数必须与 MainActivity 中 intent.putExtra()方法中传入的 Key 相同，否则会返回 Null。

4. 运行程序

接下来运行程序进行测试，首先在注册界面中输入用户名“username”，密码“123”，然后单击“注册”按钮，此时会跳转到数据展示界面，显示输入的信息，如图 3-15 所示。

图3-15　运行结果

从图 3-15 可以看出，在注册界面中输入的数据成功地传递给了数据展示界面进行展示，这就是使用 Intent 在 Activity 之间进行数据传递的用法。

3.5.3　数据回传

在 Activity 中，使用 Intent 既可以将数据传给下一个 Activity，还可以将数据回传给上一个 Activity。通过查阅 API 文档可以发现，Activity 中提供了一个 startActivityForResult(Intent intent, int requestCode)方法，该方法也用于启动 Activity，并且这个方法可以在当前 Activity 销毁时返回一个结果给上一个 Activity。这种功能在实际开发中很常见，例如发微信朋友圈时，进入图库选择好照片后，会返回到发表状态页面并带回所选的图片信息。

startActivityForResult(Intent intent, int requestCode)方法接收两个参数，第 1 个参数是 Intent 对象，第 2 个参数是请求码，用于判断数据的来源，输入一个唯一值即可。使用该方法在 Activity01 中开启 Activity02 的示例代码如下。

```
Intent intent = new Intent(this,Activity02.class);
startActivityForResult(intent,1);
```

接下来在 Activity02 中添加返回数据的示例代码，具体如下。

```
Intent intent = new Intent();
intent.putExtra("extra_data","Hello Activity01");
setResult(1,intent);
```

在上述代码中，同样构建了一个 Intent 对象，然后调用 setResult(int resultCode, Intent data)

方法向上一个 Activity 回传数据，其中第 1 个参数用于向 Activity01 返回处理结果，一般使用“0”或“1”，第 2 个参数是把带有数据的 Intent 传递回去。

由于使用 startActivityForResult()方法启动 Activity02，在 Activity02 被销毁之后会回调 Activity01 的 onActivityResult()方法，因此需要在 Activity01 中重写该方法来得到返回的数据，示例代码如下。

```
protected void onActivityResult(int requestCode, int resultCode, Intent data) {
    super.onActivityResult(requestCode, resultCode, data);
    if (requestCode == 1){
        if (resultCode == 1) {
            String string= data.getStringExtra("extra_data");
        }
    }
}
```

在 Activity01 中，通过实现 onActivityResult(int requestCode, int resultCode, Intent data)方法来获取返回的数据。该方法有 3 个参数，第 1 个参数 requestCode 表示在当前 Activity01 启动 Activity02 时传递的请求码；第 2 个参数 resultCode 表示在 Activity02 返回数据时传入结果码；第 3 个参数 data 表示携带返回数据的 Intent。

需要注意的是，在一个 Activity 中很可能调用 startActivityForResult()方法启动多个不同的 Activity，每一个 Activity 返回的数据都会回调到 onActivityResult()这个方法中。因此，首先要做的就是通过检查 requestCode 的值来判断数据来源，确定数据是从 Activity02 返回的，然后通过 resultCode 的值来判断数据处理结果是否成功，最后从 data 中取出数据，这样就完成了 Activity 数据返回的功能。

3.5.4 实战演练——选择宝宝装备

关于 Activity 回传数据的内容已经讲解完成，接下来针对 3.5.2 小节中的案例继续开发，通过数据回传的方式来实现宠物装备的购买，具体步骤如下。

1. 创建宠物显示界面

在 UserRegist 程序中，添加宠物展示界面，用于显示宠物信息，预览效果如图 3-16 所示。

图3-16 宠物显示界面

图 3-16 对应的布局代码如文件 3-9 所示。

文件 3-9 activity_show.xml

```
<?xml version="1.0" encoding="utf-8"?>
<LinearLayout xmlns:android="http://schemas.android.com/apk/res/android"
    xmlns:tools="http://schemas.android.com/tools"
    android:layout_width="match_parent"
    android:layout_height="match_parent"
    android:background="@drawable/loading"
    android:orientation="vertical"
    tools:context=".MainActivity">
    <LinearLayout
```

```
        android:layout_width="match_parent"
        android:layout_height="wrap_content"
        android:layout_marginBottom="15dp"
        android:layout_marginTop="30dp"
        android:orientation="horizontal"
        android:padding="15dp">
        <ImageView
            android:id="@+id/pet_imgv"
            android:layout_width="0dp"
            android:layout_height="150dp"
            android:layout_weight="1"
            android:background="@drawable/baby"/>
        <LinearLayout
            android:layout_width="0dp"
            android:layout_height="wrap_content"
            android:layout_gravity="center"
            android:layout_weight="1"
            android:orientation="vertical"
            android:paddingLeft="20dp">
            <TextView
                android:id="@+id/tv_name"
                android:layout_width="wrap_content"
                android:layout_height="wrap_content"
                android:text="用户名:"
                android:textSize="14sp"
                android:textStyle="bold"/>
            <TextView
                android:id="@+id/tv_password"
                android:layout_width="wrap_content"
                android:layout_height="wrap_content"
                android:layout_marginTop="20dp"
                android:text="密    码:"
                android:textSize="14sp"
                android:textStyle="bold"/>
        </LinearLayout>
    </LinearLayout>
    <TextView
        android:id="@+id/pet_dialog_tv"
        android:layout_width="wrap_content"
        android:layout_height="wrap_content"
        android:layout_gravity="center"
        android:layout_marginBottom="25dp"
        android:text="主人，快给小宝宝购买装备吧"
        android:textSize="20sp"/>
    <TableLayout
        android:layout_width="fill_parent"
        android:layout_height="wrap_content"
        android:layout_gravity="center"
        android:layout_marginBottom="50dp"
        android:layout_marginLeft="20dp"
```

```
        android:layout_marginRight="5dp">
        <TableRow
            android:layout_width="fill_parent"
            android:layout_height="wrap_content">
            <TextView
                android:layout_width="0dip"
                android:layout_height="wrap_content"
                android:layout_weight="1"
                android:text="生命值:"
                android:textColor="@android:color/black"
                android:textSize="18sp"/>
            <ProgressBar
                android:id="@+id/progressBar1"
                style="?android:attr/progressBarStyleHorizontal"
                android:layout_width="0dip"
                android:layout_height="wrap_content"
                android:layout_gravity="center"
                android:layout_weight="2"/>
            <TextView
                android:id="@+id/tv_life_progress"
                android:layout_width="0dip"
                android:layout_height="wrap_content"
                android:layout_weight="1"
                android:gravity="center"
                android:text="0"
                android:textColor="#000000"
                android:textSize="18sp"/>
        </TableRow>
        <TableRow
            android:layout_width="fill_parent"
            android:layout_height="wrap_content">
            <TextView
                android:layout_width="0dip"
                android:layout_height="wrap_content"
                android:layout_weight="1"
                android:text="攻击力:"
                android:textColor="@android:color/black"
                android:textSize="18sp"/>
            <ProgressBar
                android:id="@+id/progressBar2"
                style="?android:attr/progressBarStyleHorizontal"
                android:layout_width="0dip"
                android:layout_height="wrap_content"
                android:layout_weight="2"/>
            <TextView
                android:id="@+id/tv_attack_progress"
                android:layout_width="0dip"
                android:layout_height="wrap_content"
                android:layout_weight="1"
                android:gravity="center"
```

```
                android:text="0"
                android:textColor="#000000"
                android:textSize="18sp"/>
        </TableRow>
        <TableRow
            android:layout_width="fill_parent"
            android:layout_height="wrap_content">
            <TextView
                android:layout_width="0dip"
                android:layout_height="wrap_content"
                android:layout_weight="1"
                android:text="敏    捷:"
                android:textColor="@android:color/black"
                android:textSize="18sp"/>
            <ProgressBar
                android:id="@+id/progressBar3"
                style="?android:attr/progressBarStyleHorizontal"
                android:layout_width="0dip"
                android:layout_height="wrap_content"
                android:layout_weight="2"/>
            <TextView
                android:id="@+id/tv_speed_progress"
                android:layout_width="0dip"
                android:layout_height="wrap_content"
                android:layout_weight="1"
                android:gravity="center"
                android:text="0"
                android:textColor="#000000"
                android:textSize="18sp"/>
        </TableRow>
    </TableLayout>
    <Button
        android:id="@+id/btn_baby"
        android:layout_width="160dp"
        android:layout_height="48dp"
        android:layout_gravity="center"
        android:background="@drawable/start"
        android:text="立即购买 GO! "
        android:textColor="#ffffff"
        android:textSize="18sp"
        android:onClick="click"
        android:textStyle="bold"/>
</LinearLayout>
```

上述布局代码中，使用了 3 个 ProgressBar 控件，分别用于显示生命值、攻击力和敏捷度。在实际应用程序开发中的下载进度条就是用 ProgressBar 进行实现的。它有两种表现形式，一种是水平的，另一种是环形的。

2. 创建购买装备界面

接下来创建购买装备界面，在当前包中创建一个 Activity 类，名为 ShopActivity，并将布局文件名指定为 activity_shop。该界面用于实现装备购买，预览效果如图 3-17 所示。

图3-17 购买装备界面

图 3-17 对应的布局代码如文件 3-10 所示。

文件 3-10 activity_shop.xml

```
<?xml version="1.0" encoding="utf-8"?>
<RelativeLayout android:id="@+id/rl"
    xmlns:android="http://schemas.android.com/apk/
    res/android"
    android:layout_width="match_parent"
    android:layout_height="wrap_content"
    android:background="@drawable/loading"
    android:orientation="vertical">
    <LinearLayout
        android:layout_width="match_parent"
        android:layout_height="wrap_content"
        android:background="#307f7f7f"
        android:gravity="center_vertical"
        android:orientation="horizontal"
        android:padding="5dp">
        <ImageView
            android:layout_width="30dp"
            android:layout_height="30dp"
            android:background="@android:drawable/ic_menu_info_details"/>
        <TextView
            android:id="@+id/tv_name"
            android:layout_width="wrap_content"
            android:layout_height="wrap_content"
            android:layout_marginLeft="20dp"
            android:text="商品名称"/>
        <LinearLayout
            android:layout_width="wrap_content"
            android:layout_height="wrap_content"
            android:layout_marginLeft="40dp"
            android:orientation="vertical">
            <TextView
                android:id="@+id/tv_life"
                android:layout_width="wrap_content"
                android:layout_height="wrap_content"
                android:text="生命值"
                android:textSize="13sp"/>
            <TextView
                android:id="@+id/tv_attack"
                android:layout_width="wrap_content"
                android:layout_height="wrap_content"
                android:text="攻击力"
                android:textSize="13sp"/>
            <TextView
                android:id="@+id/tv_speed"
```

```
                android:layout_width="wrap_content"
                android:layout_height="wrap_content"
                android:text="速度"
                android:textSize="13sp"/>
        </LinearLayout>
    </LinearLayout>
</RelativeLayout>
```

3. 创建 ItemInfo 类

在程序中创建一个 ItemInfo 类，用于封装装备信息，具体代码如文件 3-11 所示。

文件 3-11 ItemInfo.java

```
1  package cn.itcast.userregist;
2  import java.io.Serializable;
3  public class ItemInfo implements Serializable {
4      private String name;
5      private int acctack;
6      private int life;
7      private int speed;
8      public ItemInfo(String name, int acctack, int life, int speed) {
9          this.name = name;
10         this.acctack = acctack;
11         this.life = life;
12         this.speed = speed;
13     }
14     public String getName() {
15         return name;
16     }
17     public void setName(String name) {
18         this.name = name;
19     }
20     public int getAcctack() {
21         return acctack;
22     }
23     public void setAcctack(int acctack) {
24         this.acctack = acctack;
25     }
26     public int getLife() {
27         return life;
28     }
29     public void setLife(int life) {
30         this.life = life;
31     }
32     public int getSpeed() {
33         return speed;
34     }
35     public void setSpeed(int speed) {
36         this.speed = speed;
```

```
37     }
38 }
```

需要注意的是，Intent 除了传递基本类型之外，还能传递 Serializable 或 Parcelable 类型的数据。这里传递的 ItemInfo 类并不是基本类型，因此需要实现 Serializable 接口。

4. 编写 ShopActivity 代码

ShopActivity 是用来展示装备信息的，当单击 ShopActivity 的装备时，会跳转到 ShowActivity，并将装备信息回传给 ShowActivity，具体代码如文件 3-12 所示。

文件 3-12 ShopActivity.java

```
1  package cn.itcast.userregist;
2  import android.content.Intent;
3  import android.os.Bundle;
4  import android.support.v7.app.AppCompatActivity;
5  import android.view.View;
6  import android.widget.TextView;
7  public class ShopActivity extends AppCompatActivity implements
8  View.OnClickListener {
9      private ItemInfo itemInfo;
10     @Override
11     protected void onCreate(Bundle savedInstanceState) {
12         super.onCreate(savedInstanceState);
13         setContentView(R.layout.activity_shop);
14         itemInfo = new ItemInfo("金剑", 100, 20, 20);
15         findViewById(R.id.rl).setOnClickListener(this);
16         TextView mLifeTV = (TextView) findViewById(R.id.tv_life);
17         TextView mNameTV = (TextView) findViewById(R.id.tv_name);
18         TextView mSpeedTV = (TextView) findViewById(R.id.tv_speed);
19         TextView mAttackTV = (TextView) findViewById(R.id.tv_attack);
20         mLifeTV.setText("生命值+" + itemInfo.getLife());
21         mNameTV.setText(itemInfo.getName() + "");
22         mSpeedTV.setText("敏捷度+" + itemInfo.getSpeed());
23         mAttackTV.setText("攻击力+" + itemInfo.getAcctack());
24     }
25     @Override
26     public void onClick(View v) {
27         switch (v.getId()) {
28             case R.id.rl:
29                 Intent intent = new Intent();
30                 intent.putExtra("equipment", itemInfo);
31                 setResult(1, intent);
32                 finish();
33             break;
34         }
35     }
36 }
```

在上述代码中，重点代码是第 29～31 行，首先创建一个 Intent 对象，然后在 Intent 对象中存放具体的装备属性数据，最后调用 setResult()方法跳转 Activity。setResult()方法接收 2 个参数，第 1 个参数是 resultCode，在父 Activity 中要与这个 resultCode 相同才能得到数据。第 2 个参数是 Intent 对象，用于返回数据。上述代码中第 32 行调用了 finish()方法，这个方法用于关闭当前的 Activity。

5. 编写展示界面代码

接下来编写 ShowActivity，ShowActivity 主要用于响应按钮的单击事件，并将返回的装备信息通过 ProgressBar 进行展示，具体代码如文件 3-13 所示。

文件 3-13 ShowActivity.java

```
1  package cn.itcast.userregist;
2  import android.content.Intent;
3  import android.support.v7.app.AppCompatActivity;
4  import android.os.Bundle;
5  import android.view.View;
6  import android.widget.ProgressBar;
7  import android.widget.TextView;
8  public class ShowActivity extends AppCompatActivity {
9      private ProgressBar mProgressBar1;
10     private ProgressBar mProgressBar2;
11     private ProgressBar mProgressBar3;
12     private TextView mLifeTV;
13     private TextView mAttackTV;
14     private TextView mSpeedTV;
15     private TextView tv_name;
16     private TextView tv_password;
17     @Override
18     protected void onCreate(Bundle savedInstanceState) {
19         super.onCreate(savedInstanceState);
20         setContentView(R.layout.activity_show);
21         //获取 Intent 对象
22         Intent intent = getIntent();
23         //取出 key 对应的 value 值
24         String name = intent.getStringExtra("name");
25         String password = intent.getStringExtra("password");
26         tv_name = (TextView) findViewById(R.id.tv_name);
27         tv_password = (TextView) findViewById(R.id.tv_password);
28         tv_name.setText("用户名：" + name);
29         tv_password.setText("密    码：" + password);
30         mLifeTV = (TextView) findViewById(R.id.tv_life_progress);
31         mAttackTV = (TextView) findViewById(R.id.tv_attack_progress);
32         mSpeedTV = (TextView) findViewById(R.id.tv_speed_progress);
33         initProgress();                         //初始化进度条
34     }
35     private void initProgress() {
36         mProgressBar1 = (ProgressBar) findViewById(R.id.progressBar1);
37         mProgressBar2 = (ProgressBar) findViewById(R.id.progressBar2);
```

```
38          mProgressBar3 = (ProgressBar) findViewById(R.id.progressBar3);
39          mProgressBar1.setMax(1000);        //设置最大值 1000
40          mProgressBar2.setMax(1000);
41          mProgressBar3.setMax(1000);
42      }
43      // 开启新的 activity 并获取其返回值
44      public void click(View view) {
45          Intent intent = new Intent(this, ShopActivity.class);
46          startActivityForResult(intent, 1); // 返回请求结果,请求码为 1
47      }
48      @Override
49      protected void onActivityResult(int requestCode,
50                                      int resultCode, Intent data) {
51          super.onActivityResult(requestCode, resultCode, data);
52          if (data != null) {
53              // 判断结果码是否等于 1,等于 1 为宝宝添加装备
54              if (requestCode == 1) {
55                  if (resultCode == 1) {
56                      ItemInfo info =
57                              (ItemInfo) data.getSerializableExtra("equipment");
58                      //更新 ProgressBar 的值
59                      updateProgress(info);
60                  }
61              }
62          }
63      }
64      //更新 ProgressBar 的值
65      private void updateProgress(ItemInfo info) {
66          int progress1 = mProgressBar1.getProgress();
67          int progress2 = mProgressBar2.getProgress();
68          int progress3 = mProgressBar3.getProgress();
69          mProgressBar1.setProgress(progress1 + info.getLife());
70          mProgressBar2.setProgress(progress2 + info.getAcctack());
71          mProgressBar3.setProgress(progress3 + info.getSpeed());
72          mLifeTV.setText(mProgressBar1.getProgress() + "");
73          mAttackTV.setText(mProgressBar2.getProgress() + "");
74          mSpeedTV.setText(mProgressBar3.getProgress() + "");
75      }
76  }
```

在上述代码中，通过 ShopActivity 返回装备信息，并将装备信息通过 ProgressBar 进行展示。第 39～41 行代码通过调用 setMax()方法设置 ProgressBar 所能显示的最大值。第 66～68 行代码通过调用 getProgress()方法获取当前 ProgressBar 显示的值。第 69～71 行代码获取购买装备的数据并通过 setProgress()方法将具体的值设置到 ProgressBar。

6. 运行程序

运行程序，输入用户名和密码登录游戏，在用户展示界面单击“立即购买 GO!”按钮，此时会跳转至商品种类界面，装备购买成功后会回到用户展示界面，同时会把用户购买的装备信息进

行展示，运行结果如图 3-18 所示。

图3-18　运行结果

3.6 本章小结

本章主要讲解了 Activity 的相关知识，包括 Activity 入门、Activity 生命周期、Activity 启动模式、Intent 的使用以及 Activity 中的数据传递，并在讲解各个知识点时编写了相应的使用案例。在应用程序中凡是有界面都会使用到 Activity，因此，要求初学者必须熟练掌握该组件的使用。

【思考题】

1. 什么是 Activity，以及 Activity 的作用是什么。
2. Activity 生命周期中包含哪几种状态。

Android

4 Chapter

第4章 数据存储

学习目标

- 了解5种数据存储方式，掌握不同存储方式的特点；
- 了解XML和JSON数据，并能对其进行数据解析；
- 掌握SharedPreferences的使用，实现数据存储功能。

大部分应用程序都会涉及数据存储，Android 程序也不例外。Android 中的数据存储方式有5种，分别为文件存储、SharedPreferences、SQLite 数据库、ContentProvider 以及网络存储。其中文件存储又分很多种形式，JSON 与 XML 都是比较常用的，XML 存储的数据结构比较清晰，而 JSON 更轻量级，使用更简单。本章将针对文件存储、XML 以及 JSON 数据解析、SharedPreferences 进行讲解。关于 SQLite 数据库、ContentProvider 和网络存储的内容会在后面的章节单独讲解。

4.1 数据存储方式

Android 平台提供的 5 种数据存储方式，各自都有不同的特点，下面就针对这 5 种方式进行简单的介绍。

- 文件存储：该存储方式是一种较常用的方法，在 Android 中读取/写入文件的方法，与 Java 中实现 I/O 程序是完全一样的，提供了 openFileInput()和 openFileOutput()方法来读取设备上的文件。可以存储大数据，如文本、图片、音频等。
- SharedPreferences：它是 Android 提供的用来存储一些简单的配置信息的一种机制，采用了 XML 格式将数据存储到设备中。可以存储应用程序的各种配置信息，如用户名、密码等。
- SQLite 数据库：SQLite 是 Android 自带的一个轻量级的数据库，支持基本 SQL 语法，利用很少的内存就有很好的性能，一般使用它作为复杂数据的存储引擎，可以存储用户信息等。
- ContentProvider：Android 四大组件之一，主要用于应用程序之间的数据交换，它可以将自己的数据共享给其他应用程序使用。
- 网络存储：需要与 Android 网络数据包打交道，将数据存储到服务器上，通过网络提供的存储空间来存储/获取数据信息。

需要注意的是，这几种方式各有优缺点，在开发过程中最终选择哪种方式还需要根据性能需求、空间需求等来确定，无法给出统一的标准。

4.2 文件存储

4.2.1 文件存储简介

文件存储是 Android 中最基本的一种数据存储方式，它与 Java 中的文件存储类似，都是通过 I/O 流的形式把数据直接存储到文档中。不同的是，Android 中的文件存储分为内部存储和外部存储，接下来分别针对这两种存储方式进行详细讲解。

1. 内部存储

内部存储是指将应用程序中的数据以文件方式存储到设备的内部（该文件默认位于 data/data/<packagename>/files/目录下），内部存储方式存储的文件被其所创建的应用程序私有，如果其他应用程序要操作本应用程序中的文件，需要设置权限。当创建的应用程序被卸载时，其内部存储文件也随之被删除。

内部存储使用的是 Context 提供的 openFileOutput()方法和 openFileInput()方法，通过这两个方法可以分别获取 FileOutputStream 对象和 FileInputStream 对象，然后进行读写操作，示例代码如下。

```
FileOutputStream fos = openFileOutput(String name, int mode);
FileInputStream fis = openFileInput(String name);
```

在上述代码中，openFileOutput()用于打开应用程序中对应的输出流，将数据存储到指定的文件中；openFileInput()用于打开应用程序对应的输入流，读取指定文件中的数据；其中参数“name”表示文件名，“mode”表示文件的操作模式，也就是读写文件的方式，它的取值有 4 种，具体如下。

- MODE_PRIVATE：该文件只能被当前程序读写；
- MODE_APPEND：该文件的内容可以追加；
- MODE_WORLD_READABLE：该文件的内容可以被其他程序读；
- MODE_WORLD_WRITEABLE：该文件的内容可以被其他程序写。

需要注意的是，Android 系统有一套自己的安全模型，默认情况下任何应用创建的文件都是私有的，其他程序无法访问，除非在文件创建时指定了操作模式为 MODE_WORLD_READABLE 或者 MODE_WORLD_WRITEABLE。如果希望文件能够被其他程序进行读写操作，需要同时指定 MODE_WORLD_READABLE 和 MODE_WORLD_WRITEABLE 权限。

存储数据时，使用 FileOutputStream 对象将数据存储到文件中，示例代码如下。

```
String fileName = "data.txt";   // 文件名称
String content = "helloworld"; // 保存数据
FileOutputStream fos;
try {
    fos = openFileOutput(fileName, MODE_PRIVATE);
    fos.write(content.getBytes());  //将数据写入文件中
    fos.close();                    //关闭输出流
} catch (Exception e) {
    e.printStackTrace();
}
```

在上述代码中，分别定义了 String 类型的文件名 data.txt，以及要写入文件的数据 helloworld，然后创建 FileOutputStream 对象 fos，通过该对象的 write()方法将数据“helloworld”写入 data.txt 文件。

取出数据时，使用 FileInputStream 对象读取数据，示例代码如下。

```
String content = "";
FileInputStream fis;
try {
    fis = openFileInput("data.txt");          //获得文件输入流对象
    byte[] buffer = new byte[fis.available()];//创建缓冲区,并获取文件长度
    fis.read(buffer);              //将文件内容读取到 buffer 缓冲区
    content = new String(buffer);//转换成字符串
    fis.close();                   //关闭输入流
} catch (Exception e) {
    e.printStackTrace();
}
```

在上述代码中，首先通过 openFileInput()方法获得文件输入流对象，然后创建 byte 数组作

为缓冲区并获取文件长度，再通过 read()方法将文件内容读取到 buffer 缓冲区中，最后将读取到的内容转换成指定字符串。

2. 外部存储

外部存储是指将文件存储到一些外部设备上，例如 SD 卡或者设备内嵌的存储卡，属于永久性的存储方式（该文件通常位于 mnt/sdcard 目录下，不同厂商生产的手机路径可能会不同）。外部存储的文件可以被其他应用程序所共享，当将外部存储设备连接到计算机时，这些文件可以被浏览、修改和删除，因此这种方式不安全。

由于外部存储设备可能被移除、丢失或者处于其他状态，因此在使用外部设备之前必须使用 Environment.getExternalStorageState()方法来确认外部设备是否可用，当外部设备可用并且具有读写权限时，那么就可以通过 FileInputStream、FileOutputStream 对象来读写外部设备中的文件。

向外部设备（SD 卡）中存储数据的示例代码如下。

```
String state = Environment.getExternalStorageState();          //获取外部设备
if (state.equals(Environment.MEDIA_MOUNTED)) {            //判断外部设备是否可用
    File SDPath = Environment.getExternalStorageDirectory();//获取 SD 卡目录
    File file = new File(SDPath, "data.txt");
    String data = "HelloWorld";
    FileOutputStream fos;
    try {
        fos = new FileOutputStream(file);
        fos.write(data.getBytes());
        fos.close();
    } catch (Exception e) {
        e.printStackTrace();
    }
}
```

在上述代码中，使用 Environment 的 getExternalStorageState()方法和 getExternalStorageDirectory()方法，分别用于判断是否存在 SD 卡和获取 SD 卡根目录的路径。由于手机厂商不同 SD 卡根目录也可能不同，因此通过 getExternalStorageDirectory()方法来获取 SD 卡目录，可以避免把路径写死而找不到 SD 卡。

从外部设备（SD 卡）中读取数据的示例代码如下。

```
String state = Environment.getExternalStorageState();
if (state.equals(Environment.MEDIA_MOUNTED)) {
    File SDPath = Environment.getExternalStorageDirectory();
    File file = new File(SDPath, "data.txt");
    FileInputStream fis;
    try {
        fis = new FileInputStream(file);
        BufferedReader br = new BufferedReader(new InputStreamReader(fis));
        String data = br.readLine();
    } catch (Exception e) {
        e.printStackTrace();
    }
}
```

需要注意的是，Android 系统为了保证应用程序的安全性做了相应规定，如果程序需要访问系统的一些关键信息，必须要在清单文件中声明权限才可以，否则程序运行时会直接崩溃。由于操作 SD 卡中的数据属于系统中比较关键的信息，因此需要在清单文件的<manifest>节点中添加 SD 卡的读写权限，示例代码如下。

```
<uses-permission android:name="android.permission.WRITE_EXTERNAL_STORAGE"/>
<uses-permission android:name="android.permission.READ_EXTERNAL_STORAGE"/>
```

4.2.2 实战演练——保存 QQ 密码

在日常生活中，登录 QQ 时通常都会选择记住密码功能，这个记录密码的过程实际上就是将数据保存到文件中。接下来通过一个保存 QQ 密码的案例来演示如何通过文件存储数据，具体步骤如下。

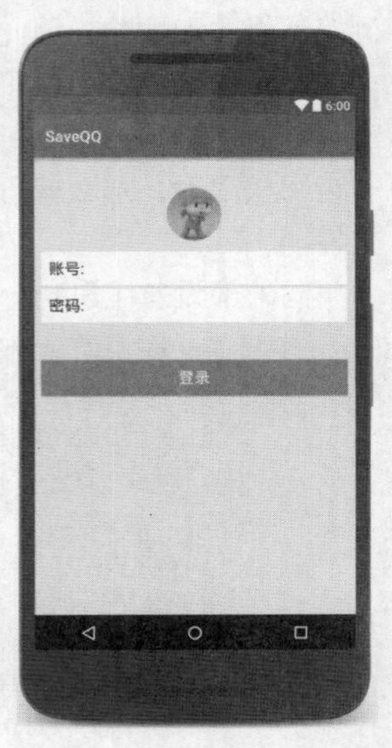

图4-1 保存QQ密码界面

1. 创建程序

创建一个名为 SaveQQ 的应用程序，指定包名为 cn.itcast.saveqq，设计用户交互界面，预览效果如图 4-1 所示。

图 4-1 对应的布局代码与第 2 章 QQ 登录界面布局代码一致，因此这里不再过多介绍，请初学者参考文件 2-15 自行完成。

2. 创建工具类

使用文件存储数据是一个独立的模块，因此，创建一个单独的 FileSaveQQ 工具类，用于实现 QQ 账号和密码的存储与读取功能。FileSaveQQ 中的代码如文件 4-1 所示。

文件 4-1 FileSaveQQ.java

```
1  package cn.itcast.saveqq;
2  import android.content.Context;
3  import java.io.FileInputStream;
4  import java.io.FileOutputStream;
5  import java.util.HashMap;
6  import java.util.Map;
7  public class FileSaveQQ {
8      //保存 QQ 账号和登录密码到 data.txt 文件中
9      public static boolean saveUserInfo(Context context, String number,
10                                                          String password) {
11         try {
12             FileOutputStream fos = context.openFileOutput("data.txt",
13                                                  Context.MODE_PRIVATE);
14             fos.write((number + ":" + password).getBytes());
15             fos.close();
16             return true;
17         } catch (Exception e) {
18             e.printStackTrace();
19             return false;
20         }
21     }
22     //从 data.txt 文件中获取存储的 QQ 账号和密码
```

```
23      public static Map<String, String> getUserInfo(Context context) {
24          String content = "";
25          try {
26              FileInputStream fis = context.openFileInput("data.txt");
27              byte[] buffer = new byte[fis.available()];
28              fis.read(buffer);
29              content = new String(buffer);
30              Map<String, String> userMap = new HashMap<String, String>();
31              String[] infos = content.split(":");
32              userMap.put("number", infos[0]);
33              userMap.put("password", infos[1]);
34              fis.close();
35              return userMap;
36          } catch (Exception e) {
37              e.printStackTrace();
38              return null;
39          }
40      }
41  }
```

在上述代码中，saveUserInfo()方法是保存数据到 data.txt 文件中，getUserInfo()方法是从 data.txt 文件中获取信息。

3. 编写界面交互代码

在 MainActivity 中编写逻辑代码，实现存储账号和密码到文件中，以及从文件中读取账号和密码的功能，具体代码如文件 4-2 所示。

文件 4-2 MainActivity.java

```
1  package cn.itcast.saveqq;
2  import android.os.Bundle;
3  import android.support.v7.app.AppCompatActivity;
4  import android.text.TextUtils;
5  import android.view.View;
6  import android.widget.Button;
7  import android.widget.EditText;
8  import android.widget.Toast;
9  import java.util.Map;
10 public class MainActivity extends AppCompatActivity implements
11                                                        View.OnClickListener {
12     private EditText etNumber;
13     private EditText etPassword;
14     private Button btnLogin;
15
16     @Override
17     protected void onCreate(Bundle savedInstanceState) {
18         super.onCreate(savedInstanceState);
19         setContentView(R.layout.activity_main);
20         //初始化界面
21         initView();
22         Map<String, String> userInfo = FileSaveQQ.getUserInfo(this);
```

```
23         if (userInfo != null) {
24             etNumber.setText(userInfo.get("number"));
25             etPassword.setText(userInfo.get("password"));
26         }
27     }
28     private void initView() {
29         etNumber = (EditText) findViewById(R.id.et_number);
30         etPassword = (EditText) findViewById(R.id.et_password);
31         btnLogin = (Button) findViewById(R.id.btn_login);
32         //设置按钮的点击事件
33         btnLogin.setOnClickListener(this);
34     }
35     @Override
36     public void onClick(View v) {
37         //当单击登录按钮时，获取QQ账号和密码
38         String number = etNumber.getText().toString().trim();
39         String password = etPassword.getText().toString();
40         //检验账号和密码是否正确
41         if (TextUtils.isEmpty(number)) {
42             Toast.makeText(this, "请输入QQ账号", Toast.LENGTH_SHORT).show();
43             return;
44         }
45         if (TextUtils.isEmpty(password)) {
46             Toast.makeText(this, "请输入密码", Toast.LENGTH_SHORT).show();
47             return;
48         }
49         //登录成功
50         Toast.makeText(this, "登录成功", Toast.LENGTH_SHORT).show();
51         //保存用户信息
52         boolean isSaveSuccess = FileSaveQQ.saveUserInfo(this, number, password);
53         if (isSaveSuccess) {
54             Toast.makeText(this, "保存成功", Toast.LENGTH_SHORT).show();
55         } else {
56             Toast.makeText(this, "保存失败", Toast.LENGTH_SHORT).show();
57         }
58     }
59 }
```

在上述代码中，首先在 initView()方法中初始化控件，然后在 onClick()方法中实现了单击“登录”按钮时调用 FileSaveQQ 类中的 saveUserInfo()方法保存数据。为了保证账号和密码不能为空，需要添加判断语句，如果账号或者密码为空时就弹出一个 Toast 提示，提示用户填写账号或密码。

4. 运行程序

程序运行成功后，在界面中输入账号和密码，单击“登录”按钮，会弹出提示信息“登录成功”和“保存成功”，运行结果如图 4-2 所示。

为了验证程序是否操作成功，可以通过 DDMS 视图中的 File Explorer 选项卡找到 data/data 目录，并在该目录中找到本程序对应包名中的 data.txt 文件，data.txt 文件目录如图 4-3 所示。

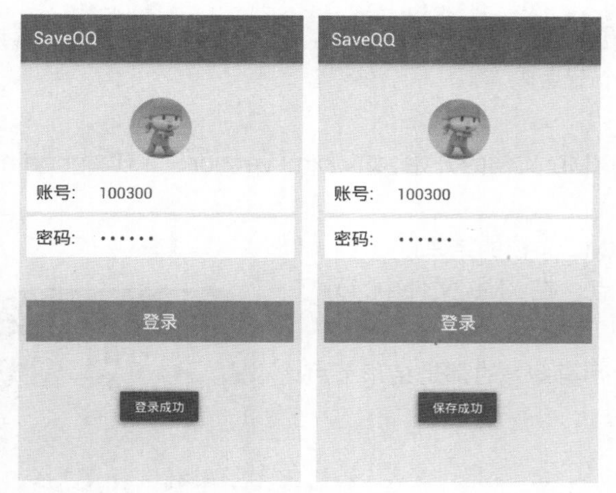

图4-2　运行结果

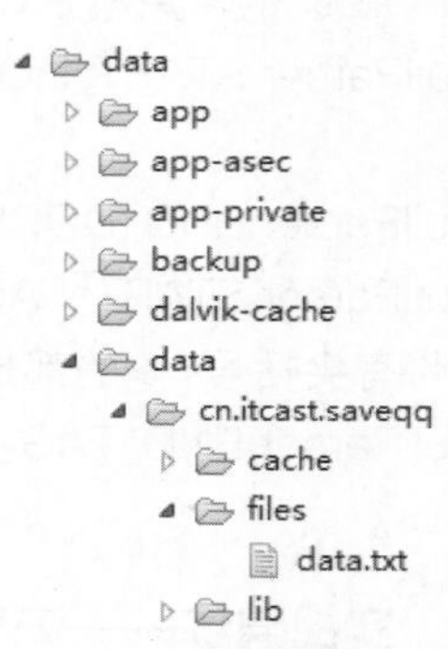

图4-3　data.txt所在目录

通过单击 DDMS 视图右上方的导出图标将文件导出，打开文件可以看到 data.txt 中存储的数据为自己输入的账号和密码，说明存储成功。

至此，文件存储的相关知识就讲解完了，其实所用到的核心技术就是利用 I/O 流来进行文件读写操作，其中 Context 类中提供的 openFileInput()和 openFileOutput()方法的用法一定要掌握。

4.3 XML 解析

4.3.1 XML 解析方式

XML 在各种开发中应用都很广泛，在 Android 中若要操作 XML 文件，首先需要将 XML 文件解析出来。通常情况下，XML 文件有 3 种解析方式，分别是 DOM 解析、SAX 解析和 PULL 解析，接下来针对这 3 种方式进行简单的介绍。

1. DOM 解析

DOM 解析会将 XML 文件中所有内容以 DOM 树（文档树）形式存放在内存中，然后通过 DOM API 进行遍历、检索所需的数据，根据树结构以节点形式来对文件进行操作，支持删除、修改功能。

需要注意的是，由于 DOM 需要先将整个 XML 文件存放在内存中，消耗内存较大，因此，较大的文件不建议采用这种方式解析。

2. SAX 解析

SAX 解析会逐行扫描 XML 文件，当遇到标签时触发解析处理器，采用事件处理的方式解析 XML 文件。它在读取文件的同时即可进行解析处理，不必等到文件加载结束，相对快捷，可解析超大的 XML 文件。缺点是 SAX 解析只能读取 XML 中的数据，无法进行增、删、改功能。

3. PULL 解析

PULL 解析是一个开源的 Java 项目，既可以用于 Android 应用，也可以用于 JavaEE 程序。Android 已经集成了 PULL 解析器，因此，在 Android 中最常用的解析方式就是 PULL 解析。

使用 PULL 解析 XML 文档，首先要创建 XmlPullParser 解析器，该解析器提供了很多属性，通过这些属性可以解析出 XML 文件中的各个节点内容。

XmlPullParser 的常用属性如下。

- XmlPullParser.START_DOCUMENT：XML 文档的开始，如<?xml version="1.0" encoding="utf-8"?>。
- XmlPullParser.END_DOCUMENT：XML 文档的结束。
- XmlPullParser.START_TAG：开始节点，在 XML 文件中，除了文本之外，带有尖括号< >的都是开始节点，如<weather>。
- XmlPullParser.END_TAG：结束节点，带有</ >的都是结束节点，如</weather>。

4.3.2 实战演练——天气预报

实际生活中，大多数人会在手机中安装一个天气预报的软件，如墨迹天气、懒人天气等。这些软件在获取天气信息时，都可以通过解析 XML 文档得到。接下来通过一个天气预报案例来演示如何解析 XML 数据，具体步骤如下。

1. 创建程序

创建一个名为 Weather 的应用程序，指定包名为 cn.itcast.weather，设计用户交互界面，预览效果如图 4-4 所示。

图4-4 Weather界面

图 4-4 对应的布局代码如文件 4-3 所示。

文件 4-3 activity_main.xml

```
<RelativeLayout xmlns:android="http://schemas.android.com/apk/res/android"
    xmlns:tools="http://schemas.android.com/tools"
    android:layout_width="match_parent"
    android:layout_height="match_parent"
    android:background="@drawable/weather"
    tools:context=".MainActivity">
    <TextView
        android:id="@+id/tv_city"
        android:layout_width="wrap_content"
        android:layout_height="wrap_content"
        android:layout_alignEnd="@+id/tv_weather"
        android:layout_alignParentTop="true"
        android:layout_alignRight="@+id/tv_weather"
        android:layout_marginTop="39dp"
        android:text="上海"
        android:textSize="50sp"/>
    <ImageView
        android:id="@+id/iv_icon"
        android:layout_width="70dp"
        android:layout_height="70dp"
        android:layout_alignLeft="@+id/ll_btn"
        android:layout_alignStart="@+id/ll_btn"
```

```
        android:layout_below="@+id/tv_city"
        android:layout_marginLeft="44dp"
        android:layout_marginStart="44dp"
        android:layout_marginTop="42dp"
        android:paddingBottom="5dp"
        android:src="@mipmap/ic_launcher"/>
    <TextView
        android:id="@+id/tv_weather"
        android:layout_width="wrap_content"
        android:layout_height="wrap_content"
        android:layout_alignRight="@+id/iv_icon"
        android:layout_below="@+id/iv_icon"
        android:layout_marginRight="15dp"
        android:layout_marginTop="18dp"
        android:gravity="center"
        android:text="多云"
        android:textSize="18sp"/>
    <LinearLayout
        android:layout_width="wrap_content"
        android:layout_height="wrap_content"
        android:layout_alignTop="@+id/iv_icon"
        android:layout_marginLeft="39dp"
        android:layout_marginStart="39dp"
        android:layout_toEndOf="@+id/iv_icon"
        android:layout_toRightOf="@+id/iv_icon"
        android:gravity="center"
        android:orientation="vertical">
        <TextView
            android:id="@+id/tv_temp"
            android:layout_width="wrap_content"
            android:layout_height="wrap_content"
            android:layout_marginTop="10dp"
            android:gravity="center_vertical"
            android:text="-7℃"
            android:textSize="22sp"/>
        <TextView
            android:id="@+id/tv_wind"
            android:layout_width="wrap_content"
            android:layout_height="wrap_content"
            android:text="风力:3级"
            android:textSize="18sp"/>
        <TextView
            android:id="@+id/tv_pm"
            android:layout_width="73dp"
            android:layout_height="wrap_content"
            android:text="pm"
            android:textSize="18sp"/>
    </LinearLayout>
    <LinearLayout
        android:id="@+id/ll_btn"
```

```
        android:layout_width="wrap_content"
        android:layout_height="wrap_content"
        android:layout_alignParentBottom="true"
        android:layout_centerHorizontal="true"
        android:orientation="horizontal">
        <Button
            android:id="@+id/btn_bj"
            android:layout_width="wrap_content"
            android:layout_height="wrap_content"
            android:text="北京"/>
        <Button
            android:id="@+id/btn_sh"
            android:layout_width="wrap_content"
            android:layout_height="wrap_content"
            android:text="上海"/>
        <Button
            android:id="@+id/btn_gz"
            android:layout_width="wrap_content"
            android:layout_height="wrap_content"
            android:text="广州"/>
    </LinearLayout>
</RelativeLayout>
```

在上述布局文件中，上方分别放置了两个 TextView 和一个 ImageView，TextView 分别显示城市和天气状况，图片显示当前天气图标。布局右侧则放置了一个 LinearLayout，里面包含 3 个 TextView，分别显示温度、风力和 PM 值。底部放置了一个 LinearLayout，其中包含 3 个按钮，单击切换可显示不同城市信息。

2. 创建 weather1.xml 文件

在 Android 应用程序中，res/raw 文件夹下可以存放一些音频或文本信息等，并且 raw 中的文件会自动编译，在 R.java 文件中可以找到对应的 ID。因此，这里就在资源文件夹 res 下创建 raw 文件夹，并将 weather1.xml 放到该目录下，weather1.xml 文件中包含 3 个城市的天气信息，每一个城市都由 id、temp、weather、name、pm 和 wind 属性组成，具体代码如文件 4-4 所示。

文件 4-4　weather1.xml

```
<?xml version="1.0" encoding="utf-8"?>
<infos>
    <city id="sh">
        <temp>20℃/30℃</temp>
        <weather>晴转多云</weather>
        <name>上海</name>
        <pm>80</pm>
        <wind>1 级</wind>
    </city>
    <city id="bj">
        <temp>26℃/32℃</temp>
        <weather>晴</weather>
        <name>北京</name>
```

```
        <pm>98</pm>
        <wind>3 级</wind>
    </city>
    <city id="gz">
        <temp>15℃/24℃</temp>
        <weather>多云</weather>
        <name>广州</name>
        <pm>30</pm>
        <wind>5 级</wind>
    </city>
</infos>
```

3. 创建 WeatherInfo 类

为了方便使用 weather.xml 中的属性，可以将其中的 6 个属性封装成一个类。创建 WeatherInfo 类，具体代码如文件 4-5 所示。

文件 4-5 WeatherInfo.java

```
1  package cn.itcast.weather;
2  public class WeatherInfo {
3     private String id;
4     private String temp;
5     private String weather;
6     private String name;
7     private String pm;
8     private String wind;
9     public String getId() {
10        return id;
11    }
12    public void setId(String id) {
13        this.id = id;
14    }
15    public String getTemp() {
16        return temp;
17    }
18    public void setTemp(String temp) {
19        this.temp = temp;
20    }
21    public String getWeather() {
22        return weather;
23    }
24    public void setWeather(String weather) {
25        this.weather = weather;
26    }
27    public String getName() {
28        return name;
29    }
30    public void setName(String name) {
31        this.name = name;
32    }
33    public String getPm() {
```

```
34          return pm;
35      }
36      public void setPm(String pm) {
37          this.pm = pm;
38      }
39      public String getWind() {
40          return wind;
41      }
42      public void setWind(String wind) {
43          this.wind = wind;
44      }
45 }
```

在上述代码中，封装了 6 个属性，分别对应 XML 文件中的 id、temp、weather、name、pm 和 wind。

4. 创建 WeatherService 工具类

为了代码更加易于阅读，避免大量代码都在一个类中，因此创建一个用来解析 XML 文件的工具类 WeatherService。该类中定义一个 getInfosFromXML()方法，该方法中包含解析 XML 文件的逻辑代码，具体代码如文件 4-6 所示。

文件 4-6　WeatherService.java

```
1  package cn.itcast.weather;
2  import android.util.Xml;
3  import org.xmlpull.v1.XmlPullParser;
4  import java.io.InputStream;
5  import java.util.ArrayList;
6  import java.util.List;
7  public class WeatherService {
8      //解析 xml 文件返回天气信息的集合
9      public static List<WeatherInfo> getInfosFromXML (InputStream is)
10         throws Exception {
11         //得到 pull 解析器
12         XmlPullParser parser = Xml.newPullParser();
13         // 初始化解析器,第一个参数代表包含 xml 的数据
14         parser.setInput(is, "utf-8");
15         List<WeatherInfo> weatherInfos = null;
16         WeatherInfo weatherInfo = null;
17         //得到当前事件的类型
18         int type = parser.getEventType();
19         // END_DOCUMENT 文档结束标签
20         while (type != XmlPullParser.END_DOCUMENT) {
21             switch (type) {
22             //一个节点的开始标签
23             case XmlPullParser.START_TAG:
24                 //解析到全局开始的标签 infos 根节点
25                 if("infos".equals(parser.getName())){
26                     weatherInfos = new ArrayList<WeatherInfo>();
27                 }else if("city".equals(parser.getName())){
28                     weatherInfo = new WeatherInfo();
```

```
29                      String idStr = parser.getAttributeValue(0);
30                      weatherInfo.setId(idStr);
31                  }else if("temp".equals(parser.getName())){
32                      //parset.nextText()得到该 tag 节点中的内容
33                      String temp = parser.nextText();
34                      weatherInfo.setTemp(temp);
35                  }else if("weather".equals(parser.getName())){
36                      String weather = parser.nextText();
37                      weatherInfo.setWeather(weather);
38                  }else if("name".equals(parser.getName())){
39                      String name = parser.nextText();
40                      weatherInfo.setName(name);
41                  }else if("pm".equals(parser.getName())){
42                      String pm = parser.nextText();
43                      weatherInfo.setPm(pm);
44                  }else if("wind".equals(parser.getName())){
45                      String wind = parser.nextText();
46                      weatherInfo.setWind(wind);
47                  }
48                  break;
49              //一个节点结束的标签
50              case XmlPullParser.END_TAG:
51                  //一个城市的信息处理完毕，city 的结束标签
52                  if("city".equals(parser.getName())){
53                      weatherInfos.add(weatherInfo);
54                      weatherInfo = null;
55                  }
56                  break;
57              }
58              type = parser.next();
59          }
60          return weatherInfos;
61      }
62  }
```

在上述代码中，第 58 行代码 type = parser.next()一定不能忘记，因为在 while 循环中，当一个节点信息解析完毕，会继续解析下一个节点，只有 type 的类型为 END_DOCUMENT 时才会结束循环，因此必须把 parser.next()获取到的类型赋值给 type，不然会造成死循环。

5. 编写界面交互代码

在 MainActivity 中，需要将解析到的 weather1.xml 文件中的数据展示在文本控件中，具体代码如文件 4-7 所示。

文件 4-7　MainActivity.java

```
1  package cn.itcast.weather;
2  import android.os.Bundle;
3  import android.support.v7.app.AppCompatActivity;
4  import android.view.View;
5  import android.widget.ImageView;
6  import android.widget.TextView;
```

```
7  import android.widget.Toast;
8  import java.io.InputStream;
9  import java.util.ArrayList;
10 import java.util.HashMap;
11 import java.util.List;
12 import java.util.Map;
13 public class MainActivity extends AppCompatActivity implements
14                                                       View.OnClickListener {
15     private TextView tvCity;
16     private TextView tvWeather;
17     private TextView tvTemp;
18     private TextView tvWind;
19     private TextView tvPm;
20     private ImageView ivIcon;
21     private Map<String, String> map;
22     private List<Map<String, String>> list;
23     private String temp, weather, name, pm, wind;
24     @Override
25     protected void onCreate(Bundle savedInstanceState) {
26         super.onCreate(savedInstanceState);
27         setContentView(R.layout.activity_main);
28         // 初始化文本控件
29         initView();
30         try {
31             //读取 weather1.xml 文件
32             InputStream is = this.getResources().openRawResource(R.raw.weather1);
33             //把每个城市的天气信息集合存到 weatherInfos 中
34             List<WeatherInfo> weatherInfos = WeatherService.getInfosFromXML(is);
35             //循环读取 weatherInfos 中的每一条数据
36             list = new ArrayList<Map<String, String>>();
37             for (WeatherInfo info : weatherInfos) {
38                 map = new HashMap<String, String>();
39                 map.put("temp", info.getTemp());
40                 map.put("weather", info.getWeather());
41                 map.put("name", info.getName());
42                 map.put("pm", info.getPm());
43                 map.put("wind", info.getWind());
44                 list.add(map);
45             }
46         } catch (Exception e) {
47             e.printStackTrace();
48             Toast.makeText(this, "解析信息失败", Toast.LENGTH_SHORT).show();
49         }
50         //自定义 getMap()方法，显示天气信息到文本控件中，默认显示北京的天气
51         getMap(1, R.drawable.sun);
52     }
53     private void initView() {
54         tvCity = (TextView) findViewById(R.id.tv_city);
55         tvWeather = (TextView) findViewById(R.id.tv_weather);
```

```
56        tvTemp = (TextView) findViewById(R.id.tv_temp);
57        tvWind = (TextView) findViewById(R.id.tv_wind);
58        tvPm = (TextView) findViewById(R.id.tv_pm);
59        ivIcon = (ImageView) findViewById(R.id.iv_icon);
60        findViewById(R.id.btn_sh).setOnClickListener(this);
61        findViewById(R.id.btn_bj).setOnClickListener(this);
62        findViewById(R.id.btn_gz).setOnClickListener(this);
63    }
64    @Override
65    public void onClick(View v) {    //按钮的点击事件
66        switch (v.getId()) {
67            case R.id.btn_sh:
68                getMap(0, R.drawable.cloud_sun);
69                break;
70            case R.id.btn_bj:
71                getMap(1, R.drawable.sun);
72                break;
73            case R.id.btn_gz:
74                getMap(2, R.drawable.clouds);
75                break;
76        }
77    }
78    //将城市天气信息分条展示到界面上
79    private void getMap(int number, int iconNumber) {
80        Map<String, String> cityMap = list.get(number);
81        temp = cityMap.get("temp");
82        weather = cityMap.get("weather");
83        name = cityMap.get("name");
84        pm = cityMap.get("pm");
85        wind = cityMap.get("wind");
86        tvCity.setText(name);
87        tvWeather.setText(weather);
88        tvTemp.setText("" + temp);
89        tvWind.setText("风力  : " + wind);
90        tvPm.setText("pm: " + pm);
91        ivIcon.setImageResource(iconNumber);
92    }
93 }
```

在上述代码中，将 WeatherService.getInfosFromXML()方法返回的天气信息的集合数据，按照三个城市的信息分别放在不同的 Map 集合中，再将 Map 集合都存入 List 集合中。当我们单击按钮时，会触发 getMap()方法，三个不同的按钮会传进不同的 int 值用于取出 List 中相对应的 Map 集合。最后从 Map 集合中把城市信息取出来分条展示在界面上。

6. 运行程序

运行当前程序，单击“北京”“上海”“广州”按钮，能够分别展示不同城市的天气信息，运行结果如图 4-5 所示。

图4-5　运行结果

4.4 JSON 解析

JSON 是近几年才流行的一种新的数据格式，它与 XML 非常相似，都是用来存储数据的。但 JSON 相对于 XML 来说，解析速度更快，占用空间更小。本小节将针对 JSON 数据及其解析方法进行详细讲解。

4.4.1 JSON 数据

JSON 即 JavaScript Object Notation（对象表示法），是一种轻量级的数据交换格式，它是基于 JavaScript 的一个子集，使用了类似于 C 语言家庭的习惯（包括 C、C++、C#、Java、JavaScript、Perl、Python 等）。这些特性使 JSON 成为理想的数据交互语言，易于阅读和编写，同时也易于机器解析和生成。

与 XML 一样，JSON 也是基于纯文本的数据格式，并且 JSON 的数据格式非常简单，初学者可以使用 JSON 传输一个简单的 String、Number、Boolean，也可以传输一个数组，或者一个复杂的 Object 对象。

JSON 有如下两种数据结构。

1．对象结构

以“{”开始，以“}”结束。中间部分由 0 个或多个以“,”分隔的 key:value 对构成，注意关键字和值之间以“:”分隔，其存储形式如图 4-6 所示。

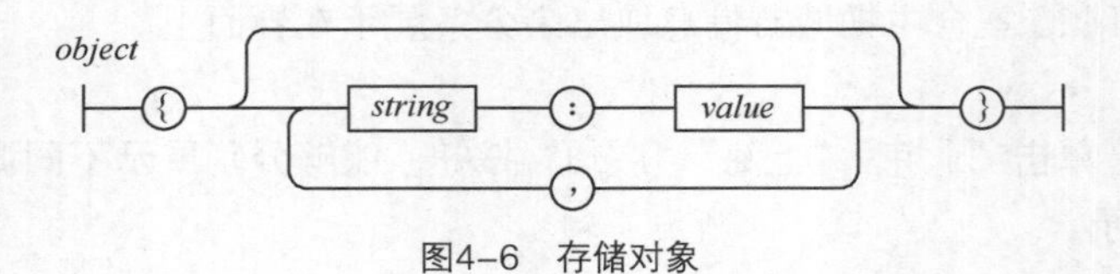

图4-6　存储对象

其语法结构代码如下。

```
{
    key1:value1,
    key2:value2,
    ...
}
```

其中关键字必须为 String 类型，值可以是 String、Number、Object、Array 等数据类型。例如，一个 address 对象包含城市、街道、邮编等信息，JSON 的表示形式如下。

```
{"city":"Beijing","street":"Xisanqi","postcode":100096}
```

2. 数组结构

以“[”开始，以“]”结束。中间部分由 0 个或多个以“,”分隔的值的列表组成，其存储形式如图 4-7 所示。

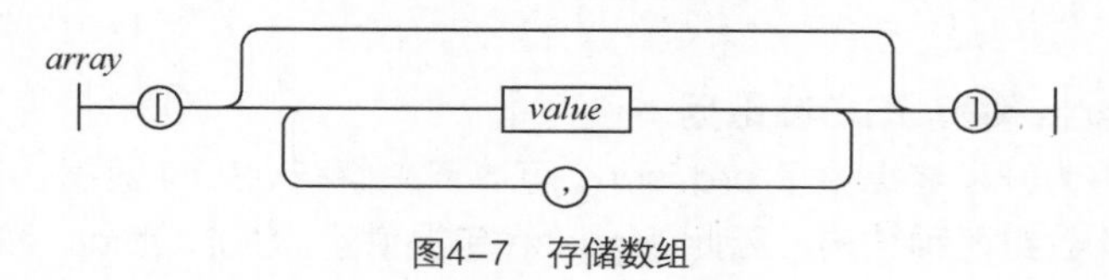

图4-7　存储数组

其语法结构代码如下。

```
[
    value1,
    value2,
    ...
]
```

例如，一个数组包含了 String、Number、Boolean、null 类型数据，JSON 的表示形式如下。

```
["abc",12345,false,null]
```

上述对象、数组两种结构也可以分别组合构成复杂的数据结构。例如，一个 Person 对象包含 name 和 address 对象，其表现形式如下。

```
{
    "name": "zhangsan"
    "address":{
        "city":"Beijing"
        "street":"Xisanqi"
        "postcode":100096
    }
}
```

假设 Person 对象还包含一个 hobby 信息，其 value 值是一个数组，则表现形式如下。

```
{
    "name":"zhangsan"
```

```
        "hobby":["篮球","羽毛球","游泳"]
    }
```

需要注意的是，如果使用 JSON 存储单个数据（如“abc”），一定要使用数组形式，不要使用对象形式，因为对象形式必须是“名称：值”的形式。另外，JSON 文件的扩展名为.json，例如 Person.json。

4.4.2 JSON 解析

若要使用 JSON 中的数据，就需要将 JSON 数据解析出来。Android 平台上有两种解析技术可供选择，一种是通过 Android 内置的 org.json 包，一种是通过 Google 的开源 Gson 库，接下来将使用这两种技术分别针对 JSON 对象和 JSON 数组进行解析。

例如，要解析的 JSON 数据如下。

```
{ "name": "zhangsan", "age": 27, "married":true }   //json1 一个json对象
[16,2,26]                                            //json2 一个数字数组
```

1. 使用 org.json 解析 JSON 数据

Android SDK 中为开发者提供了 org.json，可以用来解析 JSON 数据。由于 JSON 数据只有 JSON 对象和 JSON 数组两种结构，因此 org.json 包提供了 JSONObject 和 JSONArray 两个类对 JSON 数据进行解析。

使用 JSONObject 解析 JSON 对象，示例代码如下。

```
JSONObject jsonObj = new JSONObject(json1);
String name = jsonObj.optString("name");
int age = jsonObj.optInt("age");
boolean married = jsonObj.optBoolean("married");
```

使用 JSONArray 解析 JSON 数组，示例代码如下。

```
JSONArray jsonArray = new JSONArray(json2);
for(int i = 0; i < jsonArray.length(); i++) {
    int age = jsonArray.optInt(i);
}
```

从上述代码可以看出，数组的解析方法和对象类似，只是将 key 值替换为数组中的下标。另外，代码中用到了 optInt()方法，这种方法在解析数据时是安全的，如果对应的字段不存在，则返回空值或者 0，不会报错。

2. 使用 Gson 解析 JSON 数据

Gson 库是由 Google 提供的，若要使用 Gson 库，首先需要将 gson.jar 添加到项目中（详见多学一招），然后才能调用其提供的方法。接下来通过示例代码演示如何使用 Gson 解析上面的 JSON 数据。

使用 Gson 库之前，需要创建 JSON 数据对应的实体类 Person，需要注意的是，实体类中的成员名称要与 JSON 数据的 key 值一致。该 Person 类比较简单，初学者自行创建即可。

使用 Gson 解析 JSON 对象，示例代码如下。

```
Gson gson = new Gson();
Person person = gson.fromJson(json1, Person.class);
```

使用 Gson 解析 JSON 数组，示例代码如下。

```
Gson gson = new Gson();
Type listType = new TypeToken<List<Integer>>(){}.getType();
List<Integer> ages = gson.fromJson(json2, listType);
```

从上述代码可以看出，使用 Gson 库解析 JSON 数据是十分简单的，同时可以提高开发效率，推荐使用。

多学一招：Android Studio 添加库文件

实际开发过程中，经常会使用到第三方类库，接下来就针对 Android Studio 如何添加库文件进行讲解，具体操作步骤如下。

（1）打开工程所在 Project Structure，如图 4-8 所示。

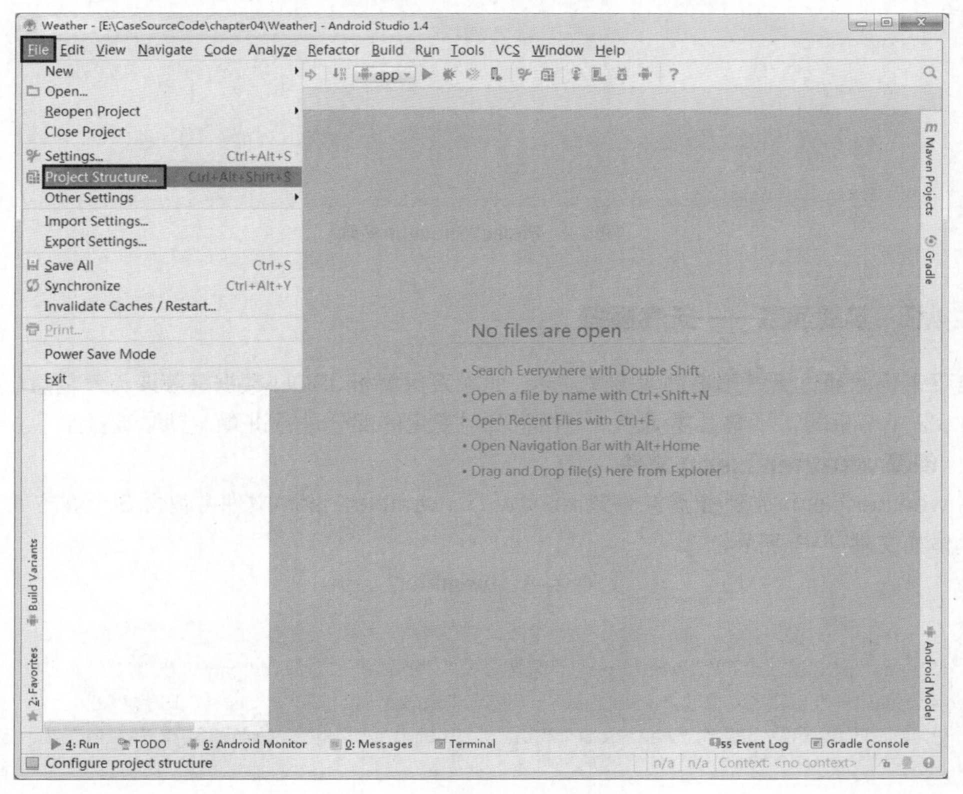

图4-8　Project Structure选项

（2）在 App 条目的 Dependencies 选项卡中，单击+选择 Library dependency，在 Choose Library Dependency 对话框输入“com.google.code.gson:gson:2.6.2”，然后单击右侧图标搜索库文件，如图 4-9 所示。

单击【OK】按钮，库文件就可以成功导入了。

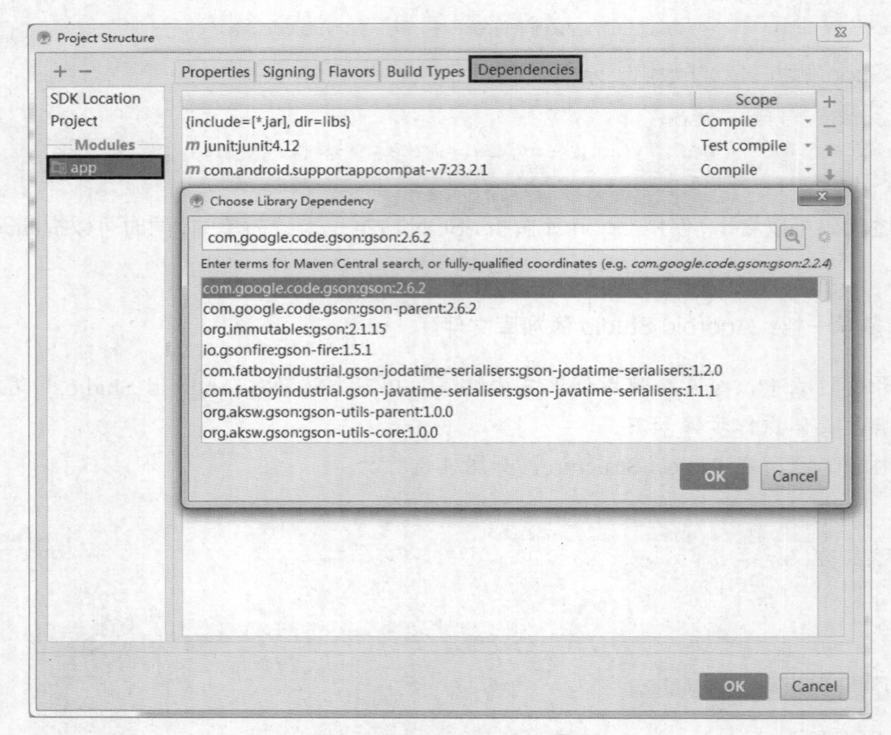

图4-9　Project Structure界面

4.4.3　实战演练——天气预报

接下来仍然通过天气预报的案例来演示，此次采用解析 JSON 数据来获取天气信息。页面布局与 4.3.2 小节相同，不做重复演示，下面将针对变化的部分进行讲解，具体步骤如下。

1. 创建 weather2.json 文件

将 weather2.json 放到资源文件夹 res/raw 下，weather2.json 文件中包含 3 个城市的天气信息，具体如文件 4-8 所示。

文件 4-8　weather2.json

```
[
  {"temp":"20℃/30℃","weather":"晴转多云","name":"上海","pm":"80","wind":"1 级"},
  {"temp":"15℃/24℃","weather":"晴","name":"北京","pm":"98","wind":"3 级"},
  {"temp":"26℃/32℃","weather":"多云","name":"广州","pm":"30","wind":"2 级"}
]
```

需要注意的是，JSON 文件的字节编码格式为 utf-8。

2. 创建工具类

在 WeatherService 工具类中定义一个 getInfosFromJson()方法，该方法采用 Google 的开源 Gson 库来解析 JSON 文件，将读取到的数据存入 List<WeatherInfo>集合并返回。需要注意的是，首先要将 Gson 库文件导入项目中，具体代码如文件 4-9 所示。

文件 4-9 WeatherService.java

```
1  package cn.itcast.weather;
2  import android.util.Xml;
3  import com.google.gson.Gson;
4  import com.google.gson.reflect.TypeToken;
5  import org.xmlpull.v1.XmlPullParser;
6  import java.io.IOException;
7  import java.io.InputStream;
8  import java.lang.reflect.Type;
9  import java.util.ArrayList;
10 import java.util.List;
11 public class WeatherService {
12     //解析 xml 文件返回天气信息的集合
13     public static List<WeatherInfo> getInfosFromXML(InputStream is)
14             throws Exception {
15             ………
16     }
17     //解析 json 文件返回天气信息的集合
18     public static List<WeatherInfo> getInfosFromJson(InputStream is)
19             throws IOException {
20         byte[] buffer = new byte[is.available()];
21         is.read(buffer);
22         String json = new String(buffer, "utf-8");
23         //使用 Gson 库解析 JSON 数据
24         Gson gson = new Gson();
25         Type listType = new TypeToken<List<WeatherInfo>>(){}.getType();
26         List<WeatherInfo> weatherInfos = gson.fromJson(json, listType);
27         return weatherInfos;
28     }
29 }
```

3. 编写界面交互代码

由于天气预报程序界面并没有发生变化，只是使用了不同的资源文件及数据解析方式，因此需要将文件 4-7 中第 32 行引用资源文件的代码进行修改，具体代码如下。

```
InputStream is = this.getResources().openRawResource(R.raw.weather2);
```

在第 34 行调用解析 XML 的代码也需修改，具体代码如下。

```
List<WeatherInfo> weatherInfos = WeatherService.getInfosFromJson(is);
```

4. 运行程序

运行当前程序，单击“北京”“上海”“广州”按钮，能够分别展示不同城市的天气信息，运行结果如图 4-10 所示。

通过 4.3.2 小节与 4.4.3 小节案例的对比可以看出，JSON 数据体积小，解析速度快，因此 JSON 适用于对较少数据的解析。而 XML 对数据的描述性好，结构清晰，更适用于对较多数据的解析。初学者在应用程序开发过程中，还需要根据实际情况来选择使用 JSON 数据或 XML 数据。

图4-10 运行结果

4.5 SharedPreferences

4.5.1 SharedPreferences 的使用

SharedPreferences 是 Android 平台上一个轻量级的存储类，是一种最容易理解和使用的存储技术，主要用于存储一些应用程序的配置参数，例如用户名、密码、自定义参数的设置等。它是通过 key/value（键值对）的形式将数据保存在 XML 文件中，该文件位于 data/data/<packagename>/shared_prefs 文件夹中。需要注意的是，SharedPreferences 中的 value 值只能是 Float、Int、Long、Boolean、String、StringSet 类型数据。接下来将针对 SharedPreferences 存储数据进行详细讲解。

1. 存储数据

使用 SharedPreferences 类存储数据时，首先需要调用 getSharedPreferences(String name,int mode)方法获取实例对象。由于该对象本身只能获取数据，不能对数据进行存储和修改，因此需要调用 SharedPreferences 的 edit()方法获取到可编辑的 Editor 对象，最后通过该对象的 putString()方法和 putInt()方法存储数据，示例代码如下。

```
//获取 sp 对象，参数 data 表示文件名，MODE_PRIVATE 表示文件操作模式
SharedPreferences sp = getSharedPreferences("data",MODE_PRIVATE);
SharedPreferences.Editor editor = sp.edit();            // 获取编辑器
editor.putString("name", "传智播客");                    // 存入 String 类型数据
editor.putInt("age", 8);                                // 存入 Int 类型数据
editor.commit();                                        // 提交修改
```

从上述代码可以看出，Editor 对象是以 key/value 的形式保存数据的，并且根据数据类型的不同，会调用不同的方法。需要注意的是，操作完数据后，一定要调用 commit()方法进行数据提交，否则所有操作不生效。

如果需要删除数据，则只需要调用 Editor 对象的 remove(String key)方法或者 clear()方法即可，示例代码如下。

```
editor.remove("name");      // 删除一条数据
editor.clear();             // 删除所有数据
```

2. 获取数据

使用 SharedPreferences 类获取数据时非常简单，只需要获取到 SharedPreferences 对象，然后通过该对象的 get×××()方法获取到相应 key 的值即可，示例代码如下。

```
SharedPreferences sp = getSharedPreferences("data",MODE_PRIVATE);
String data  = sp.getString("name","");    // 获取用户名
```

需要注意的是，get×××()方法的第二个参数为缺省值，如果 sp 中不存在该 key，将返回缺省值，例如 getString("name", "")，若 name 不存在，则 key 就返回空字符串。

SharedPreferences 使用很简单，但一定要注意以下两点。

- 获取数据的 key 值与存入数据的 key 值的数据类型要一致，否则查找不到数据。
- 保存 SharedPreferences 的 key 值时，可以用静态变量保存，以免存储、删除时写错了。如：private static final String key = "itcast";

4.5.2 实战演练——保存 QQ 密码

对于 QQ 登录时保存账号和密码的功能，不仅文件存储能够实现，SharePreferences 同样也可以实现，并且 SharedPreferences 存取数据更加简单方便，因此在实际开发中经常使用。接下来就通过 SharedPreferences 重新实现保存 QQ 密码的案例，具体步骤如下。

1. 创建工具类

页面布局与 4.2.2 小节案例相同，在此不做重复演示，初学者需要学习的是使用 Shared Preferences 读写数据部分。接下来添加一个使用 SharePreferences 保存 QQ 密码的工具类 SPSaveQQ，具体代码如文件 4-10 所示。

文件 4-10 SPSaveQQ.java

```
1  package cn.itcast.saveqq;
2  import android.content.Context;
3  import android.content.SharedPreferences;
4  import java.util.HashMap;
5  import java.util.Map;
6  public class SPSaveQQ{
7      // 保存 QQ 账号和登录密码到 data.xml 文件中
8      public static boolean saveUserInfo(Context context, String number,
9      String password) {
10         SharedPreferences sp = context.getSharedPreferences("data",
11                             Context.MODE_PRIVATE);
12         SharedPreferences.Editor edit = sp.edit();
13         edit.putString("userName", number);
14         edit.putString("pwd", password);
15         edit.commit();
16         return true;
```

```
17      }
18      //从 data.xml 文件中获取存储的 QQ 账号和密码
19      public static Map<String, String> getUserInfo(Context context) {
20          SharedPreferences sp = context.getSharedPreferences("data",
21                                      Context.MODE_PRIVATE);
22          String number = sp.getString("userName", null);
23          String password = sp.getString("pwd", null);
24          Map<String, String> userMap = new HashMap<String, String>();
25          userMap.put("number", number);
26          userMap.put("password", password);
27          return userMap;
28      }
29  }
```

在上述代码中，saveUserInfo()方法是保存数据到 data.xml 文件中，getUserInfo()方法是从 data.xml 文件中获取信息。

需要注意的是，在不同位置获取 SharedPreferences 的实例对象时，调用 getShared Preferences()方法的形式也是不同的。当在 Activity 中使用时，可以直接使用 this.getShared Preferences()，并且 this 可以省略。反之，则需要传入一个 Context 对象获取上下文，即 context. getSharedPreferences()。

2. 编写界面交互代码

由于保存 QQ 密码程序界面并没有发生变化，只是使用了不同的数据存储方式，因此只需将文件 4-2 中第 22 行通过 FileSaveQQ 工具类获取用户信息的代码进行修改，具体代码如下。

```
Map<String, String> userInfo = SPSaveQQ.getUserInfo(this);
```

同时，第 53 行通过 FileSaveQQ 工具类存储用户信息的代码也需修改，具体代码如下。

```
boolean isSaveSuccess = SPSaveQQ.saveUserInfo(this, number, password);
```

3. 运行程序

程序运行成功后，在界面中输入账号和密码，单击“登录”按钮，会弹出提示信息“登录成功”和“保存成功”，运行结果如图 4-11 所示。

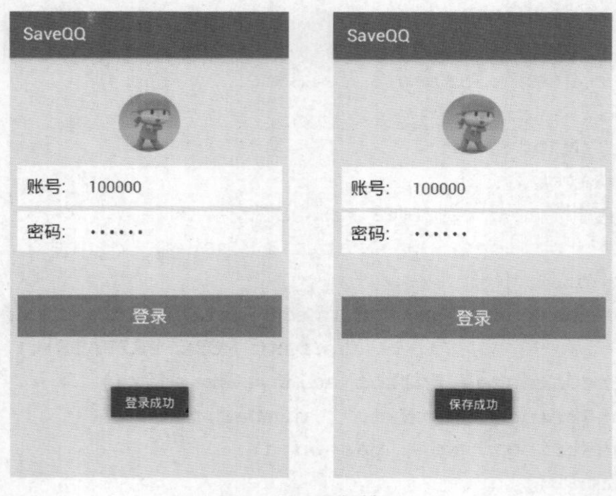

图4-11 运行结果

此时，如果将程序退出，再重新打开会发现 QQ 账号和密码仍然显示在当前的 EditText 中，说明 QQ 信息已经存储在 SharedPreferences 中了。

为了验证 QQ 信息是否成功保存到了 SharedPreferences 中，可以在 DDMS 视图中找到该程序的 shared_prefs 目录，然后找到 data.xml 文件，data.xml 文件目录如图 4-12 所示。

将 data.xml 文件导出到桌面，可以看到 data.xml 具体代码如文件 4-11 所示。

data
app
app-asec
app-private
backup
dalvik-cache
data
cn.itcast.saveqq
cache
files
lib
shared_prefs
data.xml

图4-12 data.xml文件

文件 4-11 data.xml

```
<?xml version='1.0' encoding='utf-8' standalone='yes' ?>
<map>
    <string name="userName">100000</string>
    <string name="pwd">itcast</string>
</map>
```

从上述代码可以看出，保存 QQ 密码程序使用 SharedPreferences 成功地将账号和密码以 XML 的形式保存到了 data.xml 文件中。

4.6 本章小结

本章主要讲解了 Android 中的数据存储，首先介绍了 Android 中常见的数据存储方式，然后讲解了文件存储以及 XML 和 JSON 数据的解析，最后讲解了 SharedPreferences。数据存储是 Android 开发中非常重要的内容，每个应用程序基本上都会涉及数据存储，因此要求初学者必须熟练掌握本章知识。

【思考题】

1. Android 中有几种数据存储方式以及各自具有什么特点。
2. 在 Android 中如何使用 SharedPreferences 类。

5 Chapter

第 5 章 SQLite 数据库

Android

学习目标

- 学会使用 SQLite 数据库，实现数据的增、删、改、查；
- 学会使用 ListView 控件，以列表形式展示数据。

前面介绍了如何使用文件以及 SharedPreferences 存储数据，这两种方式适合存储简单数据，当需要存储大量数据时显然是不适合的。为此 Android 系统提供了 SQLite 数据库，它可以存储应用程序中的大量数据，并对数据进行管理和维护。本章将针对 SQLite 数据库进行详细讲解。

5.1 SQLite 数据库简介

SQLite 是一个轻量级数据库，它是 D. Richard Hipp 建立的公有领域项目，在 2000 年发布了第一个版本。它的设计目标是嵌入式的，而且占用资源非常低，在内存中只需要占用几百 KB 的存储空间，这也是 Android 移动设备采用 SQLite 数据库的重要原因之一。

SQLite 是遵守 ACID 的关系型数据库管理系统。这里的 ACID 是指数据库事务正确执行的 4 个基本要素，即原子性（Atomicity）、一致性（Consistency）、隔离性（Isolation）、持久性（Durability）。它能够支持 Windows/Linux/UNIX 等主流的操作系统，能够跟很多程序语言，例如 Tcl、C#、PHP、Java 等相结合。比起 Mysql、PostgreSQL 这两款开源数据库管理系统来讲，SQLite 的处理速度更快。

SQLite 没有服务器进程，它通过文件保存数据，该文件是跨平台的，可以放在其他平台中使用。并且在保存数据时，支持 null（零）、integer（整数）、real（浮点数字）、text（字符串文本）和 blob（二进制对象）5 种数据类型。但实际上 SQLite 也接收 varchar(n)、char(n)、decimal(p,s) 等数据类型，只不过在运算或保存时会转换成对应的 5 种数据类型。因此，可以将各种类型的数据保存到任何字段中，而不用关心字段声明的数据类型。

5.2 数据库的创建

在 Android 系统中，创建 SQLite 数据库是非常简单的。Android 系统推荐使用 SQLiteOpen Helper 的子类创建数据库，因此需要创建一个类继承自 SQLiteOpenHelper，并重写该类中的 onCreate()方法和 onUpgrade()方法即可，示例代码如下。

```
public class MyHelper extends SQLiteOpenHelper {
    public MyHelper(Context context) {
        super(context, "itcast.db", null, 2);
    }
    // 数据库第一次被创建时调用该方法
    public void onCreate(SQLiteDatabase db) {
        //初始化数据库的表结构,执行一条建表的 SQL 语句
        db.execSQL("CREATE TABLE information(_id INTEGER PRIMARY KEY AUTOINCREMENT,
                name VARCHAR(20), price INTEGER)");
    }
    // 当数据库的版本号增加时调用
    public void onUpgrade(SQLiteDatabase db, int oldVersion, int newVersion) {
    }
}
```

在上述代码中，首先创建了一个 MyHelper 类继承自 SQLiteOpenHelper，并创建该类的构造方法 MyHelper()，在该方法中通过 super()调用父类 SQLiteOpenHelper 的构造方法，并传入

4 个参数，分别为上下文对象、数据库名称、游标工厂（通常是 null）、数据库版本。然后重写了 onCreate()和 onUpgrade()方法，其中 onCreate()是在数据库第 1 次创建时调用，该方法通常用于初始化表结构。onUpgrade()方法在数据库版本号增加时调用，如果版本号不增加，则该方法不调用。

多学一招：SQLite Expert Personal 可视化工具

在 Android 系统中，数据库创建完成后是无法直接对数据进行查看的，要想查看数据需要使用 SQLite Expert Personal 可视化工具。可在官网 www.sqliteexpert.com/download.html 中下载 SQLite Expert Personal 工具并进行安装，安装完成运行程序，结果如图 5-1 所示。

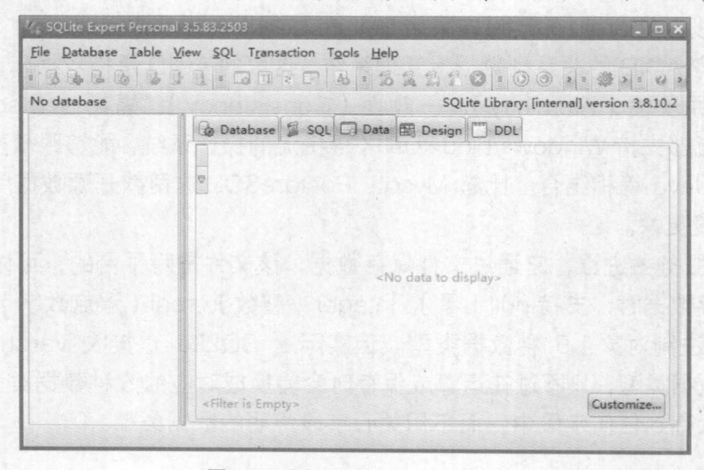

图5-1　SQLite Expert Personal

下面通过 SQLite Expert Personal 工具查看已经创建好的数据库文件。首先在 DDMS 中找到数据库文件所在目录【data】→【data】→【项目包名全路径】→【databases】，如图 5-2 所示。

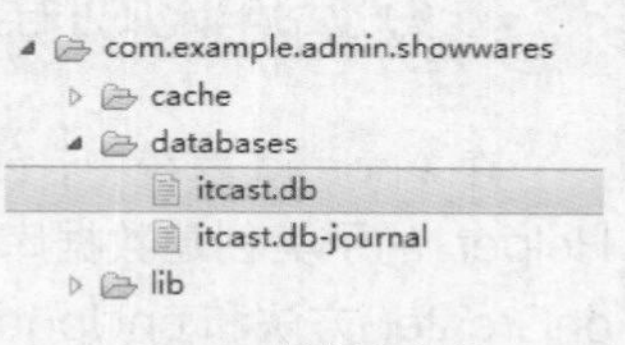

图5-2　数据库文件

从图 5-2 可以看出，数据库文件以“.db”为后缀，将 itcast.db 文件导出到指定目录下，在 SQLite Expert Personal 工具中单击【File】→【Open Database】选项，选择需要查看的数据库文件，结果如图 5-3 所示。

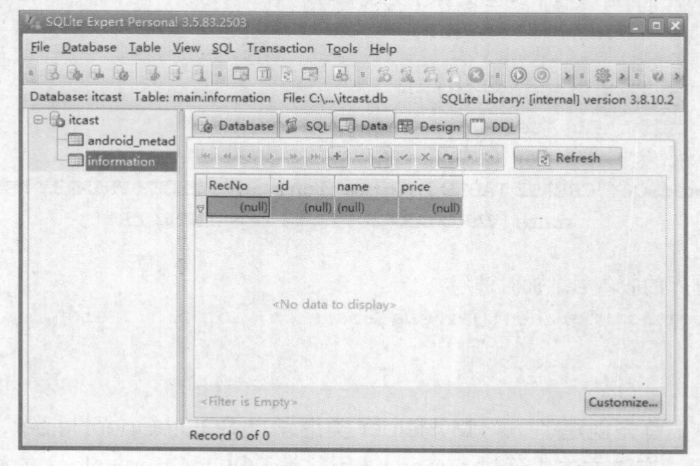

图5-3　打开数据库

从图 5-3 可以看出，创建的数据库 itcast.db 中的各个字段已经清晰地展示出来，当数据库中有新添加的数据时，通过 SQLite Expert Personal 可视化工具可以进行查看。

5.3 数据库的使用

5.3.1 SQLite 的基本操作

前面介绍了 SQLite 数据库及如何创建数据库，接下来将针对 SQLite 数据库的增、删、改、查操作进行详细讲解。

1. 增加一条数据

下面以 itcast.db 数据库中的 information 表为例，介绍如何使用 SQLiteDatabase 对象的 insert()方法向表中插入一条数据，示例代码如下。

```
public void insert(String name,String price) {
    SQLiteDatabase db = helper.getWritableDatabase();//获取可读写 SQLiteDatabase 对象
    ContentValues values = new ContentValues();   // 创建 ContentValues 对象
    values.put("name", name);                     // 将数据添加到 ContentValues 对象
    values.put("price", price);
    long id = db.insert("information",null,values);   //插入一条数据到information表
    db.close();                                        //关闭数据库
}
```

在上述代码中，通过 getWritableDatabase()方法得到 SQLiteDatabase 对象，然后获得 ContentValues 对象并将数据添加到 ContentValues 对象中，最后调用 insert()方法将数据插入到 information 表中。

insert()方法接收 3 个参数，第一个参数是数据表的名称，第二个参数表示如果发现将要插入的行为空行时，会将这个列名的值设为 null，第三个参数为 ContentValues 对象。ContentValues 类类似于 Map 类，通过键值对的形式存入数据，这里的 key 表示插入数据的列名，value 表示要插入的数据。

需要注意的是，使用完 SQLiteDatabase 对象后一定要调用 close()方法关闭，否则数据库连接会一直存在，不断消耗内存，当系统内存不足时将获取不到 SQLiteDatabase 对象，并且会报出数据库未关闭异常。

2. 修改一条数据

下面介绍如何使用 SQLiteDatabase 的 update()方法修改 information 表中的数据，示例代码如下。

```
public int update(String name, String price) {
    SQLiteDatabase db = helper.getWritableDatabase();
    ContentValues values = new ContentValues();
    values.put("price", price);
    int number = db.update("information", values, " name =?", new String[]{name});
    db.close();
    return number;
}
```

在上述代码中，通过 SQLiteDatabase 对象 db 调用 update()方法用来修改数据库中的数据，update()方法接收 4 个参数，第一个参数表示表名，第二个参数接收一个 ContentValues 对象，第三个参数为可选的 where 语句，第四个参数表示 whereClause 语句中表达式的占位参数列表，这些字符串会替换掉 where 条件中的“？”。

3. 删除一条数据

下面介绍如何使用 SQLiteDatabase 的 delete()方法删除 information 表中的数据，示例代码如下。

```
public int delete(long id){
    SQLiteDatabase db = helper.getWritableDatabase();
    int number = db.delete("information", "_id=?", new String[]{id+""});
    db.close();
    return number;
}
```

从上述代码可以看出，删除数据不同于增加和修改数据，删除数据时不需要使用 ContentValues 来添加参数，而是使用一个字符串和一个字符串数组来添加参数名和参数值。

4. 查询一条数据

在进行数据查询时使用的是 query()方法，该方法返回的是一个行数集合 Cursor。Cursor 是一个游标接口，提供了遍历查询结果的方法，如移动指针方法 move()，获得列值方法 getString()等，通过这些方法可以获取集合中的属性值以及序号等。需要注意的是，在使用完 Cursor 对象后，一定要及时关闭，否则会造成内存泄露。下面介绍如何使用 SQLiteDatabase 的 query()方法查询数据，示例代码如下。

```
public boolean find(long id){
    SQLiteDatabase db = helper.getReadableDatabase();//获取可读SQLiteDatabase对象
    Cursor cursor = db.query("information", null, "_id=?", new String[]{id+""},
                            null, null, null);
    boolean result = cursor.moveToNext();
    cursor.close();   //关闭游标
    db.close();
    return result;
}
```

在上述代码中，介绍了使用 query()方法查询 information 表中的数据，query()方法接收 7 个参数，第一个参数表示表名称，第二个参数表示查询的列名，第三个参数接收查询条件子句，第四个参数接收查询子句对应的条件值，第五个参数表示分组方式，第六个参数接收 having 条件，即定义组的过滤器，第七个参数表示排序方式。

多学一招：使用 SQL 语句进行数据库操作

在使用 SQLite 数据库时，除了上述介绍的方法进行数据库操作之外，还可以使用 execSQL()方法通过 SQL 语句对数据库进行操作，示例代码如下。

```
//增加一条数据
db.execSQL("insert into information (name, price) values (?,?)",
                                    new Object[]{name, price });
```

```
//修改一条数据
db.execSQL("update information set name=? where price =?",
                                    new Object[]{name, price });
//删除一条数据
db.execSQL("delete from information where _id  = 1");
//执行查询的 SQL 语句
Cursor cursor = db.rawQuery("select * from person where name=?",
                                    new String[]{name});
```

从上述代码可以看出，查询操作与增、删、改操作有所不同，前面三个操作都是通过 execSQL()方法执行 SQL 语句，而查询操作使用的是 rawQuery()方法。这是因为查询数据库会返回一个结果集 Cursor，而 execSQL()方法没有返回值。

5.3.2 SQLite 中的事务

事务是一个对数据库执行工作的单元，是针对数据库的一组操作，它可以由一条或多条 SQL 语句组成。事务是以逻辑顺序完成的工作单位或序列，可以是由用户手动操作完成，也可以是由某种数据库程序自动完成。同一个事务的操作具备同步的特点，如果其中有一条语句无法执行，那么所有的语句都不会执行。

接下来通过使用 SQLite 的事务模拟银行转账功能，一张银行卡转出数据的同时，另一张银行卡转入对等的数据，示例代码如下。

```
PersonSQLiteOpenHelper helper = new PersonSQLiteOpenHelper(getContext());
//获取一个可读写的 SQLiteDataBase 对象
SQLiteDatabase db = helper.getWritableDatabase();
// 开始数据库的事务
db.beginTransaction();
try {
    //执行转出操作
    db.execSQL("update person set account = account-1000 where name =?",
                                    new Object[] { "zhangsan" });
    //执行转入操作
    db.execSQL("update person set account = account+1000 where name =?",
                                    new Object[] { "wangwu" });
    //标记数据库事务执行成功
    db.setTransactionSuccessful();
}catch (Exception e) {
    Log.i("事务处理失败", e.toString());
} finally {
    db.endTransaction();   //关闭事务
    db.close();            //关闭数据库
}
```

需要注意的是，事务操作完成后一定要使用 endTransaction()方法关闭事务。当执行到 endTransaction()方法时，首先会检查是否有事务执行成功的标记，有则提交数据，无则回滚数据。最后需要关闭事务，如果不关闭事务，事务只有到超时才自动结束，会降低数据库并发效率。因此，通常情况下该方法放在 finally 中执行。

5.3.3 实战演练——绿豆通讯录

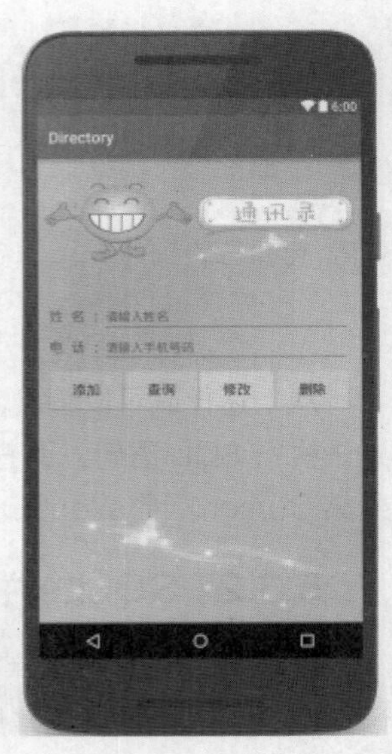

图5-4 通讯录界面

上面讲解了 SQLite 数据库的创建以及基本操作，接下来通过一个绿豆通讯录的案例对 SQLite 数据库在开发中的应用进行详细讲解，具体步骤如下。

1. 创建程序

创建一个名为 Directory 的应用程序，指定包名为 cn.itcast.directory，设计用户交互界面，预览效果如图 5-4 所示。

图 5-4 对应的布局代码如文件 5-1 所示。

文件 5-1 activity_main.xml

```
<?xml version="1.0" encoding="utf-8"?>
<RelativeLayout xmlns:android="http://schemas.android.
com/apk/res/android"
    xmlns:tools="http://schemas.android.com/tools"
    android:layout_width="match_parent"
    android:layout_height="match_parent"
    android:background="@drawable/bg"
    android:paddingBottom="16dp"
    android:paddingLeft="16dp"
    android:paddingRight="16dp"
    android:paddingTop="16dp"
    tools:context=".MainActivity">
    <LinearLayout
        android:id="@+id/ll_name"
        android:layout_width="match_parent"
        android:layout_height="wrap_content"
        android:layout_above="@+id/ll_phone"
        android:layout_alignLeft="@+id/ll_btn"
        android:layout_alignStart="@+id/ll_btn">
        <TextView
            android:layout_width="wrap_content"
            android:layout_height="wrap_content"
            android:textSize="18sp"
            android:text="姓  名 : " />
        <EditText
            android:id="@+id/et_name"
            android:layout_width="match_parent"
            android:layout_height="wrap_content"
            android:textSize="16sp"
            android:hint="请输入姓名" />
    </LinearLayout>
    <LinearLayout
        android:layout_width="match_parent"
        android:layout_height="wrap_content"
        android:id="@+id/ll_phone"
        android:layout_marginBottom="10dp"
```

```
        android:layout_above="@+id/ll_btn"
        android:layout_alignLeft="@+id/ll_name"
        android:layout_alignStart="@+id/ll_name">
        <TextView
            android:layout_width="wrap_content"
            android:layout_height="wrap_content"
            android:textSize="18sp"
            android:text="电  话 : " />
        <EditText
            android:id="@+id/et_phone"
            android:layout_width="match_parent"
            android:layout_height="wrap_content"
            android:textSize="16sp"
            android:hint="请输入手机号码" />
    </LinearLayout>
    <LinearLayout
        android:layout_width="match_parent"
        android:layout_height="wrap_content"
        android:id="@+id/ll_btn"
        android:layout_centerVertical="true" >
        <Button
            android:id="@+id/btn_add"
            android:layout_width="0dp"
            android:layout_height="wrap_content"
            android:layout_weight="1"
            android:textSize="18sp"
            android:background="#B9B9FF"
            android:layout_marginRight="2dp"
            android:text="添加" />
        <Button
            android:id="@+id/btn_query"
            android:layout_width="0dp"
            android:layout_height="wrap_content"
            android:layout_weight="1"
            android:textSize="18sp"
            android:background="#DCB5FF"
            android:layout_marginRight="2dp"
            android:text="查询" />
        <Button
            android:id="@+id/btn_update"
            android:layout_width="0dp"
            android:layout_height="wrap_content"
            android:layout_weight="1"
            android:textSize="18sp"
            android:background="#E6CAFF"
            android:layout_marginRight="2dp"
            android:text="修改" />
        <Button
            android:id="@+id/btn_delete"
            android:layout_width="0dp"
```

```
            android:layout_height="wrap_content"
            android:layout_weight="1"
            android:textSize="18sp"
            android:background="#ACD6FF"
            android:text="删除" />
    </LinearLayout>
    <TextView
        android:id="@+id/tv_show"
        android:layout_width="match_parent"
        android:layout_height="wrap_content"
        android:layout_marginTop="25dp"
        android:layout_below="@+id/ll_btn"
        android:textSize="20sp" />
</RelativeLayout>
```

2. 编写界面交互代码

接下来需要在 MainActivity 里面编写代码，用于实现联系人信息的添加、查询、修改和删除，单击“查询”按钮之后会将联系人的具体信息进行展示，具体代码如文件 5-2 所示。

文件 5-2　MainActivity.java

```
1  package cn.itcast.directory;
2  import android.content.ContentValues;
3  import android.content.Context;
4  import android.database.Cursor;
5  import android.database.sqlite.SQLiteDatabase;
6  import android.database.sqlite.SQLiteOpenHelper;
7  import android.support.v7.app.AppCompatActivity;
8  import android.os.Bundle;
9  import android.view.View;
10 import android.widget.Button;
11 import android.widget.EditText;
12 import android.widget.TextView;
13 import android.widget.Toast;
14 public class MainActivity extends AppCompatActivity implements
15  View.OnClickListener {
16    MyHelper myHelper;
17    private EditText mEtName;
18    private EditText mEtPhone;
19    private TextView mTvShow;
20    private Button mBtnAdd;
21    private Button mBtnQuery;
22    private Button mBtnUpdate;
23    private Button mBtnDelete;
24    @Override
25    protected void onCreate(Bundle savedInstanceState) {
26        super.onCreate(savedInstanceState);
27        setContentView(R.layout.activity_main);
28        myHelper = new MyHelper(this);
29        init();//初始化控件
30    }
```

```
31     private void init() {
32         mEtName = (EditText) findViewById(R.id.et_name);
33         mEtPhone = (EditText) findViewById(R.id.et_phone);
34         mTvShow = (TextView) findViewById(R.id.tv_show);
35         mBtnAdd = (Button) findViewById(R.id.btn_add);
36         mBtnQuery = (Button) findViewById(R.id.btn_query);
37         mBtnUpdate = (Button) findViewById(R.id.btn_update);
38         mBtnDelete = (Button) findViewById(R.id.btn_delete);
39         mBtnAdd.setOnClickListener(this);
40         mBtnQuery.setOnClickListener(this);
41         mBtnUpdate.setOnClickListener(this);
42         mBtnDelete.setOnClickListener(this);
43     }
44     @Override
45     public void onClick(View v) {
46         String name;
47         String phone;
48         SQLiteDatabase db;
49         ContentValues values;
50         switch (v.getId()) {
51             case R.id.btn_add: //添加数据
52                 name = mEtName.getText().toString();
53                 phone = mEtPhone.getText().toString();
54                 db = myHelper.getWritableDatabase();//获取可读写SQLiteDatabase对象
55                 values = new ContentValues();  //创建ContentValues对象
56                 values.put("name", name);      //将数据添加到ContentValues对象
57                 values.put("phone", phone);
58                 db.insert("information", null, values);
59                 Toast.makeText(this, "信息已添加", Toast.LENGTH_SHORT).show();
60                 db.close();
61                 break;
62             case R.id.btn_query: //查询数据
63                 db = myHelper.getReadableDatabase();
64                 Cursor cursor = db.query("information", null, null, null, null,
65                                               null, null);
66                 if (cursor.getCount() == 0) {
67                     mTvShow.setText("");
68                     Toast.makeText(this, "没有数据", Toast.LENGTH_SHORT).show();
69                 } else {
70                     cursor.moveToFirst();
71                     mTvShow.setText("Name :  " + cursor.getString(1) +
72                                     "  ; Tel :  " + cursor.getString(2));
73                 }
74                 while (cursor.moveToNext()) {
75                     mTvShow.append("\n" + "Name :  " + cursor.getString(1) +
76                                     "  ; Tel :  " + cursor.getString(2));
77                 }
78                 cursor.close();
79                 db.close();
80                 break;
```

```
81            case R.id.btn_update: //修改数据
82                db = myHelper.getWritableDatabase();
83                values = new ContentValues();       // 要修改的数据
84                values.put("phone", phone = mEtPhone.getText().toString());
85                db.update("information", values, "name=?",
86                    new String[]{mEtName.getText().toString()}); // 更新并得到行数
87                Toast.makeText(this, "信息已修改", Toast.LENGTH_SHORT).show();
88                db.close();
89                break;
90            case R.id.btn_delete: //删除数据
91                db = myHelper.getWritableDatabase();
92                db.delete("information", null, null);
93                Toast.makeText(this, "信息已删除", Toast.LENGTH_SHORT).show();
94                mTvShow.setText("");
95                db.close();
96                break;
97        }
98    }
99    class MyHelper extends SQLiteOpenHelper {
100       public MyHelper(Context context) {
101           super(context, "itcast.db", null, 1);
102       }
103       @Override
104       public void onCreate(SQLiteDatabase db) {
105           db.execSQL("CREATE TABLE information(_id INTEGER PRIMARY
106                 KEY AUTOINCREMENT, name VARCHAR(20),  phone VARCHAR(20))");
107       }
108       @Override
109       public void onUpgrade(SQLiteDatabase db, int
110       oldVersion, int newVersion) {
111       }
112   }
113}
```

在上述代码中，首先创建了一个 SQLite 数据库，当单击“添加”按钮时，会将输入的联系人姓名和电话存入数据库中；当单击“查询”按钮时，会将数据库中的联系人信息展示到界面中，当单击“修改”按钮时，会根据姓名进行电话号码的修改；当单击“删除”按钮时，会将联系人信息清除。

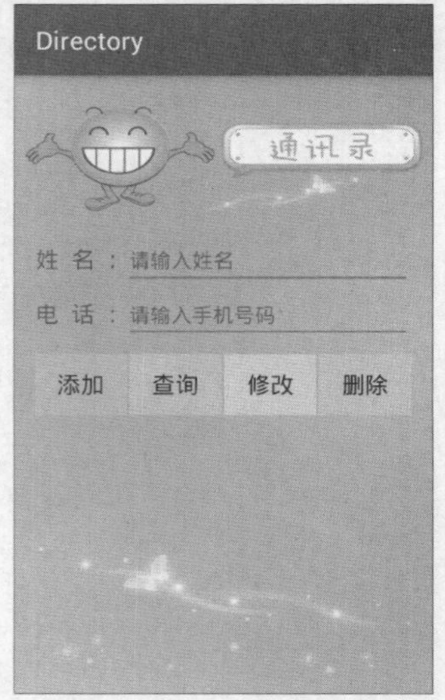

图5-5　主界面运行结果

3. 运行程序

运行程序，首先展示主界面，运行结果如图 5-5 所示。

在图 5-5 中，输入两条联系人信息，单击“添加”按钮，运行结果如图 5-6 所示。

在图 5-6 中，单击“查询”按钮，会发现添加的联系人信息在界面中显示，运行结果如图 5-7 所示。

在图 5-7 中，重新输入 Jack 的联系电话，单击“修改”按钮，再进行查询会发现联系人电话已经修改成功，运行结果如图 5-8 所示。

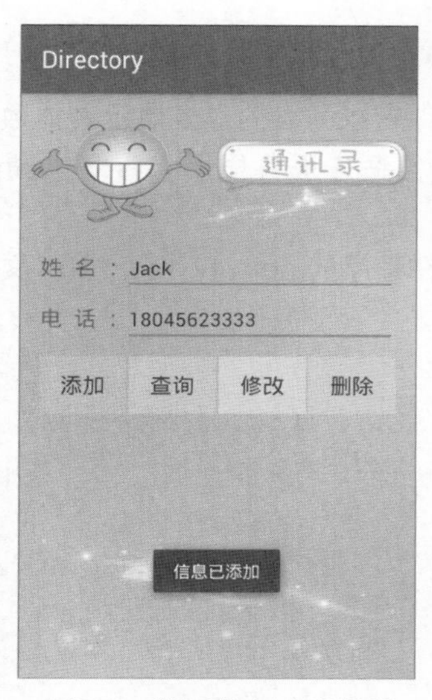

图5-6　添加联系人运行结果

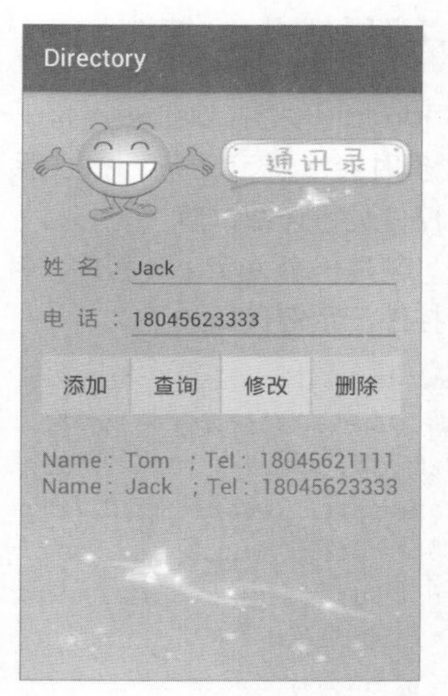

图5-7　查询联系人运行结果

在图 5-8 中，单击“删除”按钮，会将数据库中所有联系人信息删除，运行结果如图 5-9 所示。

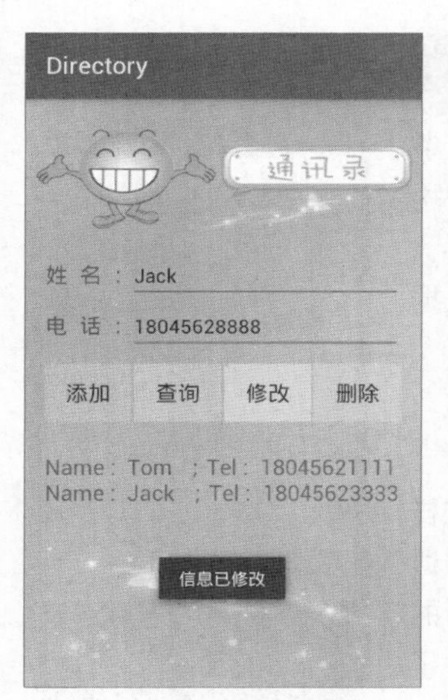

图5-8　修改联系人运行结果

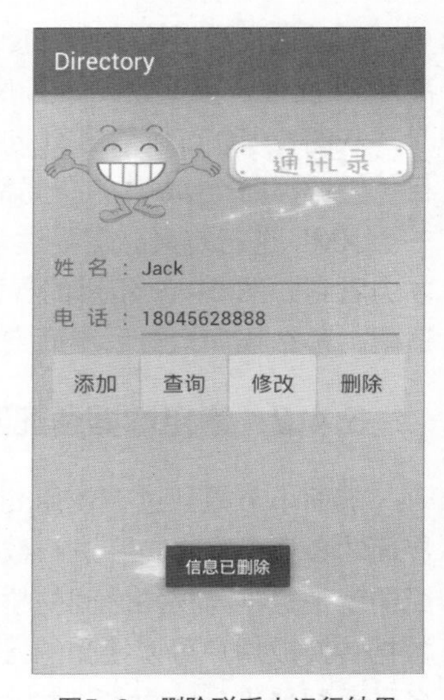

图5-9　删除联系人运行结果

5.4 数据展示控件

在日常生活中，大家经常会使用微信、淘宝等程序。这些程序通常会在一个页面展示多个条目，并且每个条目的布局风格都是一样的，这种数据展示方式是通过 ListView 控件实现的，该控件在实际开发中经常使用，本节将针对 ListView 控件展示数据进行详细讲解。

5.4.1 ListView 控件

在 Android 开发中 ListView 是一个比较常用的控件，它以列表的形式展示具体数据内容，当数据过多时会出现滚动条，并且能够根据数据的长度自适应屏幕显示。接下来通过代码对 ListView 控件进行详细讲解。

首先，创建一个 Android 程序，名为 ListView，然后在程序的 activity_main.xml 文件中添加 ListView 控件，示例代码如下。

```
<?xml version="1.0" encoding="utf-8"?>
<RelativeLayout xmlns:android="http://schemas.android.com/apk/res/android"
    xmlns:tools="http://schemas.android.com/tools"
    android:layout_width="match_parent"
    android:layout_height="match_parent"
    tools:context=".MainActivity">
    <ListView
        android:id="@+id/lv"
        android:layout_width="match_parent"
        android:layout_height="match_parent">
     </ListView>
</RelativeLayout>
```

从上述代码可以看出，ListView 控件和其他控件一样需要指定宽、高和 id 属性，预览效果如图 5-10 所示。

从图 5-10 可以看出，ListView 是一个列表视图，由很多 Item（条目）组成，每个 Item 的布局都是相同的，这个 Item 布局会单独使用一个 XML 进行定义。需要注意的是，ListView 指定了 id 属性之后，才会看到如图 5-10 所示的界面。同样，如果 ListView 没有进行数据适配，那么程序运行后界面空白，无数据显示。

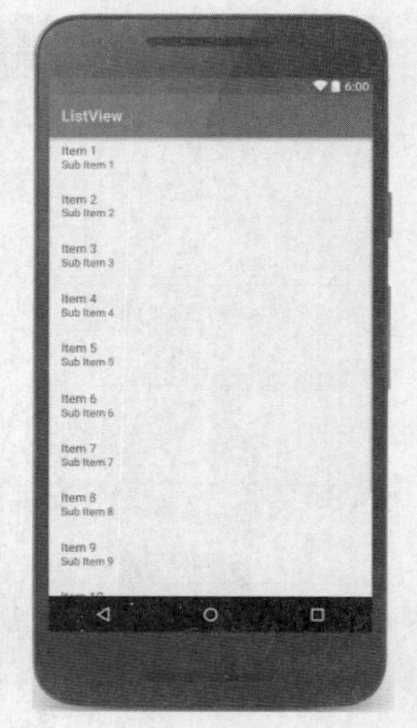

图5-10 ListView控件

5.4.2 常用数据适配器

前面小节提到过在使用 ListView 控件时需要进行数据适配，这样界面才会显示数据。在进行数据适配时会用到数据适配器，所谓的适配器就是数据与视图之间的桥梁，它就类似于一个转换器，将复杂的数据转换成用户可以接受的方式进行呈现。在 Android 系统中提供了多种适配器（Adapter）对 ListView 进行数据适配，接下来介绍几种常用的 Adapter。

1. BaseAdapter

BaseAdapter 顾名思义即基本的适配器。它实际上就是一个抽象类，通常在使用自定义适配器时需要继承 BaseAdapter，该类拥有 4 个抽象方法。在 Android 开发中，就是根据这几个抽象方法来对 ListView 进行数据适配的。BaseAdapter 的 4 个抽象方法的功能如表 5-1 所示。

表5-1　BaseAdapter的抽象方法

方法名称	功能描述
public int getCount()	得到Item条目的总数
public Object getItem(int position)	根据position（位置）得到某个Item的对象
public long getItemId(int position)	根据position（位置）得到某个Item的id
public View getView(int position, View convertView, ViewGroup parent)	得到相应position对应的Item视图，position是当前Item的位置，convertView用于复用旧视图，parent用于加载XML布局

2. SimpleAdapter

SimpleAdapter继承自BaseAdapter，实现了BaseAdapter的4个抽象方法并进行了封装。因此在使用SimpleAdapter进行数据适配时，只需要在构造方法里传入相应的参数即可，SimpleAdapter的构造方法如下所示。

```
public SimpleAdapter(Context context, List<? extends Map<String, ?>> data,
                    int resource, String[] from, int[] to);
```

上述构造方法有多个参数，下面针对这些参数进行介绍。

- Context context：Context上下文对象。
- List<? extends Map<String, ?>> data：数据集合，data中的每一项对应着ListView中的每一项的数据。
- int resource：Item布局的资源id。
- String[] from：Map集合里面的key值。
- int[] to：Item布局相应的控件id。

3. ArrayAdapter

ArrayAdapter也是BaseAdapter的子类，用法与SimpleAdapter类似，开发者只需要在构造方法里面传入相应参数即可。ArrayAdapter通常用于适配TextView控件，例如Android系统中的Setting（设置菜单）。ArrayAdapter有多个构造方法，示例代码如下。

```
public ArrayAdapter(Context context,int resource);
public ArrayAdapter(Context context,int resource, int textViewResourceId);
public ArrayAdapter(Context context,int resource,T[] objects);
public ArrayAdapter(Context context,int resource,int textViewResourceId,
T[] objects);
public ArrayAdapter(Context context,int resource,List<T> objects);
public ArrayAdapter(Context context,int resource,int textViewResourceId,
List<T> objects)
```

ArrayAdapter构造方法中同样有多个参数，下面针对这些参数进行介绍。

- Context context：Context上下文对象。
- int resource：Item布局的资源id。
- int textViewResourceId：Item布局中相应TextView的id。
- T[] objects：需要适配的数据数组，数组类型数据。
- List<T> objects：需要适配的数据数组，List类型数据。

5.4.3 实战演练——Android 应用市场

前面介绍了 ListView 和几种常见的数据适配器，接下来通过一个 Android 应用市场的案例，实现将一个字符数组与一组图片捆绑到 ListView 控件上显示的功能，具体步骤如下。

1. 创建程序

创建一个名为 AndroidApplicationMarket 的应用程序，指定包名为 cn.itcast.androidapplicationmarket，设计用户交互界面，预览效果如图 5-11 所示。

图 5-11 对应的布局代码如文件 5-3 所示。

文件 5-3　activity_main.xml

```
<?xml version="1.0" encoding="utf-8"?>
<RelativeLayout xmlns:android="http://schemas.android.com/apk/res/android"
    xmlns:tools="http://schemas.android.com/tools"
    android:layout_width="match_parent"
    android:layout_height="match_parent"
    tools:context=".MainActivity">
    <ListView
        android:id="@+id/lv"
        android:layout_width="match_parent"
        android:layout_height="match_parent"
        android:layout_margin="5dp"
        android:divider="#d9d9d9"
        android:dividerHeight="1dp">
    </ListView>
</RelativeLayout>
```

2. 创建 Item 的布局

创建好 ListView 布局之后，需要创建 ListView 对应的 Item（条目）布局，显示每个条目信息。由于 Android 应用市场项目在显示时，每个条目都有一个图片以及一个应用名称，因此在创建 Item 布局（list_item.xml）时，需要对应放置一个 ImageView 控件和一个 TextView 控件，预览效果如图 5-12 所示。

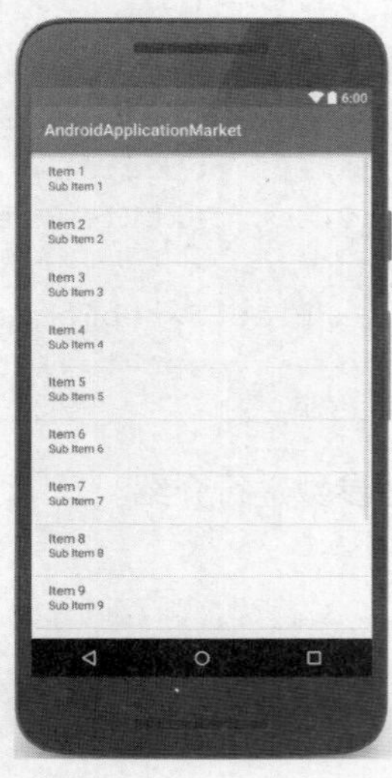

图5-11　ListView控件

图5-12　ListView的Item布局

图 5-12 对应的布局代码如文件 5-4 所示。

文件 5-4 list_item.xml

```
<?xml version="1.0" encoding="utf-8"?>
<LinearLayout xmlns:android="http://schemas.android.com/apk/res/android"
    android:layout_width="match_parent"
    android:layout_height="match_parent"
    android:gravity="center_vertical">
    <ImageView
        android:id="@+id/item_image"
        android:layout_width="48dp"
        android:layout_height="48dp"
        android:layout_margin="8dp"
        android:background="@drawable/wx" />
    <TextView
        android:id="@+id/item_tv"
        android:layout_width="wrap_content"
        android:layout_height="wrap_content"
        android:text="我是 ListView 的 Item 布局"
        android:textSize="18sp" />
</LinearLayout>
```

3. 编写界面交互代码

创建好了界面，接下来需要在 MainActivity 里面编写代码，用于实现在 ListView 中显示的应用图标以及应用名称。由于需要使用图片资源，因此需要在 drawable 目录下添加相应的图片资源，具体代码如文件 5-5 所示。

文件 5-5 MainActivity.java

```
1  package cn.itcast.androidapplicationmarket;
2  import android.support.v7.app.AppCompatActivity;
3  import android.os.Bundle;
4  import android.view.View;
5  import android.view.ViewGroup;
6  import android.widget.BaseAdapter;
7  import android.widget.ImageView;
8  import android.widget.ListView;
9  import android.widget.TextView;
10 public class MainActivity extends AppCompatActivity {
11     private ListView mListView;
12     //需要适配的数据
13     private String[] names = {"京东商城", "QQ", "QQ 斗地主", "新浪微博", "天猫",
14             "UC 浏览器", "微信"};
15     //图片集合
16     private int[] icons = {R.drawable.jd, R.drawable.qq, R.drawable.dz,
17             R.drawable.xl, R.drawable.tm, R.drawable.uc,R.drawable.wx};
18     @Override
19     protected void onCreate(Bundle savedInstanceState) {
20         super.onCreate(savedInstanceState);
21         setContentView(R.layout.activity_main);
22         //初始化 ListView 控件
23         mListView = (ListView) findViewById(R.id.lv);
```

```
24          //创建一个 Adapter 的实例
25          MyBaseAdapter mAdapter = new MyBaseAdapter();
26          //设置 Adapter
27          mListView.setAdapter(mAdapter);
28      }
29      class MyBaseAdapter extends BaseAdapter {
30          //得到 item 的总数
31          @Override
32          public int getCount() {
33              //返回 ListView Item 条目的总数
34              return names.length;
35          }
36          //得到 Item 代表的对象
37          @Override
38          public Object getItem(int position) {
39              //返回 ListView Item 条目代表的对象
40              return names[position];
41          }
42          //得到 Item 的 id
43          @Override
44          public long getItemId(int position) {
45              //返回 ListView Item 的 id
46              return position;
47          }
48          //得到 Item 的 View 视图
49          @Override
50          public View getView(int position, View convertView, ViewGroup parent) {
51              //将 list_item.xml 文件找出来并转换成 View 对象
52              View view = View.inflate(MainActivity.this,
53                      R.layout.list_item, null);
54              TextView mTextView = (TextView) view.findViewById(R.id.item_tv);
55              mTextView.setText(names[position]);
56              ImageView imageView = (ImageView) view.
57              findViewById(R.id.item_image);
58              imageView.setBackgroundResource(icons
59              [position]);
60              return view;
61          }
62      }
63  }
```

在上述代码中，自定义 MyBaseAdapter 类用于数据适配。MyBaseAdapter 类继承 BaseAdapter 并实现了 getCount()、getItem()、getItemId()、getView()这 4 个抽象方法。在 getView()方法中调用了 View.inflate()方法用于加载 ListView 的 Item 布局，在布局加载完成之后对 Item 中的相应控件进行具体操作。

4．运行程序

运行程序，在 ListView 中展示了应用 Logo 以及应用名称，运行结果如图 5-13 所示。

图5-13　运行结果

从图5-13可以看出，ListView控件将应用市场的信息以条目的形式展示到了界面中，使用ListView 控件展示出来的数据看起来更加美观，结构更加清晰，因此在程序开发中经常会使用ListView控件展示数据，所以初学者一定要熟练掌握。

5.4.4 ListView的优化

通过Android应用市场的案例可以看出，在使用ListView展示数据时需要创建对应的Item条目展示每条数据。如果展示的数据有成千上万条，那么就需要创建成千上万个 Item，这样会大大增加内存的消耗，甚至会由于内存溢出导致程序崩溃。为了防止这种情况的出现，就需要对ListView进行优化。ListView优化有两种方式，一种是复用convertView，一种是使用ViewHolder类，接下来针对这两种方式进行详细讲解。

1. 复用convertView

在 ListView 第一次展示时，系统会根据屏幕的高度和 Item 的高度创建一定数量的convertView。当滑动ListView时，顶部的Item会滑出屏幕，同时释放它所使用的convertView，底部新的数据会进入屏幕进行展示，这时新的数据会使用顶部滑出Item的convertView，从而使整个ListView展示数据的过程使用固定数量的convertView，避免了每次创建新的Item而消耗大量内存。

2. 使用ViewHolder类

在加载Item布局时，会使用findViewById()方法找到Item布局中的各个控件，在每一次加载新的Item数据时都会进行控件寻找，这样也会产生耗时操作。为了进一步优化ListView减少耗时操作，可以将要加载的子View放在ViewHolder类中，当第一次创建convertView时将这些控件找出，在第二次重用convertView时就可直接通过convertView中的getTag()方法获得这些控件。

接下来使用上述两种优化方式对上一小节代码进行优化，示例代码如下。

```
public View getView(int position, View convertView, ViewGroup parent) {
    ViewHolder holder;
    if (convertView == null) {
        convertView = LayoutInflater.from(
            getApplicationContext()).inflate(R.layout.list_item,parent,false);
        holder = new ViewHolder();
        holder.mTextView = (TextView)convertView.findViewById(R.id. item_tv);
        holder.imageView=(ImageView) convertView.findViewById(R.id.item_image);
        convertView.setTag(holder);
    } else {
        holder = (ViewHolder) convertView.getTag();
    }
    holder.mTextView.setText(names[position]);
    holder.imageView.setBackgroundResource(icons[position]);
    return convertView;
}
class ViewHolder {
    TextView mTextView;
    ImageView imageView;
}
```

需要注意的是，LayoutInflater.from()方法需要传入一个 Context 对象作为参数，在 Adapter 中获取 Context 对象需要使用 getApplicationContext()方法。

5.5 本章小结

本章讲解了 SQLite 数据库和 ListView 控件的相关知识，首先简单地介绍了 SQLite 数据库，然后讲解了如何使用 SQLite 数据库以及 ListView。SQLite 数据库和 ListView 这两个知识非常重要，在实际开发中可以实现很多功能，例如电子商城中的购物车、网易新闻客户端等。因此，要求初学者必须掌握本章知识。

【思考题】

1. Android 中的 SQLite 数据库具有哪些特点?
2. ListView 控件在实际生活中有哪些应用场景?

Chapter 6

Android

第 6 章 BroadcastReceiver（广播接收者）

学习目标

- 掌握广播接收者的创建，以及如何自定义广播；
- 掌握有序广播和无序广播的使用，能够对有序广播进行拦截。

在 Android 系统中，广播是一种运用在应用程序之间传递消息的机制，例如电池电量低时会发送一条提示广播。要过滤并接收广播中的消息就需要使用 BroadcastReceiver（广播接收者），广播接收者是 Android 四大组件之一，通过广播接收者可以监听系统中的广播消息，并实现在不同组件之间的通信。本章将针对广播接收者进行详细讲解。

6.1 广播接收者简介

在现实生活中，大多数人都会收听广播，例如出租车司机会收听实时路况广播，来关注路面拥堵情况。同样在 Android 系统中也内置了很多广播，例如手机开机完成后会发送一条广播，电池电量不足时也会发送一条广播等。

为了监听这些广播事件，Android 系统提供了一个 BroadcastReceiver 组件，该组件可以监听来自系统或者应用程序的广播。接下来通过一个图例来展示广播的发送与接收过程，如图 6-1 所示。

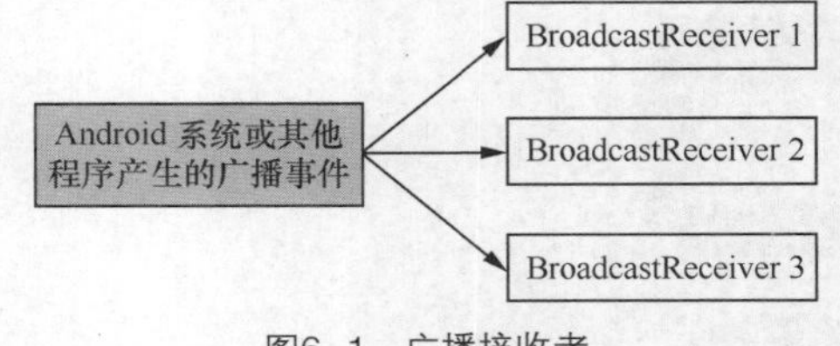

图6-1 广播接收者

在图 6-1 中，当 Android 系统产生一个广播事件时，可以有多个对应的 BroadcastReceiver 接收并进行处理，这些广播接收者只需要在清单文件或者代码中进行注册并指定要接收的广播事件，然后创建一个类继承自 BroadcastReceiver 类，重写 onReceive()方法，在方法中处理广播事件即可。

6.2 广播接收者入门

6.2.1 广播接收者的创建

若想接收程序或系统发出的广播，首先需要创建广播接收者。广播接收者的创建过程与 Activity 类似，在程序包名处单击右键，选择【New】→【Other】→【Broadcast Receiver】选项，在弹出的对话框中输入广播接收者的名称，如图 6-2 所示。

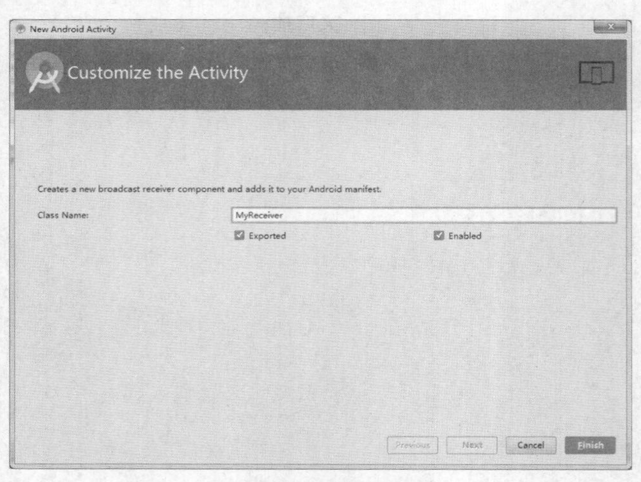

图6-2 创建广播接收者

在图 6-2 的 Class Name 输入框中输入广播接收者名称，下方 Exported 复选框用于选择是否接收当前程序之外的广播，Enabled 复选框用于选择广播接收者是否可以由系统实例化，两个选项默认勾选即可，选项内容会在清单文件中显示。然后单击【Finish】按钮，广播接收者便创建完成，此时打开 MyReceiver.java，具体代码如文件 6-1 所示。

文件 6-1 MyReceiver.java

```
1  package cn.itcast.broadcastreceiver;
2  import android.content.BroadcastReceiver;
3  import android.content.Context;
4  import android.content.Intent;
5  public class MyReceiver extends BroadcastReceiver {
6      public MyReceiver() {
7      }
8      @Override
9      public void onReceive(Context context, Intent intent) {
10         // TODO: This method is called when the BroadcastReceiver is receiving
11         // an Intent broadcast.
12         throw new UnsupportedOperationException("Not yet implemented");
13     }
14 }
```

在上述代码中，创建的 MyReceiver 继承自 BroadcastReceiver，默认包含一个构造方法和一个 onReceive()方法。其中 onReceive()方法用于实现广播接收者的相关操作，由于该方法尚未实现，因此会抛出异常，在实现该方法时删除异常即可。

广播接收者创建完成后，Android Studio 工具会自动在清单文件中注册广播接收者。注册代码只需了解即可，不需要手动添加，具体代码如文件 6-2 所示。

文件 6-2 AndroidManifest.xml

```
<?xml version="1.0" encoding="utf-8"?>
<manifest xmlns:android="http://schemas.android.com/apk/res/android"
    package="cn.itcast.broadcastreceiver" >
    <application ……… >
        ………
        <receiver
            android:name=".MyReceiver"
            android:enabled="true"
            android:exported="true" >
        </receiver>
    </application>
</manifest>
```

上述广播接收者的注册方式是静态注册，这种静态注册的特点是无论应用程序是否处于运行状态，广播接收者都会对程序进行监听。

多学一招：广播接收者的动态注册

广播接收者共有两种注册方式，一种是静态注册，一种是动态注册。静态注册是创建一个广播接收者，并在清单文件中完成注册。动态注册是创建一个广播接收者，并在 Activity 中通过代码进行注册。动态注册的广播接收者的生命周期依赖于注册广播的组件，例如在 Activity 中注册了广播接收者，当 Activity 销毁时，广播接收者也随之被移除。接下来通过一段代码来演示广播接收者的动态注册，示例代码如下。

```
@Override
protected void onCreate(Bundle savedInstanceState) {
    super.onCreate(savedInstanceState);
    //实例化广播接收者
    MyReceiver receiver = new MyReceiver();
    //实例化过滤器并设置要过滤的广播
    String action = "android.provider.Telephony.SMS_RECEIVED";
    IntentFilter intentFilter = new IntentFilter(action);
    //注册广播
    registerReceiver(receiver,intentfilter);
}
@Override
protected void onDestroy() {
    super.onDestroy();
    //当 Activity 销毁时取消注册 BroadcastReceiver
    unregisterReceiver(receiver);
}
```

在上述代码中，首先创建广播接收者实例，然后实例化过滤器，设置要过滤的广播类型。并通过 registerReceiver()方法进行注册，其中参数 intentfilter 是接收监听的广播事件。最后在 onDestroy()方法中，通过 unregisterReceiver()方法将其销毁。

6.2.2 实战演练——拦截史迪仔电话

前面小节中，介绍了什么是广播接收者以及广播接收者的创建。为了让初学者更好地理解广播接收者的工作原理，接下来通过一个拦截外拨电话的案例来演示广播接收者的使用，具体步骤如下。

1. 创建程序

创建一个名为 InterceptCall 的应用程序，指定包名为 cn.itcast.interceptcall，设计用户交互界面，预览效果如图 6-3 所示。

图6-3 输入拦截号码界面

图 6-3 对应的布局代码如文件 6-3 所示。

文件 6-3 activity_main.xml

```
<?xml version="1.0" encoding="utf-8"?>
<RelativeLayout xmlns:android="http://schemas.android.com/apk/res/android"
    xmlns:tools="http://schemas.android.com/tools"
    android:layout_width="match_parent"
    android:layout_height="match_parent"
    android:background="@drawable/sdz"
    android:padding="15dp"
    tools:context=".MainActivity">
    <EditText
        android:id="@+id/et_ipnumber"
```

```
        android:layout_width="match_parent"
        android:layout_height="wrap_content"
        android:hint="请输入拦截号码"/>
    <Button
        android:layout_width="wrap_content"
        android:layout_height="wrap_content"
        android:layout_below="@+id/et_ipnumber"
        android:layout_centerHorizontal="true"
        android:background="#ACD6FF"
        android:onClick="click"
        android:paddingLeft="5dp"
        android:paddingRight="5dp"
        android:text="保存拦截号码"
        android:textSize="16sp"/>
</RelativeLayout>
```

上述代码中，定义了一个相对布局，在该布局中放置两个控件，分别是 EditText 和 Button，用于输入和保存拦截号码，同时在 Button 标签中添加 onClick 属性为按钮添加单击事件。

2. 编写界面交互代码

在 MainActivity 中编写界面交互的代码，将要拦截的号码保存到 SharedPreferences 对象中，具体代码如文件 6-4 所示。

文件 6-4 MainActivity.java

```
1  package cn.itcast.interceptcall;
2  import android.content.SharedPreferences;
3  import android.os.Bundle;
4  import android.support.v7.app.AppCompatActivity;
5  import android.view.View;
6  import android.widget.EditText;
7  import android.widget.Toast;
8  public class MainActivity extends AppCompatActivity {
9      private EditText et_ipnumber;
10     private SharedPreferences sp;
11     @Override
12     protected void onCreate(Bundle savedInstanceState) {
13         super.onCreate(savedInstanceState);
14         setContentView(R.layout.activity_main);
15         et_ipnumber = (EditText) findViewById(R.id.et_ipnumber);
16         // 创建 SharedPreferences 对象
17         sp = getSharedPreferences("config", MODE_PRIVATE);
18     }
19     public void click(View view) {
20         // 获取用户输入的拦截号码
21         String number = et_ipnumber.getText().toString().trim();
22         //创建 Editor 对象,保存用户输入的拦截号码
23         SharedPreferences.Editor editor = sp.edit();
24         editor.putString("number", number);
25         editor.commit();
26         Toast.makeText(this, "保存成功", Toast.LENGTH_SHORT).show();
```

```
27     }
28 }
```

在上述代码中，分别初始化了 EditText 对象和 SharedPreferences 对象，然后创建 click()方法实现单击事件，当用户单击“保存拦截号码”按钮时，就会将用户输入的拦截号码保存到 SharedPreferences 对象中。

3. 监听广播事件

编写完界面交互代码之后，接下来创建一个广播接收者 OutCallReceiver，用于接收外拨电话的广播，具体代码如文件 6-5 所示。

文件 6-5　OutCallReceiver.java

```
1  package cn.itcast.interceptcall;
2  import android.content.BroadcastReceiver;
3  import android.content.Context;
4  import android.content.Intent;
5  import android.content.SharedPreferences;
6  public class OutCallReceiver extends BroadcastReceiver {
7      @Override
8      public void onReceive(Context context, Intent intent) {
9          //获取拨打的电话号码
10         String outcallnumber = getResultData();
11         //创建 SharedPreferences 对象,获取拦截号码
12         SharedPreferences sp =
13                 context.getSharedPreferences("config",Context.MODE_PRIVATE);
14         String number =sp.getString("number","");
15         //判断是否是拦截电话号码
16         if(outcallnumber.equals(number)){
17             //清除电话
18             setResultData(null);
19         }
20     }
21 }
```

在上述代码中，第 10 行 getResultData()方法可以获得外拨的电话号码，第 12～14 行可以获得保存在 SharedPreferences 中的拦截号码。然后判断用户外拨号码与拦截号码是否一致，如果一致，则调用第 18 行 setResultData()方法，该方法参数为 null 时，系统便会关闭电话功能；如果不一致，则电话正常拨出。

当输入完电话号码拨打电话时，Android 系统会发送一个广播(android.intent.action.NEW_OUTGOING_CALL)给电话拨号器的广播接收者，因此，想要拦截生效，就需要在 AndroidManifest.xml 文件中注册广播接收者，来拦截外拨电话的广播，由于外拨电话涉及权限问题，所以还需要在清单文件中添加相应的权限，具体代码如文件 6-6 所示。

文件 6-6　AndroidManifest.xml

```
<application ……>
<!--注册广播接收者-->
    <receiver android:name=".OutCallReceiver">
        <intent-filter>
            <action android:name="android.intent.action.NEW_OUTGOING_CALL"/>
```

```
            </intent-filter>
        </receiver>
    </application>
    <!--设置权限-->
    <uses-permission android:name="android.permission.PROCESS_OUTGOING_CALLS"/>
```

在上述代码中，注册了 OutCallReceiver 广播接收者，通过拦截系统外拨打电话的广播（“android.intent.action.NEW_OUTGOING_CALL”），这样当手机向外拨打电话时，OutCallReceiver 就能在系统电话拨号器的广播接收者接收到电话号码之前将其清空。至此，电话拦截的程序就完成了，下面就可以对电话拦截程序进行测试。

4. 运行程序

首先将拦截号码设置为 15888888888，然后单击“保存拦截号码”按钮，此时会弹出 Toast 显示设置成功，运行结果如图 6-4 所示。

图6-4 运行结果

5. 测试拦截

在模拟器中输入号码 15888888888，然后单击“拨号”按钮拨打电话，此时会关闭拨号界面返回主界面，运行结果如图 6-5 所示。

图6-5 电话拦截测试

从图 6-5 可以看出，当拨出号码为 15888888888 时，拨号界面自动关闭并返回主界面中，说明本程序的广播接收者已经接收到了外拨电话的广播，并对其进行了拦截操作。

6.3 自定义广播

在上面的小节中，通过电话拦截的案例说明了什么是广播接收者，以及如何接收系统的广播。在实际开发中，有时为了满足一些特殊的需求还需要自定义广播，本小节将讲解如何自定义广播。

6.3.1 自定义广播的发送与接收

Android 系统中自定义了很多广播类型，只需要创建对应的广播接收者接收即可。当系统提供的广播不能满足实际需求时，可以自定义广播，同时需要编写对应的广播接收者。接下来通过一个图例的方式来演示自定义广播的发送与接收过程，如图 6-6 所示。

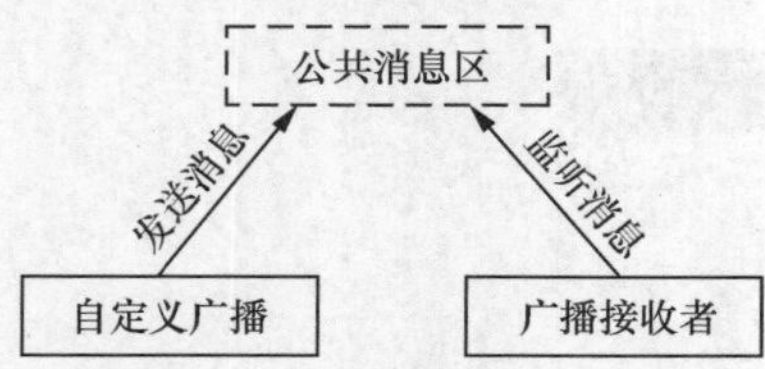

图6-6 自定义广播的发送与接收

从图 6-6 可以看出，当自定义广播发送消息时，会储存到公共消息区中，而公共消息区中如果存在对应的广播接收者，就会及时地接收这条信息。因此，利用广播的这种机制可以处理程序中的特殊功能。

6.3.2 实战演练——拯救史迪仔

上面小节中，讲解了自定义广播的发送与接收的原理，为了让初学者更好地掌握，接下来通过一个案例来演示自定义广播的发送与接收过程，具体步骤如下。

1. 创建程序

创建一个名为 ForHelp 的应用程序，指定包名为 cn.itcast.forhelp，设计用户交互界面，预览效果如图 6-7 所示。

图6-7 发送求救广播界面

图 6-7 对应的布局代码如文件 6-7 所示。

文件 6-7 activity_main.xml

```
<?xml version="1.0" encoding="utf-8"?>
<RelativeLayout
    xmlns:android="http://schemas.android.com/apk/res/
    android"
    xmlns:tools="http://schemas.android.com/tools"
    android:layout_width="match_parent"
    android:layout_height="match_parent"
    android:background="@drawable/stitch"
    tools:context=".MainActivity">
    <Button
        android:layout_width="wrap_content"
        android:layout_height="wrap_content"
        android:layout_centerHorizontal="true"
        android:onClick="send"
        android:layout_marginTop="50dp"
```

```
        android:text="发送求救广播"
        android:paddingLeft="5dp"
        android:paddingRight="5dp"
        android:background="#FFD2D2"
        android:textSize="20sp"/>
</RelativeLayout>
```

在上述代码中，定义了一个 Button 按钮，并注册了单击事件“send”，单击按钮就会发送一条广播消息。

2. 编写界面交互代码

接下来编写 MainActivity 类，实现按钮的单击事件，并在该事件中完成广播的发送，具体代码如文件 6-8 所示。

文件 6-8　MainActivity.java

```
1  package cn.itcast.forhelp;
2  import android.content.Intent;
3  import android.os.Bundle;
4  import android.support.v7.app.AppCompatActivity;
5  import android.view.View;
6  public class MainActivity extends AppCompatActivity {
7      @Override
8      protected void onCreate(Bundle savedInstanceState) {
9          super.onCreate(savedInstanceState);
10         setContentView(R.layout.activity_main);
11     }
12     public void send(View view){
13         Intent intent = new Intent();
14         // 定义广播的事件类型
15         intent.setAction("Help_Stitch");
16         // 发送广播
17         sendBroadcast(intent);
18     }
19 }
```

在上述代码中，通过 send()方法完成广播发送。首先创建一个 Intent 对象，通过 setAction()方法定义广播的类型（类型名称是自定义的，该名称必须与清单文件中注册自定义广播接收者的类型名称一致），最后通过 sendBroadcast()方法将广播发送出去。

3. 添加广播接收者

接下来创建一个广播接收者 MyBroadcastReceiver，用于接收自定义广播事件，具体代码如文件 6-9 所示。

文件 6-9　MyBroadcastReceiver.java

```
1  package cn.itcast.forhelp;
2  import android.content.BroadcastReceiver;
3  import android.content.Context;
4  import android.content.Intent;
5  import android.util.Log;
```

```
6  public class MyBroadcastReceiver extends BroadcastReceiver {
7      @Override
8      public void onReceive(Context context, Intent intent) {
9          Log.i("MyBroadcastReceiver", "自定义的广播接收者,接收到了求救广播事件");
10         Log.i("MyBroadcastReceiver",intent.getAction());
11     }
12 }
```

在上述代码中，onReceive()方法中定义了两个 Log，当 MyBroadcastReceiver 接收到广播时就会在 LogCat 中输出这些信息。接下来需要在清单文件中设置自定义广播接收者的事件类型，具体代码如文件 6-10 所示。

文件 6-10　AndroidManifest.xml

```
<receiver android:name=".MyBroadcastReceiver">
    <intent-filter>
        <action android:name="Help_Stitch"/>
    </intent-filter>
</receiver>
```

4. 运行程序

运行程序，单击"发送求救广播"按钮，发送一个自定义广播，此时观察 LogCat 窗口中打印的提示信息，运行结果如图 6-8 所示。

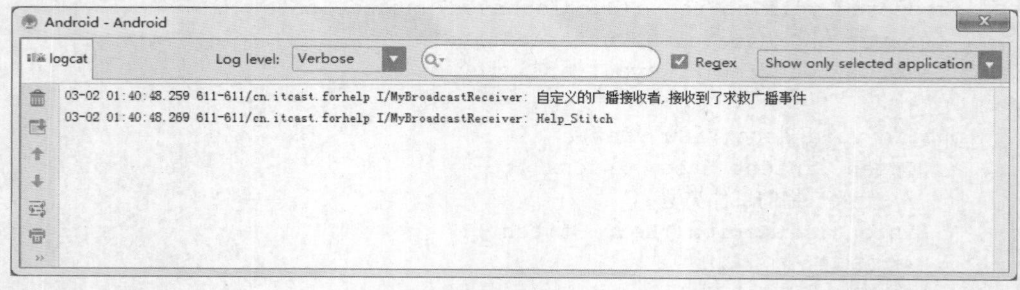

图6-8　接收到了自定义的广播

从图 6-8 可以看出，自定义的广播接收者 MyBroadcastReceiver 成功地接收了发送的广播消息，并在 LogCat 中输出了对应的广播事件。需要注意的是，自定义广播的类型与广播接收者在清单文件中配置的类型要一致，否则无法接收到广播。

6.4 广播的类型

6.4.1 有序广播和无序广播

Android 系统提供了有序广播和无序广播两种广播类型。开发者可根据需求为程序设置不同的广播类型，接下来将针对这两种类型分别进行讲解。

1. 无序广播

无序广播是完全异步执行的，发送广播时，所有监听这个广播的广播接收者都会接收到此广播消息，但接收和执行的顺序不确定。无序广播的效率比较高，但无法被拦截，其工作流程如图6-9所示。

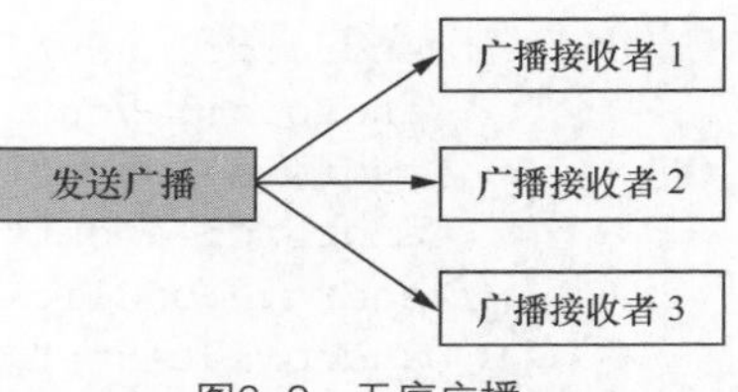

图6-9　无序广播

从图 6-9 可以看出，当发送一条广播时，所有的广播接收者都会接收。

2. 有序广播

有序广播是按照接收者声明的优先级别被依次接收，发送广播时，只会有一个广播接收者能够接收此消息，当在此广播接收者中逻辑执行完毕之后，广播才会继续传递。相比无序广播，有序广播的效率较低，但此类型是有先后顺序的，并可被拦截，其工作流程如图6-10所示。

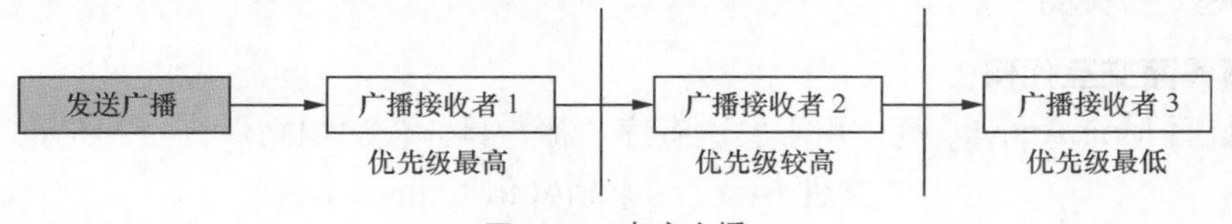

图6-10　有序广播

从图6-10可以看出，当有序广播发送消息时，优先级最高的广播接收者最先接收，优先级最低的最后接收。如果优先级最高的广播接收者将广播终止，那么广播将不再传递。

多学一招：广播接收者优先级

在清单文件注册广播接收者时，可在<intent-filter>标签中使用 priority 属性设置优先级别，例如<intent-filter android:priority="100">，属性值越大优先级越高。

如果两个广播接收者的优先级相同，则先注册的广播接收者优先级高。两个程序监听了同一个广播事件，同时都设置了优先级属性，则先安装的程序优先接收。

6.4.2　实战演练——拦截史迪仔广播

在前面小节中，通过对比两种广播的工作流程，让初学者了解有序广播和无序广播的不同。之前小节案例都是通过无序广播讲解的，接下来创建一个拦截有序广播的案例，便于更深刻地认识有序广播，具体步骤如下。

1. 创建程序

创建一个名为 OrderedBroadcast 的应用程序，指定包名为 cn.itcast.orderedbroadcast，设计用户交互界面，预览效果如图6-11所示。

图6-11　发送有序广播界面

图6-11对应的布局代码如文件6-11所示。

文件6-11　activity_main.xml

```
<?xml version="1.0" encoding="utf-8"?>
<RelativeLayout
    xmlns:android="http://schemas.android.com/apk/res/
    android"
    xmlns:tools="http://schemas.android.com/tools"
    android:layout_width="match_parent"
    android:layout_height="match_parent"
    android:background="@drawable/stitch_one"
    tools:context=".MainActivity">
    <Button
```

```
        android:layout_width="wrap_content"
        android:layout_height="wrap_content"
        android:layout_centerHorizontal="true"
        android:layout_marginTop="80dp"
        android:onClick="send"
        android:text="发送有序广播"
        android:paddingLeft="5dp"
        android:paddingRight="5dp"
        android:background="#FBFBFF"
        android:textSize="20sp"/>
</RelativeLayout>
```

2. 编写界面交互代码

接下来编写 MainActivity 类，用于发送有序广播，具体代码如文件 6-12 所示。

文件 6-12 MainActivity.java

```
1  package cn.itcast.orderedbroadcast;
2  import android.content.Intent;
3  import android.os.Bundle;
4  import android.support.v7.app.AppCompatActivity;
5  import android.view.View;
6  public class MainActivity extends AppCompatActivity {
7      @Override
8      protected void onCreate(Bundle savedInstanceState) {
9          super.onCreate(savedInstanceState);
10         setContentView(R.layout.activity_main);
11     }
12     public void send(View view){
13         Intent intent = new Intent();
14         // 定义广播的事件类型
15         intent.setAction("Intercept_Stitch");
16         // 发送广播
17         sendOrderedBroadcast(intent,null);
18     }
19 }
```

在上述代码中，通过 sendOrderedBroadcast()方法发送一条有序广播，此方法中接收 2 个参数，第 1 个参数是意图对象，设置发送的广播事件“Intercept_Stitch”。第 2 个参数指定接收者的权限，此案例不关心权限问题，填写为“null”即可。

3. 添加广播接收者

接下来需要创建 3 个广播接收者类，分别以 MyBroadcastReceiverOne、MyBroadcast ReceiverTwo、MyBroadcastReceiverThree 命名。然后在不同的广播接收者中，打印不同的 LogCat 信息。MyBroadcastReceiverOne 的具体代码如文件 6-13 所示。

文件 6-13 MyBroadcastReceiverOne.java

```
1  package cn.itcast.orderedbroadcast;
2  import android.content.BroadcastReceiver;
3  import android.content.Context;
4  import android.content.Intent;
```

```
5  import android.util.Log;
6  public class MyBroadcastReceiverOne extends BroadcastReceiver {
7      @Override
8      public void onReceive(Context context, Intent intent) {
9          Log.i("MyBroadcastReceiverOne", "自定义的广播接收者One,接收到了广播事件");
10     }
11 }
```

其他两个广播接收者按照 MyBroadcastReceiverOne 代码编写，修改广播接收者编号以及 Log 信息即可。创建完成之后，需要在清单文件中分别设置广播接收者的事件类型及不同的优先级，具体代码如文件 6-14 所示。

文件 6-14　AndroidManifest.xml

```
<receiver android:name=".MyBroadcastReceiverOne">
    <intent-filter android:priority="1000">
        <action android:name="Intercept_Stitch"/>
    </intent-filter>
</receiver>
<receiver android:name=".MyBroadcastReceiverTwo">
    <intent-filter android:priority="200">
        <action android:name="Intercept_Stitch"/>
    </intent-filter>
</receiver>
<receiver android:name=".MyBroadcastReceiverThree">
    <intent-filter android:priority="600">
        <action android:name="Intercept_Stitch"/>
    </intent-filter>
</receiver>
```

在上述代码中，通过 android:priority 属性指定接收广播事件的优先级别，参数最高的广播接收者最先接收。

4. 运行程序

程序启动后，单击“发送有序广播”按钮，发送一条广播事件，此时观察 LogCat 窗口中的提示信息，运行结果如图 6-12 所示。

从图 6-12 可以看出，优先级最高的广播 MyBroadcastReceiverOne 最先接收到广播事件，其次是 MyBroadcastReceiverThree，最后是 MyBroadcastReceiverTwo，说明广播接收者的优先级决定了广播接收的先后顺序。

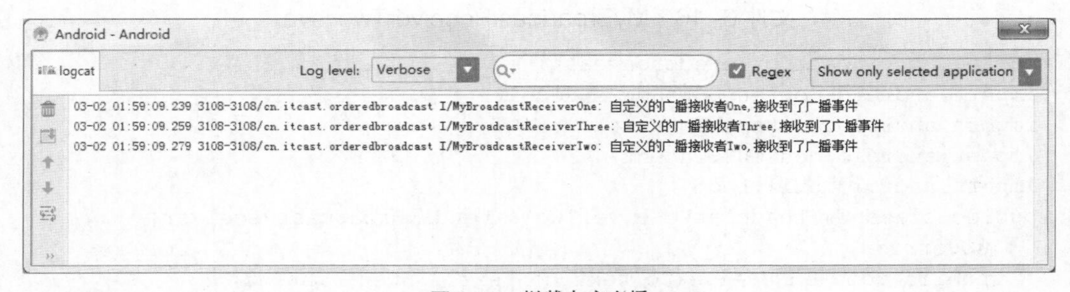

图6-12　拦截有序广播

若将广播接收者 MyBroadcastReceiverTwo 优先级同样设置为 1000，并将 MyBroadcastReceiverTwo 注册在 MyBroadcastReceiverOne 前面，具体代码如文件 6-15 所示。

文件 6-15 AndroidManifest.xml

```
<receiver android:name=".MyBroadcastReceiverTwo">
    <intent-filter android:priority="1000">
        <action android:name="Intercept_Stitch"/>
    </intent-filter>
</receiver>
<receiver android:name=".MyBroadcastReceiverOne">
   <intent-filter android:priority="1000">
        <action android:name="Intercept_Stitch"/>
    </intent-filter>
</receiver>
<receiver android:name=".MyBroadcastReceiverThree">
    <intent-filter android:priority="600">
        <action android:name="Intercept_Stitch"/>
    </intent-filter>
</receiver>
```

此时再来运行程序，运行结果如图 6-13 所示。

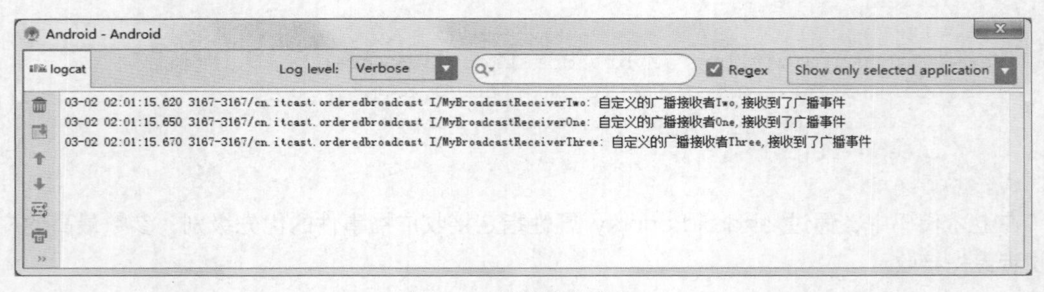

图6-13 拦截有序广播

从图 6-13 可以看出，MyBroadcastReceiverTwo 最先接收到了广播事件，其次是 MyBroadcastReceiverOne，这说明当两个广播接收者优先级相同时，先注册的广播接收者会先接收到。

前面的讲解已经提到，优先级高的广播接收者可以拦截接收到的广播，接下来修改一段代码来验证这种情况。由于 MyBroadcastReceiverTwo 的优先级是最高的，所以可在此类中添加 abortBroadcast()方法拦截广播，具体代码如文件 6-16 所示。

文件 6-16 MyBroadcastReceiverTwo.java

```
1  package cn.itcast.orderedbroadcast;
2  import android.content.BroadcastReceiver;
3  import android.content.Context;
4  import android.content.Intent;
5  import android.util.Log;
6  public class MyBroadcastReceiverTwo extends BroadcastReceiver{
7      @Override
8      public void onReceive(Context context, Intent intent) {
9          Log.i("MyBroadcastReceiverTwo", "自定义的广播接收者 Two,接收到了广播事件");
```

```
10          abortBroadcast(); //拦截有序广播
11          Log.i("MyBroadcastReceiverTwo","我是广播接收者 Two，广播被我终结了");
12      }
13 }
```

在上述代码中，通过 abortBroadcast()方法成功拦截了广播，当程序执行完此代码，广播事件将会被终止，不会向下传递。再次运行程序，观察 LogCat 窗口打印的提示信息，运行结果如图 6-14 所示。

图6-14　广播被终结

从图 6-14 可以看出，只有 MyBroadcastReceiverTwo 接收到了自定义的广播事件，其他的广播接收者都没有接收到，因此说明广播被 MyBroadcastReceiverTwo 拦截了。

多学一招：指定广播接收者

在实际开发中，可能会遇到以下情况：当发送一条有序广播时，有多个接收者接收这条广播，但需要保证一个广播接收者必须接收到此广播，无论此广播接收者的优先级高或低。要满足这种需求，可以在 Activity 类中使用 sendOrderedBroadcast()方法发送有序广播，示例代码如下。

```
Intent intent = new Intent();
// 定义广播的事件类型
intent.setAction("Intercept_Stitch");
// 发送有序广播
MyBroadcastReceiverThree receiver = new MyBroadcastReceiverThree();
sendOrderedBroadcast(intent,null,receiver, null, 0, null, null);
```

在上述代码中，首先定义了指定接收广播的广播接收者实例，然后用 sendOrderedBroadcast()重载的方法，这个方法有多个参数，只需关注其中两个就可以了，第一个参数接收一个 intent 对象，第三个参数是指定的广播接收者。接下来通过这个方法发送有序广播，运行结果如图 6-15 所示。

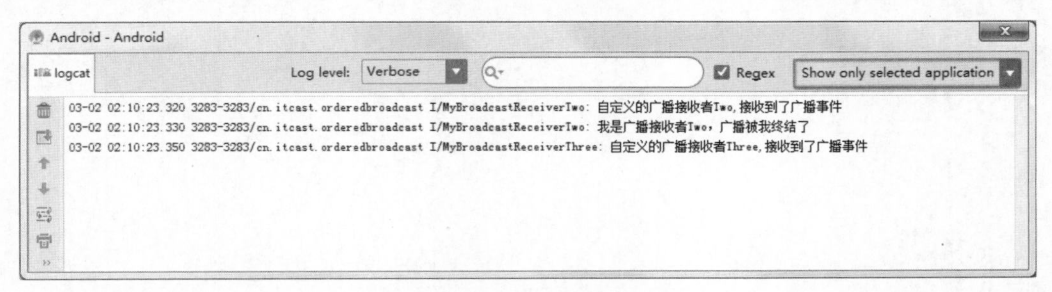

图6-15　指定广播接收者

从图 6-15 可以看出，虽然广播接收者 MyBroadcastReceiverTwo 强行停止了广播，但是 MyBroadcastReceiverThree 还是接收到了广播事件，这就是指定广播接收者的用法。

6.5 本章小结

本章详细讲解了广播接收者的相关知识，首先介绍了什么是广播接收者，然后讲解了如何自定义广播以及广播的类型。通过本章的学习，要求初学者能够熟练掌握广播接收者的使用，并在实际开发中进行应用。

【思考题】

1. Android 中广播接收者的作用。
2. 广播有几种类型，以及不同类型的区别。

Android

7 Chapter

第7章 Service（服务）

学习目标

- 掌握服务的生命周期，以及启动服务的两种方式；
- 学会使用服务与Activity通信，并且能够完成音乐播放器案例。

Service（服务）是一个长期运行在后台的用户组件，没有用户界面。即使切换到另一个应用程序，服务也可以在后台运行，因此服务更适合执行一段时间而又不需要显示界面的后台操作，例如下载数据、播放音乐等。本章将针对服务进行详细讲解。

7.1 服务的创建

服务（Service）是 Android 中的四大组件之一，它的创建方式与广播接收者类似，只需在程序包名上单击右键，选择【New】→【Service】→【Service】选项，在弹出窗口中输入服务的名称即可，创建好的服务类如文件 7-1 所示。

文件 7-1 MyService.java

```
1  package cn.itcast.service;
2  import android.app.Service;
3  import android.content.Intent;
4  import android.os.IBinder;
5  public class MyService extends Service {
6      public MyService() {
7      }
8      @Override
9      public IBinder onBind(Intent intent) {
10         // TODO: Return the communication channel to the service.
11         throw new UnsupportedOperationException("Not yet implemented");
12     }
13 }
```

在上述代码中，创建的 MyService 继承自 Service，默认包含一个构造方法和一个 onBind()方法。其中 onBind()方法用于绑定服务，并返回一个 IBinder 对象，由于该方法刚创建尚未实现，因此抛出一个异常，在使用时将异常删除并返回一个 IBinder 对象即可。

服务创建完成后，Android Studio 会自动在 AndroidManifest.xml 中对服务进行注册，具体代码如文件 7-2 所示。

文件 7-2 AndroidManifest.xml

```
<?xml version="1.0" encoding="utf-8"?>
<manifest xmlns:android="http://schemas.android.com/apk/res/android"
    package="cn.itcast.service" >
    <application ...... >
        .........
        <service
            android:name=".MyService"
            android:enabled="true"
            android:exported="true" >
        </service>
    </application>
</manifest>
```

从上述代码可以看出，<service/>标签有 3 个属性，其中 name 属性表示服务的路径，enabled 属性表示系统是否能够实例化该组件，exported 属性表示该服务是否能够被其他应用程序组件调用或交互。

7.2 服务的生命周期

服务的启动方式有两种，分别是 startService()方法和 bindService()方法。使用不同的方法启动服务，其生命周期也是不同的。为了让初学者更好地理解，接下来通过一个图例来展示不同启动方式下服务的生命周期，具体如图 7-1 所示。

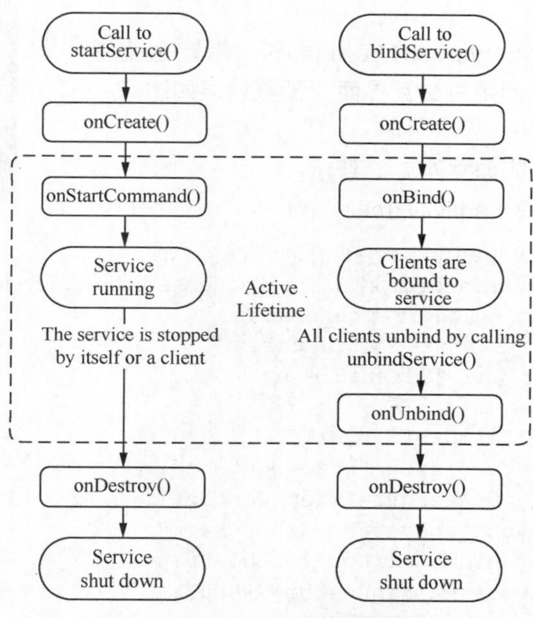

图7-1 Service的生命周期图例

接下来简单介绍一下服务生命周期中的这些方法，具体如下。

- onCreate()：第一次创建服务时执行的方法；
- onDestory()：服务被销毁时执行的方法；
- onStartCommand()：客户端通过调用 startService()方法启动服务时执行该方法；
- onBind()：客户端通过调用 bindService()方法启动服务时执行该方法；
- onUnbind()：客户端调用 unBindService()断开服务绑定时执行的方法。

从图 7-1 可以看出，当通过 startService()方法启动服务时，执行的生命周期方法为 onCreate()、onStartCommand()，然后服务处于运行状态，直到自身调用 stopSelf()方法或者其他组件调用 stopService()方法时服务停止，最终被系统销毁。当使用 bindService()方法启动服务时，执行的生命周期方法为 onCreate()、onBind()，然后服务处于运行状态，直到调用 unBindService()方法时，服务被解绑调用 onUnbind()方法，最终被销毁。

7.3 服务的启动方式

7.3.1 startService 方式启动

通过 startService()方法启动服务，服务会长期在后台运行，并且服务的状态与开启者的状态没有关系，即使启动服务的组件已经被销毁，服务也会依旧运行。为了让初学者更好地理解 startService()方式启动服务的特点，接下来通过一个案例进行演示，具体步骤如下。

1. 创建程序

创建一个名为 StartService 的应用程序，指定包名为 cn.itcast.startservice，设计用户交互界面，预览效果如图 7-2 所示。

图7-2 startService开启服务界面

图 7-2 对应的布局代码如文件 7-3 所示。

文件 7-3 activity_main.xml

```
<?xml version="1.0" encoding="utf-8"?>
<RelativeLayout xmlns:android="http://schemas.android.com/apk/res/android"
    android:layout_width="match_parent"
    android:layout_height="match_parent"
    android:background="@drawable/bg">
    <Button
        android:id="@+id/btn_start"
        android:layout_width="wrap_content"
        android:layout_height="wrap_content"
        android:layout_above="@+id/btn_stop"
        android:layout_centerHorizontal="true"
        android:layout_marginBottom="90dp"
        android:background="#B0E0E6"
        android:onClick="start"
        android:text="开启服务"
        android:textColor="#6C6C6C"
        android:textSize="18sp"/>
    <Button
        android:id="@+id/btn_stop"
        android:layout_width="wrap_content"
        android:layout_height="wrap_content"
        android:layout_alignLeft="@+id/btn_start"
        android:layout_alignParentBottom="true"
        android:layout_alignStart="@+id/btn_start"
        android:layout_marginBottom="25dp"
        android:background="#F08080"
        android:onClick="stop"
        android:text="关闭服务"
        android:textColor="#6C6C6C"
```

```
        android:textSize="18sp"/>
</RelativeLayout>
```

在上述代码中，相对布局 RelativeLayout 中放置了两个 Button 按钮，分别用于开启服务和关闭服务。

2. 创建服务类

接下来创建一个 Service 类，指定名称为 MyService，重写 Service 生命周期中的方法，具体代码如文件 7-4 所示。

文件 7-4 MyService.java

```
1  package cn.itcast.startservice;
2  import android.app.Service;
3  import android.content.Intent;
4  import android.os.IBinder;
5  import android.support.annotation.Nullable;
6  import android.util.Log;
7  public class MyService extends Service {
8      @Nullable
9      @Override
10     public IBinder onBind(Intent intent) {
11         return null;
12     }
13     public void onCreate() {
14         super.onCreate();
15         Log.i("StartService", "onCreate()");
16     }
17     public int onStartCommand(Intent intent, int flags, int startId) {
18         Log.i("StartService", "onStartCommand()");
19         return super.onStartCommand(intent, flags, startId);
20     }
21     public void onDestroy() {
22         super.onDestroy();
23         Log.i("StartService", "onDestroy()");
24     }
25 }
```

在上述代码中，重写了 Service 生命周期中的 onCreate()、onStartCommand()和 onDestroy()方法。运行程序，通过观察 Log 信息便可知道服务运行的整个过程。

3. 编写界面交互代码

在 MainActivity 中，实现开启服务与关闭服务按钮的单击事件，具体代码如文件 7-5 所示。

文件 7-5 MainActivity.java

```
1  package cn.itcast.startservice;
2  import android.content.Intent;
3  import android.support.v7.app.AppCompatActivity;
4  import android.os.Bundle;
5  import android.view.View;
6  import android.widget.Button;
7  public class MainActivity extends AppCompatActivity {
```

```
8       @Override
9       protected void onCreate(Bundle savedInstanceState) {
10          super.onCreate(savedInstanceState);
11          setContentView(R.layout.activity_main);
12          Button start = (Button) findViewById(R.id.btn_start);
13          Button stop = (Button) findViewById(R.id.btn_stop);
14      }
15      // 开启服务的方法
16      public void start(View view) {
17          Intent intent = new Intent(this, MyService.class);
18          startService(intent);
19      }
20      // 关闭服务的方法
21      public void stop(View view) {
22          Intent intent = new Intent(this, MyService.class);
23          stopService(intent);
24      }
25  }
```

4. 运行程序

运行当前程序，单击界面上的“开启服务”按钮，此时在 LogCat 窗口中会打印出服务创建和启动的 Log 信息，运行结果如图 7-3 所示。

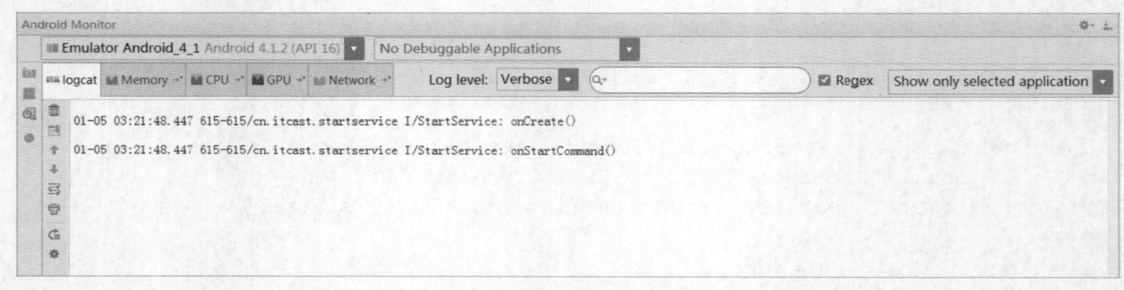

图7-3　开启服务

从图 7-3 中可以看出，服务创建时首先执行的是 onCreate()方法，服务启动时执行 onStartCommand()。当单击“关闭服务”按钮时，在 LogCat 窗口会打印出服务销毁的信息，运行结果如图 7-4 所示。

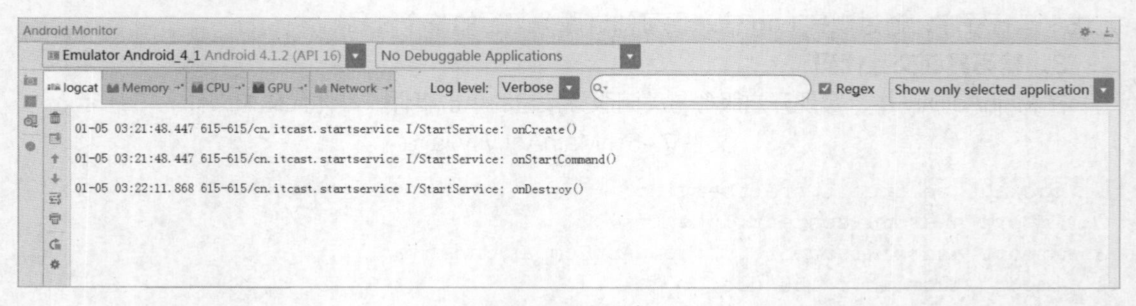

图7-4　关闭服务

从图 7-4 可以看出，当单击“关闭服务”按钮时，服务执行 onDestroy()方法，服务销毁。

7.3.2　bindService 方式启动

当一个组件通过 bindService()启动服务时，服务会与组件绑定。一个被绑定的服务提供一个客户端与服务器接口，允许组件与服务交互，发送请求，得到结果。多个组件可以绑定一个服务，当调用 onUnbind()方法时，这个服务就会被销毁。

bindService()方法的完整方法名为 bindService(Intent service,ServiceConnection conn, int flags)，该方法的 3 个参数含义如下。

- Intent 对象用于指定要启动的 Service。
- ServiceConnection 对象用于监听调用者与 Service 之间的连接状态。当调用者与 Service 连接成功时，将回调该对象的 onServiceConnected(ComponentName name, IBinder service)方法。断开连接时，将回调该对象的 onServiceDisconnected(Component Name name)方法。
- flags 指定绑定时是否自动创建 Service(如果 Service 还未创建)。该参数可指定为 0，即不自动创建，也可指定为“BIND_AUTO_CREATE”，即自动创建。

为了让初学者更好地理解如何使用 bindService()方法启动服务，接下来通过一个案例进行演示。具体步骤如下。

1．创建程序

创建一个名为 BindService 的应用程序，指定包名为 cn.itcast.bindservice，设计用户交互界面，预览效果如图 7-5 所示。

图7-5　bindService开启服务界面

图 7-5 对应的布局代码如文件 7-6 所示。

文件 7-6　activity_main.xml

```
<?xml version="1.0" encoding="utf-8"?>
<RelativeLayout xmlns:android="http://schemas.android.com/apk/res/android"
    android:layout_width="match_parent"
    android:layout_height="match_parent"
    android:background="@drawable/bg"
    android:orientation="vertical">
    <Button
        android:layout_width="wrap_content"
        android:layout_height="wrap_content"
        android:layout_above="@+id/btn_call"
        android:layout_alignLeft="@+id/btn_call"
        android:layout_alignStart="@+id/btn_call"
        android:layout_marginBottom="50dp"
        android:background="#F5F5DC"
        android:onClick="btnBind"
        android:text="绑定服务"
        android:textSize="16sp"/>
    <Button
        android:id="@+id/btn_call"
```

```
        android:layout_width="wrap_content"
        android:layout_height="wrap_content"
        android:layout_above="@+id/btn_unbind"
        android:layout_alignParentEnd="true"
        android:layout_alignParentRight="true"
        android:layout_marginBottom="55dp"
        android:layout_marginEnd="30dp"
        android:layout_marginRight="30dp"
        android:background="#F5F5DC"
        android:onClick="btnCall"
        android:paddingLeft="5dp"
        android:paddingRight="5dp"
        android:text="调用服务中的方法"
        android:textSize="16sp"/>
    <Button
        android:id="@+id/btn_unbind"
        android:layout_width="wrap_content"
        android:layout_height="wrap_content"
        android:layout_alignLeft="@+id/btn_call"
        android:layout_alignParentBottom="true"
        android:layout_alignStart="@+id/btn_call"
        android:layout_marginBottom="70dp"
        android:background="#F5F5DC"
        android:onClick="btnUnbind"
        android:text="解绑服务"
        android:textSize="16sp"/>
</RelativeLayout>
```

在上述代码中，定义了一个相对布局 RelativeLayout，该布局中放置了 3 个 Button 按钮，分别用于绑定服务、调用服务中的方法和解绑服务。

2. 创建 Service 类

接下来创建一个 Service 类，指定名称为 MyService。该类中重写了绑定服务生命周期中 3 个方法以及一个自定义的 methodInServiece()方法，具体代码如文件 7-7 所示。

文件 7-7　MyService.java

```
1  package cn.itcast.bindservice;
2  import android.app.Service;
3  import android.content.Intent;
4  import android.os.Binder;
5  import android.os.IBinder;
6  import android.util.Log;
7  public class MyService extends Service {
8      //创建服务的代理,调用服务中的方法
9      class MyBinder extends Binder {
10         public void callMethodInService() {
11             methodInServiece();
12         }
13     }
14     @Override
15     public void onCreate() {
```

```
16          Log.i("MyService", "创建服务，调用 onCreate()");
17          super.onCreate();
18      }
19      @Override
20      public IBinder onBind(Intent intent) {
21          Log.i("MyService", "绑定服务，调用 onBind()");
22          return new MyBinder();
23      }
24      public void methodInServiece() {
25          Log.i("MyService", "自定义方法 methodInServiece()");
26      }
27      @Override
28      public boolean onUnbind(Intent intent) {
29          Log.i("MyService", "解绑服务，调用 onUnbind()");
30          return super.onUnbind(intent);
31      }
32  }
```

3. 编写界面交互代码

接下来在 MainActivity 中编写页面交互代码，用于实现绑定服务、调用服务中的方法以及解绑服务，具体代码如文件 7-8 所示。

文件 7-8 MainActivity.java

```
1  package cn.itcast.bindservice;
2  import android.content.ComponentName;
3  import android.content.Intent;
4  import android.content.ServiceConnection;
5  import android.os.IBinder;
6  import android.support.v7.app.AppCompatActivity;
7  import android.os.Bundle;
8  import android.util.Log;
9  import android.view.View;
10 public class MainActivity extends AppCompatActivity {
11     private MyService.MyBinder myBinder;
12     private MyConn myconn;
13     protected void onCreate(Bundle savedInstanceState) {
14         super.onCreate(savedInstanceState);
15         setContentView(R.layout.activity_main);
16     }
17     // 绑定服务
18     public void btnBind(View view) {
19         if (myconn == null) {
20             myconn = new MyConn();
21         }
22         Intent intent = new Intent(this, MyService.class);
23         // 参数 1 是 Intent,参数 2 是连接对象,参数 3 是 flags 表示如果服务不存在就创建
24         bindService(intent, myconn, BIND_AUTO_CREATE);
25     }
26     // 解绑服务
27     public void btnUnbind(View view) {
```

```
28        if (myconn != null) {
29            unbindService(myconn);
30            myconn = null;
31        }
32    }
33    // 调用服务中的方法
34    public void btnCall(View view) {
35        myBinder.callMethodInService();
36    }
37    // 创建 MyConn 类,用于实现连接服务
38    private class MyConn implements ServiceConnection {
39        // 当成功绑定到服务时调用的方法,返回 MyService 里面的 Ibinder 对象
40        public void onServiceConnected(ComponentName name, IBinder service) {
41            myBinder = (MyService.MyBinder) service;
42            Log.i("MainActivity", "服务成功绑定, 内存地址为:" + myBinder. toString());
43        }
44        // 当服务失去连接时调用的方法
45        public void onServiceDisconnected(ComponentName name) {
46        }
47    }
48 }
```

在上述代码中，通过 bindService()方法绑定服务，然后通过 btnCall()方法调用 MyService 类中的 callMethodInService()方法完成与服务之间的交互，通过 unbindService()方法解绑服务。在代码中创建 MyConn 类用于实现连接服务，当绑定服务成功时会调用 onServiceConnected()方法，与服务失去连接时会调用 onServiceDisconnected()方法。

4．运行程序

运行当前程序，单击界面上的“绑定服务”按钮，此时在 LogCat 窗口中会打印出服务绑定的 Log 信息，运行结果如图 7-6 所示。

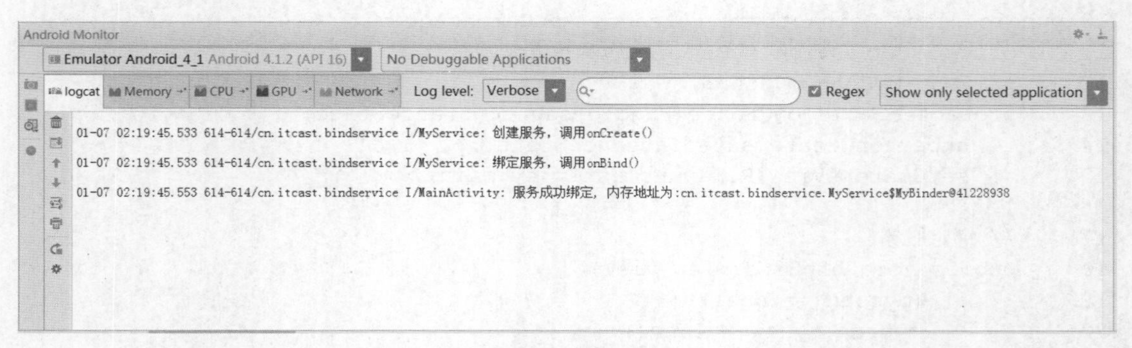

图7-6 绑定服务

从图 7-6 中可以看出，当单击“绑定服务”按钮后，会首先调用 onCreate()方法创建服务，之后会调用 onBind()方法绑定服务，在服务绑定成功后会调用 onServiceConnected()方法。

单击界面上的“调用服务中的方法”按钮，此时在 LogCat 窗口中会打印出调用服务中的方法的 Log 信息，运行结果如图 7-7 所示。

图7-7　调用服务中的方法

从图 7-7 中可以看出，当应用组件与服务绑定之后，应用组件可以与服务进行交互，单击“调用服务中的方法”按钮可以调用服务中的方法。

单击界面上的“解绑服务”按钮，此时在 LogCat 窗口中会打印出解绑服务的 Log 信息，运行结果如图 7-8 所示。

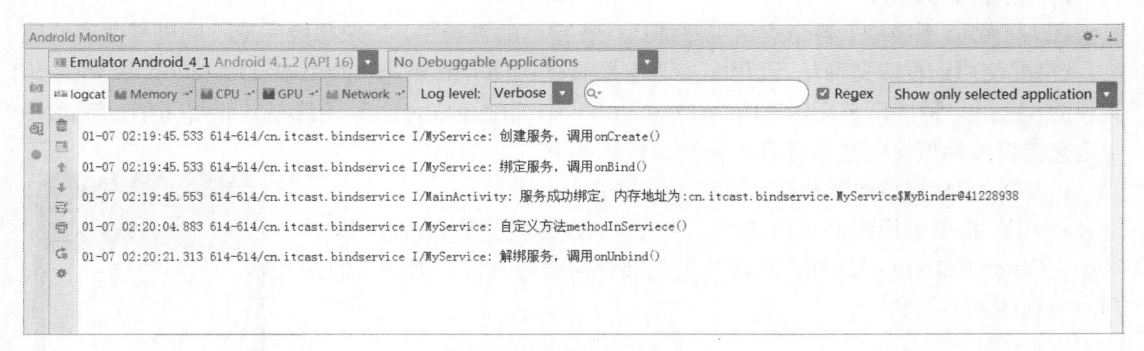

图7-8　解绑服务

需要注意的是，当应用组件与服务绑定之后，服务的生命周期与组件同步，当组件销毁后服务也会随之解绑销毁。也就是说服务处于绑定状态后，直接关闭组件应用程序，系统会自动调用 onUnbind()方法解绑服务。

7.4 服务的通信

在上一小节中讲解了服务的两种启动方式，可以发现通过绑定方式开启服务后，服务与 Activity 是可以通信的，通过 Activity 可以控制服务进行一些操作。本节将针对 Activity 与服务之间的通信进行详细讲解。

7.4.1 通信方式

在 Android 系统中，服务的通信方式有两种，一种是本地服务通信，另一种是远程服务通信。本地服务通信是指应用程序内部的通信，远程服务通信是指两个应用程序之间的通信。使用这两种方式进行通信时，必须保证服务是以绑定方式开启，否则无法进行通信和数据交换。接下来针对这两种方式进行详细讲解。

1. 本地服务通信

在使用服务进行本地通信时，首先需要创建一个 Service 类，该类会提供一个 onBind()方法，onBind()方法的返回值是一个 IBinder 对象，IBinder 对象会作为参数传递给 ServiceConnection 类中 onServiceConnected(ComponentName name,IBinder service)方法，这样访问者就可以通过 IBinder 对象与 Service 进行通信。

接下来通过一个图例来演示如何使用 IBinder 对象进行本地服务通信，工作流程如图 7-9 所示。

图7-9 本地服务通信

从图 7-9 可以看出，服务在进行通信时实际上使用的就是 IBinder 对象，在 ServiceConnection 类中得到 IBinder 对象，通过该对象可以获取到服务中自定义的方法，执行具体的操作。绑定方式开启服务的案例实际上就用到了本地服务通信。

2. 远程服务通信

在 Android 系统中，各个应用程序都运行在自己的进程中，如果想要完成不同进程之间的通信，就需要使用远程服务通信。远程服务通信是通过 AIDL(Android Interface Definition Language)实现的，它是一种接口定义语言(Interface Definition Language)，其语法格式非常简单，与 Java 中定义接口很相似，但是存在几点差异，具体如下。

- AIDL 定义接口的源代码必须以.aidl 结尾。
- AIDL 接口中用到的数据类型，除了基本数据类型及 String、List、Map、CharSequence 之外，其他类型全部都需要导入包，即使它们在同一个包中。

7.4.2 实战演练——音乐播放器

在实际开发中经常会涉及服务，为了更好地理解服务通信在实际开发中的应用，接下来通过一个音乐播放器的案例来演示如何使用服务进行本地通信，具体步骤如下。

1. 创建程序

创建一个名为 MusicPlayer 的应用程序，指定包名为 cn.itcast.musicplayer，设计用户交互界面，预览效果如图 7-10 所示。

图7-10 音乐播放器界面

图 7-10 对应的布局代码如文件 7-9 所示。

文件 7-9 activity_main.xml

```
<LinearLayout xmlns:android="http://schemas.android.com/apk/res/android"
   xmlns:tools="http://schemas.android.com/tools"
   android:layout_width="match_parent"
   android:layout_height="match_parent"
   android:background="@drawable/bg"
   android:orientation="vertical">
   <EditText
      android:id="@+id/et_inputpath"
```

```
        android:layout_width="match_parent"
        android:layout_height="wrap_content"
        android:text="data/data/cn.itcast.musicplayer/a.mp3" />
    <LinearLayout
        android:layout_width="match_parent"
        android:layout_height="wrap_content"
        android:layout_marginTop="10dp"
        android:layout_gravity="center_horizontal"
        android:gravity="center"
        android:orientation="horizontal">
        <TextView
            android:id="@+id/tv_play"
            android:layout_width="0dp"
            android:layout_height="wrap_content"
            android:layout_weight="1"
            android:drawablePadding="3dp"
            android:drawableTop="@drawable/play"
            android:gravity="center"
            android:text="播放" />
        <TextView
            android:id="@+id/tv_pause"
            android:layout_width="0dp"
            android:layout_height="wrap_content"
            android:layout_weight="1"
            android:drawablePadding="3dp"
            android:drawableTop="@drawable/pause"
            android:gravity="center"
            android:text="暂停" />
    </LinearLayout>
</LinearLayout>
```

在上述代码中，添加一个 EditText 控件用于输入音频文件名称，添加一个 LinearLayout 布局，在该布局中放置了两个 TextView 控件用于实现播放、暂停的单击事件。TextView 中的 android:drawableTop 属性用于设置文字上方的图片。

2. 创建服务类

下面创建一个 Service 类，指定名称为 MusicService，该类用于实现音乐的播放和暂停功能，具体代码如文件 7-10 所示。

文件 7-10 MusicService.java

```
1  package cn.itcast.musicplayer;
2  import android.app.Service;
3  import android.content.Intent;
4  import android.media.AudioManager;
5  import android.media.MediaPlayer;
6  import android.os.Binder;
7  import android.os.IBinder;
8  public class MusicService extends Service {
9      private static final String TAG = "MusicService";
10     public MediaPlayer mediaPlayer;
```

```
11      class MyBinder extends Binder {
12          // 播放音乐
13          public void play(String path) {
14              try {
15                  if (mediaPlayer == null) {
16                      // 创建一个 MediaPlayer 播放器
17                      mediaPlayer = new MediaPlayer();
18                      // 指定参数为音频文件
19                      mediaPlayer.setAudioStreamType(AudioManager.STREAM_MUSIC);
20                      // 指定播放的路径
21                      mediaPlayer.setDataSource(path);
22                      // 准备播放
23                      mediaPlayer.prepare();
24                      mediaPlayer.setOnPreparedListener(new
25                              MediaPlayer.OnPreparedListener() {
26                          public void onPrepared(MediaPlayer mp) {
27                              // 开始播放
28                              mediaPlayer.start();
29                          }
30                      });
31                  } else {
32                      int position = getCurrentProgress();
33                      mediaPlayer.seekTo(position);
34                      try {
35                          mediaPlayer.prepare();
36                      } catch (Exception e) {
37                          e.printStackTrace();
38                      }
39                      mediaPlayer.start();
40                  }
41              } catch (Exception e) {
42                  e.printStackTrace();
43              }
44          }
45          // 暂停播放
46          public void pause() {
47              if (mediaPlayer != null && mediaPlayer.isPlaying()) {
48                  mediaPlayer.pause(); // 暂停播放
49              } else if (mediaPlayer != null && (!mediaPlayer.isPlaying())) {
50                  mediaPlayer.start();
51              }
52          }
53      }
54      public void onCreate() {
55          super.onCreate();
56      }
57      // 获取当前进度
58      public int getCurrentProgress() {
59          if (mediaPlayer != null & mediaPlayer.isPlaying()) {
60              return mediaPlayer.getCurrentPosition();
```

```
61         } else if (mediaPlayer != null & (!mediaPlayer.isPlaying())) {
62             return mediaPlayer.getCurrentPosition();
63         }
64         return 0;
65     }
66     public void onDestroy() {
67         if (mediaPlayer != null) {
68             mediaPlayer.stop();
69             mediaPlayer.release();
70             mediaPlayer = null;
71         }
72         super.onDestroy();
73     }
74     @Override
75     public IBinder onBind(Intent intent) {
76         // 第一步执行onBind方法
77         return new MyBinder();
78     }
79 }
```

在上述代码中，完成了音乐的播放、暂停功能。在第75~78行代码中，通过onBind()方法将MyBinder对象返回给访问者，从而完成访问者和Service的通信，并实现了对音乐播放器的操作。

上述代码中使用了MediaPlayer类实现播放音乐功能，接下来简单介绍一下MediaPlayer类中常用的方法。

- setAudioStreamType()：指定音频文件的类型，必须在prepare()方法之前调用；
- setDataSource()：设置要播放的音频文件的位置，Uri路径；
- prepare()：准备播放，调用此方法会使MediaPlayer进入准备状态；
- start()：开始或继续播放音频；
- pause()：暂停播放音频；
- seekTo()：从指定的位置开始播放音频；
- release()：释放掉与MediaPlayer对象相关的资源；
- isPlaying()：判断当前MediaPlayer是否正在播放音频；
- getCurrentPosition()：获取当前播放音频文件的位置。

3. 编写界面交互代码

接下来在MainActivity中实现播放、暂停按钮的单击事件，具体代码如文件7-11所示。

文件7-11　MainActivity.java

```
1  package cn.itcast.musicplayer;
2  import android.content.ComponentName;
3  import android.content.Intent;
4  import android.content.ServiceConnection;
5  import android.os.Environment;
6  import android.os.IBinder;
7  import android.support.v7.app.AppCompatActivity;
8  import android.os.Bundle;
```

```
9  import android.view.View;
10 import android.widget.EditText;
11 import android.widget.Toast;
12 import java.io.File;
13 public class MainActivity extends AppCompatActivity implements
14         View.OnClickListener {
15     private EditText path;
16     private Intent intent;
17     private myConn conn;
18     MusicService.MyBinder binder;
19     protected void onCreate(Bundle savedInstanceState) {
20         super.onCreate(savedInstanceState);
21         setContentView(R.layout.activity_main);
22         path = (EditText) findViewById(R.id.et_inputpath);
23         findViewById(R.id.tv_play).setOnClickListener(this);
24         findViewById(R.id.tv_pause).setOnClickListener(this);
25         conn = new myConn();
26         intent = new Intent(this, MusicService.class);
27         bindService(intent, conn, BIND_AUTO_CREATE);
28     }
29     private class myConn implements ServiceConnection {
30         public void onServiceConnected(ComponentName name, IBinder service) {
31             binder = (MusicService.MyBinder) service;
32         }
33         public void onServiceDisconnected(ComponentName name) {
34         }
35     }
36     public void onClick(View v) {
37         String pathway = path.getText().toString().trim();
38         switch (v.getId()) {
39             case R.id.tv_play:
40                 if (!TextUtils.isEmpty(pathway)) {
41                     binder.play (pathway);
42                 } else {
43                     Toast.makeText(this, "找不到音乐文件", Toast.LENGTH_SHORT). show();
44                 }
45                 break;
46             case R.id.tv_pause:
47                 binder.pause();
48                 break;
49             default:
50                 break;
51         }
52     }
53     protected void onDestroy() {
54         unbindService(conn);
```

```
55          super.onDestroy();
56      }
57 }
```

在上述代码中，在 onCreate()方法中绑定服务，并且实现播放和暂停按钮的监听事件。

4. 运行程序

运行音乐播放器程序之前，首先需要将指定的音频文件导入到模拟器的 data/data/cn.itcast.musicplayer 目录中，如图 7-11 所示。

Threads | Heap | Allocation ... | Network S... | File Explo... | Emulator ... | System Inf...

Name	Size	Date	Time	Permissions	Info
acct		2017-10-11	17:50	drwxr-xr-x	
cache		2017-06-30	11:20	drwxrwx---	
config		2017-10-11	17:50	dr-x------	
d		2017-10-11	17:50	lrwxrwxrwx	-> /sys/ker...
data		2017-07-24	13:23	drwxrwx--x	
anr		2017-09-18	13:03	drwxrwxr-x	
app		2017-11-21	10:30	drwxrwx--x	
app-asec		2017-06-30	11:19	drwx------	
app-lib		2017-11-21	10:30	drwxrwx--x	
app-private		2017-06-30	11:19	drwxrwx--x	
backup		2017-06-30	11:20	drwx------	
bugreports		2017-06-30	11:19	lrwxrwxrwx	-> /data/d...
dalvik-cache		2017-11-21	10:30	drwxrwx--x	
data		2017-10-11	17:50	drwxrwx--x	
cn.itcast.musicplayer		2017-11-21	10:32	drwxr-x--x	
a.mp3	1015056	2017-04-25	11:51	-rw-rw-rw-	
cache		2017-11-21	10:24	drwxrwx--x	
files		2017-11-21	10:24	drwx------	
lib		2017-10-11	17:50	lrwxrwxrwx	-> /data/a...
com.android.backupconfirm		2017-06-30	11:19	drwxr-x--x	
com.android.camera		2017-08-08	18:06	drwxr-x--x	
com.android.certinstaller		2017-06-30	11:19	drwxr-x--x	

图7-11　导入音频文件

运行音乐播放器程序，单击“播放”按钮即可播放音乐，单击“暂停”按钮即可暂停播放，运行结果如图 7-12 所示。

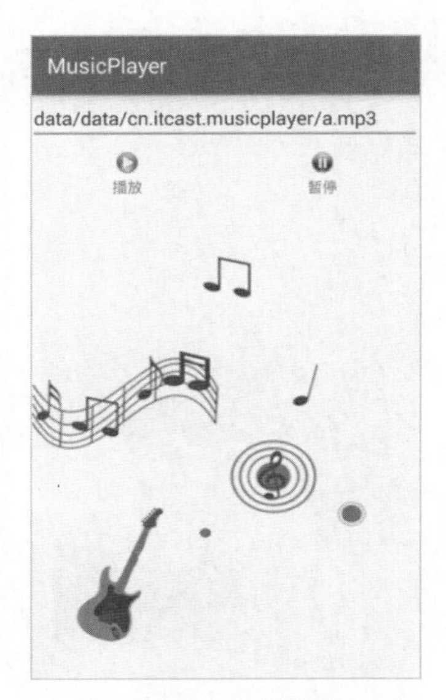

图7-12　运行结果

需要注意的是，由于本案例以 bindService()方式启动服务，因此当应用程序退出后音乐也会随之停止。

7.5 本章小结

本章主要讲解了 Android 中的服务，首先讲解了如何创建服务、服务的生命周期，然后讲解了服务的两种开启模式，最后讲解了使用服务在程序中进行通信。在程序开发中，服务的使用非常广泛，初学者需要熟练掌握并运用。

【思考题】

1. 服务有几种开启方式，每种开启方式的特点。
2. 如何在 Android 系统中完成不同进程之间的通信。

8 Chapter

Android

第8章 ContentProvider（内容提供者）

学习目标

- 掌握内容提供者的创建，并能使用内容提供者操作数据；
- 了解内容观察者的使用，学会使用内容观察者观察其他程序的数据变化。

在第 4 章数据存储中学习了 Android 数据持久化技术，包括文件存储、SharedPreferences 存储以及数据库存储，这些持久化技术所保存的数据都只能在当前应用程序中访问。但在 Android 开发中，有时也会访问其他应用程序的数据。例如，使用支付宝转账时需要填写收款人的电话号码，此时就需要获取到系统联系人的信息。为了实现这种跨程序共享数据的功能，Android 系统提供了一个组件 ContentProvider（内容提供者）。本章将针对内容提供者进行详细讲解。

8.1 内容提供者简介

ContentProvider（内容提供者）是 Android 系统四大组件之一，其功能是在不同程序之间实现数据共享。在 Android 系统中，应用程序之间是相互独立的，分别运行在自己的进程中。若应用程序之间需要共享数据，就需要用到 ContentProvider。它不仅允许一个程序访问另一个程序中的数据，同时还可以选择只对哪一部分数据进行共享，从而保证了程序中的隐私数据不被泄露。

ContentProvider 是不同应用程序之间进行数据共享的标准 API，如果想要访问 ContentProvider 中共享的数据，就一定要借助 ContentResolver 类，该类的实例需要通过 Context 中的 getContentResolver()方法获取。为了让初学者更好地理解，下面通过图例的方式来讲解 ContentProvider 的工作原理，如图 8-1 所示。

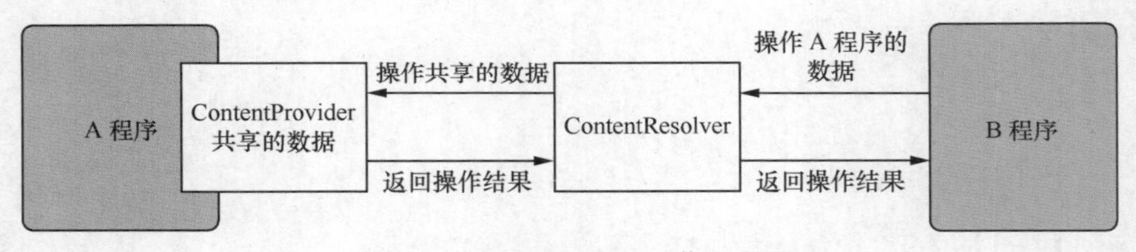

图8-1 ContentProvider工作原理图

从图 8-1 可以看出，A 程序需要使用 ContentProvider 共享数据，才能被其他程序操作。B 程序必须通过 ContentResolver 操作 A 程序共享出来的数据，而 A 程序会将操作结果返回给 ContentResolver，然后 ContentResolver 再将操作结果返回给 B 程序。

ContentResolver 与 SQLiteDatabase 相类似，提供了一系列增、删、改、查的方法对数据进行操作，不同的是，ContentResolver 中的增、删、改、查方法是以 Uri 的形式对外提供数据的，这个 Uri 为内容提供者中的数据建立了唯一标识符，它主要由 scheme、authorities 和 path 三部分组成。为了让初学者更直观地看到 Uri 的组成，接下来通过一个图例来展示，如图 8-2 所示。

图8-2 Uri组成结构图

在图 8-2 中，scheme 部分“content://”是一个标准的前缀，表明这个数据被 ContentProvider 所控制，它不会被修改。authority 部分“cn.itcast.mycontentprovider”是在创建内容提供者时指定的 authorities 属性值，主要用来区分不同的应用程序，一般为了避免冲突，都会采用程序包名的方式来进行命名。path 部分“/person”代表资源（或者数据），当访问者需要操作不同的数据时，这个部分是可以动态改变的。

8.2 内容提供者的创建

ContentProvider 的创建方式与广播接收者类似。在程序包名处单击右键，选择【New】→【Other】→【Content Provider】选项，在弹出窗口中输入内容提供者的 Class Name（名称）和 URI Authorities（唯一标识，通常使用包名）。填写完成后单击【Finish】按钮，内容提供者便创建完成，此时打开 MyContentProvider.java，具体代码如文件 8-1 所示。

文件 8-1　MyContentProvider.java

```
1  package cn.itcast.contentprovider;
2  import android.content.ContentProvider;
3  import android.content.ContentValues;
4  import android.database.Cursor;
5  import android.net.Uri;
6  public class MyContentProvider extends ContentProvider {
7      public MyContentProvider() {
8      }
9      @Override
10     public int delete(Uri uri, String selection, String[] selectionArgs) {
11         // Implement this to handle requests to delete one or more rows.
12         throw new UnsupportedOperationException("Not yet implemented");
13     }
14     @Override
15     public String getType(Uri uri) {
16         // TODO: Implement this to handle requests for the MIME type of the data
17         // at the given URI.
18         throw new UnsupportedOperationException("Not yet implemented");
19     }
20     @Override
21     public Uri insert(Uri uri, ContentValues values) {
22         // TODO: Implement this to handle requests to insert a new row.
23         throw new UnsupportedOperationException("Not yet implemented");
24     }
25     @Override
26     public boolean onCreate() {
27         // TODO: Implement this to initialize your content provider on startup.
28         return false;
29     }
30     @Override
31     public Cursor query(Uri uri, String[] projection, String selection,
32                         String[] selectionArgs, String sortOrder) {
33         // TODO: Implement this to handle query requests from clients.
34         throw new UnsupportedOperationException("Not yet implemented");
35     }
36     @Override
37     public int update(Uri uri, ContentValues values, String selection,
38                       String[] selectionArgs) {
```

```
39          // TODO: Implement this to handle requests to update one or more rows.
40          throw new UnsupportedOperationException("Not yet implemented");
41      }
42 }
```

上述代码可以看出，创建的 MyContentProvider 需要继承 ContentProvider 类，Content Provider 类是一个抽象类，在使用该类时需要重写它的一系列抽象方法。其中 onCreate()方法是在内容提供者创建时调用，insert()、delete()、update()、query()方法分别用于根据指定的 Uri 对数据进行增、删、改、查，getType()方法用于返回指定 Uri 代表的数据的 MIME 类型，例如 Windows 系统中.txt 文件和.jpg 文件就是两种不同的 MIME 类型。

内容提供者创建完成后，Android Studio 会自动在 AndroidManifest.xml 中对内容提供者进行注册，具体代码如文件 8-2 所示。

文件 8-2　AndroidManifest.xml

```
<?xml version="1.0" encoding="utf-8"?>
<manifest xmlns:android="http://schemas.android.com/apk/res/android"
    package="cn.itcast.contentprovider" >
   <application ……… >
        ………
        <provider
            android:name=".MyContentProvider"
            android:authorities="cn.itcast.mycontentprovider"
            android:enabled="true"
            android:exported="true" >
        </provider>
    </application>
</manifest>
```

8.3 内容提供者的使用

8.3.1 访问内容提供者

在 Android 系统中，应用程序通过 ContentProvider 共享自己的数据，通过 ContentResolver 对应用程序共享的数据进行操作，因此 ContentResolver 充当着一个中介的角色。接下来将针对 ContentResolver 进行详细讲解。由于在使用 ContentProvider 共享数据时提供了相应操作的 Uri，因此在访问现有的 ContentProvider 时要指定相应的 Uri，然后通过 ContentResovler 对象来实现数据的操作，示例代码如下。

```
//获取相应操作的 Uri
Uri uri = Uri.parse("content://cn.itcast.mycontentprovider/person");
//获取到 ContentResolver 对象
ContentResolver resolver = context.getContentResolver();
//通过 ContentResolver 对象查询数据
Cursor cursor = resolver.query(uri, new String[] { "address", "date",
       "type", "body" }, null, null, null);
 while (cursor.moveToNext()) {
```

```
        String address = cursor.getString(0);
        long date = cursor.getLong(1);
        int type = cursor.getInt(2);
        String body = cursor.getString(3);
    }
    cursor.close();
```

在上述代码中，使用 ContentResolver 对象的 query()方法实现了对其他程序数据的查询功能，Uri.parse(String str)方法是将字符串转化成 Uri 对象。为了解析 Uri，Android 系统为开发者提供了一个辅助工具类 UriMatcher 用于匹配 Uri。UriMatcher 的几个常用方法如下。

- public UriMatcher(int code)：创建 UriMatcher 对象时调用，参数通常使用 UriMatcher.NO_MATCH，表示路径不满足条件返回-1。
- public void addURI(String authority, String path, int code)：添加一组匹配规则，authority 即 Uri 的 authoritites 部分，path 即 Uri 的 path 部分，code 即 Uri 匹配成功后返回的匹配码。
- public int match(Uri uri)：匹配 Uri 与 addURI()方法相对应，匹配成功则返回 addURI()方法中传入的参数 code 的值。

这几个常用方法非常重要，要求初学者必须掌握，因为在创建 ContentProvider 时会用到。

8.3.2　实战演练——查看短信的猫

为了让初学者更好地掌握 ContentResolver 的用法，本小节将通过一个案例来演示如何使用 ContentResolver 操作 Android 系统短信中共享的数据。

由于这里是使用系统提供的 ContentProvider 来对短信数据进行操作，那么首先就需要知道系统短信的 ContentProvider 的 Uri 地址，在 Android 系统应用层源码（该源码需要单独下载，初学者只需了解即可）\TelephonyProvider\src\com\android\providers\telephony\SmsProvider.java 中，可以找到如图 8-3 所示的代码。

```
private static final UriMatcher sURLMatcher =
        new UriMatcher(UriMatcher.NO_MATCH);

static {
    sURLMatcher.addURI("sms", null, SMS_ALL);
    sURLMatcher.addURI("sms", "#", SMS_ALL_ID);
    sURLMatcher.addURI("sms", "inbox", SMS_INBOX);
    sURLMatcher.addURI("sms", "inbox/#", SMS_INBOX_ID);
    sURLMatcher.addURI("sms", "sent", SMS_SENT);
    sURLMatcher.addURI("sms", "sent/#", SMS_SENT_ID);
    sURLMatcher.addURI("sms", "draft", SMS_DRAFT);
    sURLMatcher.addURI("sms", "draft/#", SMS_DRAFT_ID);
    sURLMatcher.addURI("sms", "outbox", SMS_OUTBOX);
    sURLMatcher.addURI("sms", "outbox/#", SMS_OUTBOX_ID);
    sURLMatcher.addURI("sms", "undelivered", SMS_UNDELIVERED);
    sURLMatcher.addURI("sms", "failed", SMS_FAILED);
    sURLMatcher.addURI("sms", "failed/#", SMS_FAILED_ID);
    sURLMatcher.addURI("sms", "queued", SMS_QUEUED);
```

图8-3　系统短信的ContentProvider的Uri地址

在图 8-3 中，由于 addURI(String authority, String path, int code) 方法的第 1 个参数即为 Uri 的 authority 部分，第 2 个参数 path 为 null，因此，系统短信内容提供者的 Uri 为“content://sms/”，第 3 个参数暂不使用。

接下来需要了解系统短信的数据库文件，在 DDMS 窗口中/data/data/com.android.providers.

telephony/databases 目录下找到 mmssms.db 文件，如图 8-4 所示。

名称	大小	日期	时间	权限
◢ com.android.providers.telephony		2015-11-18	08:57	drwxr-x--x
◢ databases		2015-11-18	08:57	drwxrwx--x
mmssms.db	102400	2015-12-11	02:23	-rw-rw----
mmssms.db-journal	33344	2015-12-11	02:23	-rw-------
telephony.db	16384	2015-12-18	06:19	-rw-rw----
telephony.db-journal	8720	2015-12-18	06:19	-rw-------
▷ lib		2015-11-18	08:57	drwxr-xr-x
▷ shared_prefs		2015-11-18	08:57	drwxrwx--x

图8-4　mmssms.db文件路径

将 mmssms.db 文件导出后用 SQLite Expert Personal 工具打开，可以看到 mmssms.db 的文件结构如图 8-5 所示，其中初学者所需要关注的就是 sms 表。

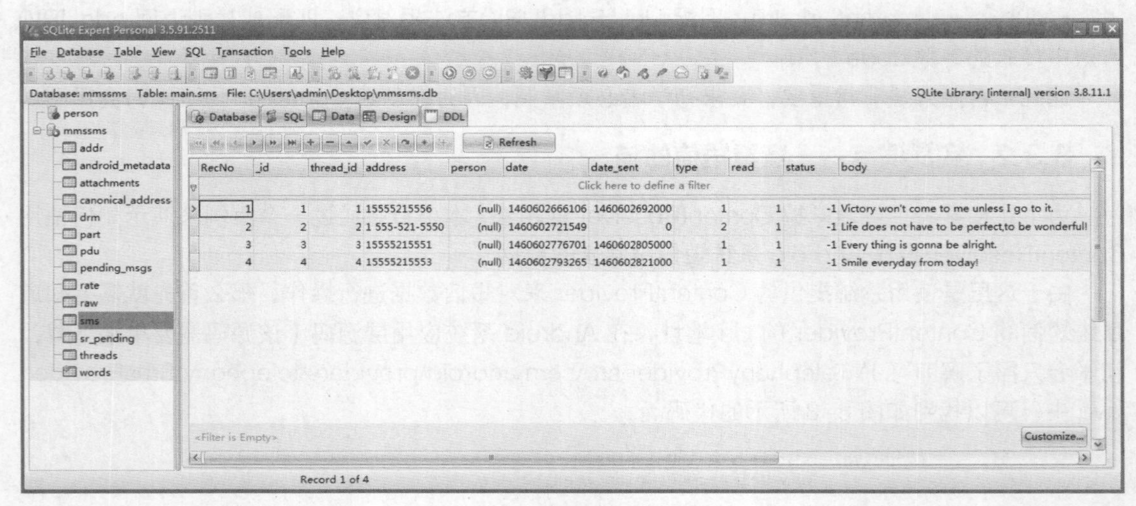

图8-5　mmssms.db表中数据

其中_id 是短信的主键，date 是 long 类型的时间戳，type 是短信类型，1 代表接收到的短信，2 代表发送出去的短信，body 是短信内容，address 是发送或接收短信的手机号码。了解 sms 表之后，接下来详细讲解如何实现查看系统短信功能，具体步骤如下。

1. 创建程序

创建一个名为 ReadSMS 的应用程序，指定包名为 cn.itcast.readsms，设计用户交互界面，预览效果如图 8-6 所示。

图8-6　查看短信界面

图 8-6 对应的布局代码如文件 8-3 所示。

文件 8-3　activity_main.xml

```
<?xml version="1.0" encoding="utf-8"?>
<RelativeLayout
    xmlns:android="http://schemas.android.com/apk/res/
    android"
```

```
    xmlns:tools="http://schemas.android.com/tools"
    android:layout_width="match_parent"
    android:layout_height="match_parent"
    android:orientation="vertical"
    tools:context=".MainActivity">
    <ImageView
        android:layout_width="match_parent"
        android:layout_height="match_parent"
        android:src="@drawable/bg"/>
    <TextView
        android:id="@+id/tv_des"
        android:layout_width="match_parent"
        android:layout_height="wrap_content"
        android:layout_marginTop="18dp"
        android:paddingLeft="20dp"
        android:text="读取到的系统短信信息如下:"
        android:textSize="20sp"
        android:visibility="invisible"/>
    <TextView
        android:id="@+id/tv_sms"
        android:layout_width="match_parent"
        android:layout_height="wrap_content"
        android:layout_below="@id/tv_des"
        android:lines="20"
        android:paddingLeft="20dp"
        android:paddingTop="10dp"
        android:textSize="16sp"/>
    <Button
        android:layout_width="wrap_content"
        android:layout_height="wrap_content"
        android:layout_alignParentBottom="true"
        android:layout_alignParentLeft="true"
        android:layout_alignParentStart="true"
        android:layout_marginBottom="28dp"
        android:layout_marginLeft="26dp"
        android:layout_marginStart="26dp"
        android:background="#D9D1FA"
        android:onClick="readSMS"
        android:padding="5dp"
        android:text="查看短信"
        android:textSize="30sp"/>
</RelativeLayout>
```

在上述代码中，设置了一个 Button，定义了它的单击事件“readSMS”，单击按钮之后将查询到的短信信息显示到 TextView 中。

2. 编写实体类

接下来创建一个实体类 SmsInfo，用于封装短信的属性，存储单条短信的信息，它的成员变量为_id、date、type、body 和 address，具体代码如文件 8-4 所示。

文件 8-4 SmsInfo.java

```
1  package cn.itcast.readsms;
2  public class SmsInfo {
3      private int _id;                     // 短信的主键
4      private String address;              // 发送地址
5      private int type;                    // 类型
6      private String body;                 // 短信内容
7      private long date;                   // 时间
8      // 构造方法
9      public SmsInfo(int _id, String address, int type, String body, long date) {
10         this._id = _id;
11         this.address = address;
12         this.type = type;
13         this.body = body;
14         this.date = date;
15     }
16     public int get_id() {
17         return _id;
18     }
19     public void set_id(int _id) {
20         this._id = _id;
21     }
22     public String getAddress() {
23         return address;
24     }
25     public void setAddress(String address) {
26         this.address = address;
27     }
28     public int getType() {
29         return type;
30     }
31     public void setType(int type) {
32         this.type = type;
33     }
34     public String getBody() {
35         return body;
36     }
37     public void setBody(String body) {
38         this.body = body;
39     }
40     public long getDate() {
41         return date;
42     }
43     public void setDate(long date) {
44         this.date = date;
45     }
46 }
```

3. 编写界面交互代码

在 MainActivity 中编写界面交互代码，以实现查看系统短信的功能，具体代码如文件 8-5

所示。

文件 8-5　MainActivity.java

```
1  package cn.itcast.readsms;
2  import android.content.ContentResolver;
3  import android.database.Cursor;
4  import android.net.Uri;
5  import android.os.Bundle;
6  import android.support.v7.app.AppCompatActivity;
7  import android.view.View;
8  import android.widget.TextView;
9  import java.util.ArrayList;
10 import java.util.List;
11 public class MainActivity extends AppCompatActivity {
12     private TextView tvSms;
13     private TextView tvDes;
14     private String text = "";
15     @Override
16     protected void onCreate(Bundle savedInstanceState) {
17         super.onCreate(savedInstanceState);
18         setContentView(R.layout.activity_main);
19         tvSms = (TextView) findViewById(R.id.tv_sms);
20         tvDes = (TextView) findViewById(R.id.tv_des);
21     }
22     //单击Button时触发的方法
23     public void readSMS(View view) {
24         //查询系统信息的uri
25         Uri uri = Uri.parse("content://sms/");
26         //获取ContentResolver对象
27         ContentResolver resolver = getContentResolver();
28         //通过ContentResolver对象查询系统短信
29         Cursor cursor = resolver.query(uri, new String[]{ "_id","address",
30                         "type","body", "date"}, null, null, null);
31         List<SmsInfo> smsInfos = new ArrayList<SmsInfo>();
32         if (cursor != null && cursor.getCount() > 0) {
33             tvDes.setVisibility(View.VISIBLE);
34             while (cursor.moveToNext()) {
35                 int _id = cursor.getInt(0);
36                 String address = cursor.getString(1);
37                 int type = cursor.getInt(2);
38                 String body = cursor.getString(3);
39                 long date = cursor.getLong(4);
40                 SmsInfo smsInfo = new SmsInfo(_id, address, type, body, date);
41                 smsInfos.add(smsInfo);
42             }
43             cursor.close();
44         }
45         //将查询到的短信内容显示到界面上
46         for (int i = 0; i < smsInfos.size(); i++) {
47             text += "手机号码：" + smsInfos.get(i).getAddress() + "\n";
```

```
48              text += "短信内容：" + smsInfos.get(i).getBody() + "\n\n";
49              tvSms.setText(text);
50          }
51      }
52 }
```

在上述代码中，实现了利用 ContentResolver 读取系统短信功能，单击 Button 按钮将读取到的短信显示到主界面上。需要注意的是，在使用完 Cursor 之后，一定要关闭，否则会造成内存泄露。

4. 添加权限

该案例进行了读取短信的操作，因此需要在 AndroidMainfest.xml 文件中加上读取短信的权限，示例代码如下。

```
<uses-permission android:name="android.permission.READ_SMS"/>
```

5. 运行程序

运行 ReadSMS 程序，单击“查看短信”按钮，可以看到通过程序获取的短信内容与系统短信会话详情完全一致，运行结果如图 8-7 所示。

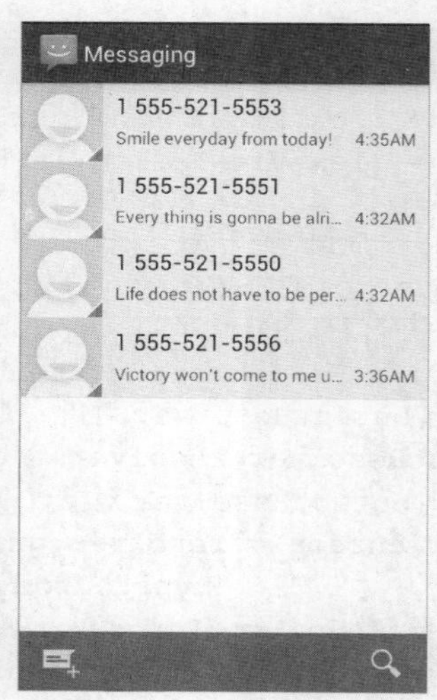

图8-7 运行结果

8.4 内容观察者的使用

通过前面的讲解可知，使用 ContentResolver 可以查询 ContentProvider 共享出来的数据。如果应用程序需要实时监听 ContentProvider 共享的数据是否发生变化，那么就需要使用 Android 系统提供的内容观察者 ContentObserver。本节将针对内容观察者 ContentObserver 进行详细讲解。

8.4.1 内容观察者简介

内容观察者 ContentObserver 是用来观察指定 Uri 所代表的数据。当 ContentObserver 观察到指定 Uri 代表的数据发生变化时，就会触发 ContentObserver 的 onChange()方法。此时在 onChange()方法里使用 ContentResovler 可以查询到变化的数据。为了让初学者更好地理解，接下来通过一个图例的方式来讲解 ContentObserver 的工作原理，如图 8-8 所示。

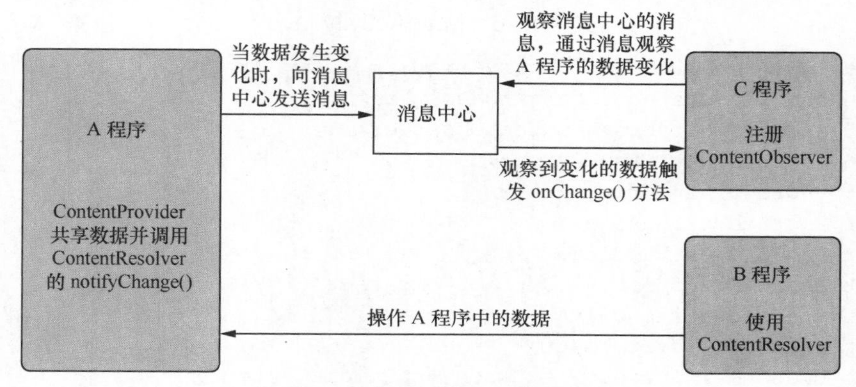

图8-8 ContentObserver工作原理图

从图 8-8 可以看出，使用 ContentObserver 观察 A 程序的数据时，首先要在 A 程序的 ContentProvider 中调用 ContentResolver 的 notifyChange()方法。调用此方法之后，B 程序操作 A 程序中的数据时，A 程序就会向“消息中心”发送数据变化的消息，然后 C 程序观察到“消息中心”有数据变化时，就会触发 ContentObserver 的 onChange()方法。

在讲解 ContentObserver 的用法之前，首先介绍 ContentObserver 的两个常用方法，如下所示：

- public void ContentObserver(Handler handler)：ContentObserver 的派生类都需要调用该构造方法。参数可以是主线程 Handler，也可以是任意 Handler 对象（Handler 将在第 9 章讲解）。
- public void onChange(boolean selfChange)：当观察到的 Uri 代表的数据发生变化时，会触发该方法。

由于 ContentProvider 是通过 delete()、insert()、update()这几个方法让数据发生变化的，因此，要使用 ContentObserver 观察数据变化，就必须在 ContentProvider 的 delete()、insert()、update()方法中调用 ContentResolver 的 notifyChange()方法，示例代码如下。

```
//添加数据
public Uri insert(Uri uri, ContentValues values) {
    if (matcher.match(uri) == INSERT) { //匹配 Uri 路径
        //匹配成功 返回查询的结果集
        SQLiteDatabase db = helper.getWritableDatabase();
        db.insert("person", null, values);
        getContext().getContentResolver().notifyChange(PersonDao.messageuri,
        null);
    } else { //匹配失败
        throw new IllegalArgumentException("路径不匹配,不能执行插入操作");
    }
    return null;
}
```

在上述代码中，调用 ContentResolver 的 notifyChange()方法实现了将数据发生变化的消息发送至“消息中心”，notifyChange()方法接收两个参数，第一个是表示更改内容的 Uri 对象，第二个表示指定某个观察者接收消息，如不指定可填写 null。

接下来实现在程序中注册内容观察者，并监听数据变化的功能，具体代码如文件 8-6 所示。

文件 8-6　MainActivity.java

```
1  package cn.itcast.contentobserver;
2  import android.content.ContentResolver;
3  import android.database.ContentObserver;
4  import android.database.Cursor;
5  import android.net.Uri;
6  import android.os.Bundle;
7  import android.os.Handler;
8  import android.support.v7.app.AppCompatActivity;
9  import android.util.Log;
10 import android.widget.Toast;
11 public class MainActivity extends AppCompatActivity {
12     protected void onCreate(Bundle savedInstanceState) {
13         super.onCreate(savedInstanceState);
14         setContentView(R.layout.activity_main);
15         //获取 ContentResolver 对象
16         ContentResolver resolver = getContentResolver();
17         Uri uri = Uri.parse("content://aaa.bbb.ccc");
18         //注册内容观察者
19         resolver.registerContentObserver(
20                 uri, true, new MyObserver(new Handler()));
21     }
22     //自定义的内容观察者
23     private class MyObserver extends ContentObserver {
24         //构造方法
25         public MyObserver(Handler handler) {
26             super(handler);
27         }
28         //当内容观察者观察到数据库的内容发生变化时调用这个方法
29         public void onChange(boolean selfChange) {
30             super.onChange(selfChange);
31             Toast.makeText(MainActivity.this, "数据库的内容变化了",
32                     Toast.LENGTH_SHORT).show();
33             Uri uri = Uri.parse("content://aaa.bbb.ccc");
34             //获取 ContentResolver 对象
35             ContentResolver resolver = getContentResolver();
36             //通过 ContentResolver 对象查询出变化的数据
37             Cursor cursor = resolver.query(uri, new String[] { "address", "date",
38                     "type", "body" }, null, null, null);
39             cursor.moveToFirst();
40             String address = cursor.getString(0);
41             String body = cursor.getString(3);
42             Log.v("MyObserver", "body");
43             cursor.close();
44         }
```

```
45     }
46 }
```

在上述代码中，实现了在一个程序中通过 ContentObserver 监听另一个程序中数据变化的功能，并且当观察到数据变化时，还可以在 ContentObserver 的 onChange()方法里查询到变化的数据。

8.4.2 实战演练——监测数据的猫

前面讲解了内容观察者的工作原理以及用法，为了让初学者更好地掌握内容观察者，接下来就通过监测数据的案例来讲述如何使用内容观察者。

由于监测数据的猫案例功能是监测数据库变化，因此需要创建两个程序，一个用于操作数据库，一个用于监测数据库变化。当数据库发生变化时，监测数据库的程序会立即响应。接下来创建操作数据库的程序，具体步骤如下。

1. 创建程序

创建一个名为 ContentObserverDB 的程序，指定包名为 cn.itcast.contentobserverdb，设计用户交互界面，预览效果如图 8-9 所示。

图8-9 数据库程序界面

图 8-9 对应的布局代码如文件 8-7 所示。

文件 8-7 activity_main.xml

```
<?xml version="1.0" encoding="utf-8"?>
<RelativeLayout xmlns:android="http://schemas.android.com/apk/res/android"
    xmlns:tools="http://schemas.android.com/tools"
    android:layout_width="match_parent"
    android:layout_height="match_parent"
    android:background="@drawable/bg"
    tools:context=".MainActivity">
    <Button
        android:id="@+id/btn_insert"
        android:layout_width="120dp"
        android:layout_height="40dp"
        android:layout_marginLeft="40dp"
        android:layout_marginStart="40dp"
        android:layout_marginTop="50dp"
        android:background="@drawable/btn_bg"
        android:text="添加"
        android:textColor="#006000"
        android:textSize="20dp"/>
    <Button
        android:id="@+id/btn_update"
        android:layout_width="120dp"
        android:layout_height="40dp"
        android:layout_marginLeft="80dp"
        android:layout_marginStart="80dp"
        android:layout_marginTop="120dp"
```

```
            android:background="@drawable/btn_bg"
            android:text="更新"
            android:textColor="#006000"
            android:textSize="20dp"/>
        <Button
            android:id="@+id/btn_delete"
            android:layout_width="120dp"
            android:layout_height="40dp"
            android:layout_marginLeft="120dp"
            android:layout_marginStart="120dp"
            android:layout_marginTop="190dp"
            android:background="@drawable/btn_bg"
            android:text="删除"
            android:textColor="#006000"
            android:textSize="20dp"/>
        <Button
            android:id="@+id/btn_select"
            android:layout_width="120dp"
            android:layout_height="40dp"
            android:layout_marginLeft="160dp"
            android:layout_marginStart="160dp"
            android:layout_marginTop="260dp"
            android:background="@drawable/btn_bg"
            android:text="查询"
            android:textColor="#006000"
            android:textSize="20dp"/>
    </RelativeLayout>
```

2. 创建数据库帮助类

由于本案例要通过内容提供者来共享数据库中的数据，因此要在应用程序中创建一个数据库帮助类 PersonDBOpenHelper，用于创建数据库及数据表，具体代码如文件 8-8 所示。

文件 8-8 PersonDBOpenHelper.java

```
1  package cn.itcast.contentobserverdb;
2  import android.content.Context;
3  import android.database.sqlite.SQLiteDatabase;
4  import android.database.sqlite.SQLiteOpenHelper;
5  public class PersonDBOpenHelper extends SQLiteOpenHelper {
6      //构造方法，调用此方法新建一个 person.db 的数据库并返回一个数据库帮助类的对象
7      public PersonDBOpenHelper(Context context) {
8          super(context, "person.db", null, 1);
9      }
10     @Override
11     public void onCreate(SQLiteDatabase db) {
12         //创建该数据库的同时新建一个 info 表，表中有_id,name 这两个字段
13         db.execSQL("create table info (_id integer primary key autoincrement,
14                                        name varchar(20))");
15     }
16     @Override
17     public void onUpgrade(SQLiteDatabase db, int oldVersion, int newVersion) {
```

```
18      }
19 }
```

在上述代码中，创建了一个数据库 person.db，并在 onCreate()方法中新建一个 info 表，存放两个字段“_id”和“name”。

3. 创建内容提供者

接下来创建一个 ContentProvider 类，指定名称为 PersonProvider，用于实现共享数据库程序的功能，具体代码如文件 8-9 所示。

文件 8-9　PersonProvider.java

```
1  package cn.itcast.contentobserverdb;
2  import android.content.ContentProvider;
3  import android.content.ContentUris;
4  import android.content.ContentValues;
5  import android.content.UriMatcher;
6  import android.database.Cursor;
7  import android.database.sqlite.SQLiteDatabase;
8  import android.net.Uri;
9  public class PersonProvider extends ContentProvider {
10     //定义一个 uri 路径的匹配器，如果路径匹配不成功返回-1
11     private static UriMatcher mUriMatcher = new UriMatcher(-1);
12     //匹配路径成功时的返回码
13     private static final int SUCCESS = 1;
14     //数据库操作类的对象
15     private PersonDBOpenHelper helper;
16     //添加路径匹配器的规则
17     static {
18         mUriMatcher.addURI("cn.itcast.contentobserverdb", "info", SUCCESS);
19     }
20     //当内容提供者被创建的时候调用
21     public boolean onCreate() {
22         helper = new PersonDBOpenHelper(getContext());
23         return false;
24     }
25     //查询数据操作
26     public Cursor query(Uri uri, String[] projection, String selection,
27                         String[] selectionArgs, String sortOrder) {
28         //匹配查询的 Uri 路径
29         int code = mUriMatcher.match(uri);
30         if (code == SUCCESS) {
31             SQLiteDatabase db = helper.getReadableDatabase();
32             return db.query("info", projection, selection, selectionArgs,
33                         null, null, sortOrder);
34         } else {
35             throw new IllegalArgumentException("路径不正确，我是不会给你提供数据的！");
36         }
37     }
38     //添加数据操作
39     public Uri insert(Uri uri, ContentValues values) {
```

```
40          int code = mUriMatcher.match(uri);
41          if (code == SUCCESS) {
42              SQLiteDatabase db = helper.getReadableDatabase();
43              long rowId = db.insert("info", null, values);
44              if (rowId > 0) {
45                  Uri insertedUri = ContentUris.withAppendedId(uri, rowId);
46                  //提示数据库的内容变化了
47                  getContext().getContentResolver().notifyChange(insertedUri,
48                  null);
49                  return insertedUri;
50              }
51              db.close();
52              return uri;
53          } else {
54              throw new IllegalArgumentException("路径不正确，我是不会给你插入
55              数据的！");
56          }
57      }
58      //删除数据操作
59      public int delete(Uri uri, String selection, String[] selectionArgs) {
60          int code = mUriMatcher.match(uri);
61          if (code == SUCCESS) {
62              SQLiteDatabase db = helper.getWritableDatabase();
63              int count = db.delete("info", selection, selectionArgs);
64              //提示数据库的内容变化了
65              if (count > 0) {
66                  getContext().getContentResolver().notifyChange(uri, null);
67              }
68              db.close();
69              return count;
70          } else {
71              throw new IllegalArgumentException("路径不正确，我是不会让你随便
72              删除数据的!");
73          }
74      }
75      //更新数据操作
76      public int update(Uri uri, ContentValues values, String selection,
77                        String[] selectionArgs) {
78          int code = mUriMatcher.match(uri);
79          if (code == SUCCESS) {
80              SQLiteDatabase db = helper.getWritableDatabase();
81              int count = db.update("info", values, selection, selectionArgs);
82              //提示数据库的内容变化了
83              if (count > 0) {
84                  getContext().getContentResolver().notifyChange(uri, null);
85              }
86              db.close();
87              return count;
88          } else {
89              throw new IllegalArgumentException("路径不正确，我是不会让你更新
```

```
90              数据的！");
91          }
92      }
93      @Override
94      public String getType(Uri uri) {
95          return null;
96      }
97 }
```

从上述代码可以看出，执行数据的增、删、改、查方法时，要传入一个 Uri，并检查该 Uri 是否与 mUriMatcher 中的 Uri 路径匹配，若路径匹配成功则返回 1，匹配失败则返回-1，当匹配成功时便可进行数据库查询操作。

4. 编写界面交互代码

数据库与 ContentProvider 都已经创建完成，接下来需要在 MainActivity 中使用 ContentResolver 的相关方法来操作数据，具体代码如文件 8-10 所示。

文件 8-10　MainActivity.java

```
1  package cn.itcast.contentobserverdb;
2  import android.content.ContentResolver;
3  import android.content.ContentValues;
4  import android.database.Cursor;
5  import android.database.sqlite.SQLiteDatabase;
6  import android.net.Uri;
7  import android.os.Bundle;
8  import android.support.v7.app.AppCompatActivity;
9  import android.util.Log;
10 import android.view.View;
11 import android.widget.Button;
12 import android.widget.Toast;
13 import java.util.ArrayList;
14 import java.util.HashMap;
15 import java.util.List;
16 import java.util.Map;
17 import java.util.Random;
18 public class MainActivity extends AppCompatActivity implements
19         View.OnClickListener {
20     private ContentResolver resolver;
21     private Uri uri;
22     private ContentValues values;
23     private Button btnInsert;
24     private Button btnUpdate;
25     private Button btnDelete;
26     private Button btnSelect;
27     @Override
28     protected void onCreate(Bundle savedInstanceState) {
29         super.onCreate(savedInstanceState);
30         setContentView(R.layout.activity_main);
31         initView();//初始化界面
32         createDB();//创建数据库
```

```
33    }
34    private void initView() {
35        btnInsert = (Button) findViewById(R.id.btn_insert);
36        btnUpdate = (Button) findViewById(R.id.btn_update);
37        btnDelete = (Button) findViewById(R.id.btn_delete);
38        btnSelect = (Button) findViewById(R.id.btn_select);
39        btnInsert.setOnClickListener(this);
40        btnUpdate.setOnClickListener(this);
41        btnDelete.setOnClickListener(this);
42        btnSelect.setOnClickListener(this);
43    }
44    @Override
45    public void onClick(View v) {
46        //得到一个内容提供者的解析对象
47        resolver = getContentResolver();
48        //新加一个 uri 路径，参数是 string 类型的
49        uri = Uri.parse("content://cn.itcast.contentobserverdb/info");
50        //新建一个 ContentValues 对象，该对象以 key-values 的形式添加记录到数据库表中
51        values = new ContentValues();
52        switch (v.getId()) {
53            case R.id.btn_insert:
54                Random random = new Random();
55                values.put("name", "add_itcast" + random.nextInt(10));
56                Uri newuri = resolver.insert(uri, values);
57                Toast.makeText(this, "添加成功", Toast.LENGTH_SHORT).show();
58                Log.i("数据库应用: ", "添加");
59                break;
60            case R.id.btn_delete:
61                //返回删除数据的条目数
62                int deleteCount = resolver.delete(uri, "name=?",
63                                                new String[]{"itcast0"});
64                Toast.makeText(this, "成功删除了" + deleteCount + "行",
65                                                Toast.LENGTH_SHORT).show();
66                Log.i("数据库应用: ", "删除");
67                break;
68            case R.id.btn_select:
69                List<Map<String, String>> data = new ArrayList<Map<String, String>>();
70                //返回查询结果，是一个指向结果集的游标
71                Cursor cursor = resolver.query(uri, new String[]{"_id", "name"},
72                                                          null, null, null);
73                //遍历结果集中的数据，将每一条遍历的结果存储在一个 List 的集合中
74                while (cursor.moveToNext()) {
75                    Map<String, String> map = new HashMap<String, String>();
76                    map.put("_id", cursor.getString(0));
77                    map.put("name", cursor.getString(1));
78                    data.add(map);
79                }
80                //关闭游标，释放资源
81                cursor.close();
82                Log.i("数据库应用: ", "查询结果: " + data.toString());
```

```
83                  break;
84              case R.id.btn_update:
85                  //将数据库info表中name为itcast1的这条记录更改为name是update_itcast
86                  values.put("name", "update_itcast");
87                  int updateCount = resolver.update(uri, values, "name=?",
88                                                  new String[]{"itcast1"});
89                  Toast.makeText(this, "成功更新了" + updateCount + "行",
90                                                  Toast.LENGTH_SHORT).show();
91                  Log.i("数据库应用：", "更新");
92                  break;
93          }
94      }
95      private void createDB() {
96          //创建数据库并向info表中添加3条数据
97          PersonDBOpenHelper helper = new PersonDBOpenHelper(this);
98          SQLiteDatabase db = helper.getWritableDatabase();
99          for (int i = 0; i < 3; i++) {
100             ContentValues values = new ContentValues();
101             values.put("name", "itcast" + i);
102             db.insert("info", null, values);
103         }
104         db.close();
105     }
106}
```

在上述代码中，创建了一个SQLiteDatabase对象，通过该对象向info表中添加了3条数据，根据用户点击来完成添加、更新、删除、查询操作。

至此，操作数据库的程序就创建完成了，接下来创建监测数据库变化的程序，具体步骤如下。

1. 创建程序

创建一个名为MonitorData的程序，指定包名为cn.itcast.monitordata，只需要监测对数据库的操作，因此不需要有主界面，使用默认界面即可。初学者只需在MainActivity里面注册内容观察者，监测数据库应用中的数据是否发生变化，具体代码如文件8-11所示。

文件8-11 MainActivity.java

```
1  package cn.itcast.monitordata;
2  import android.database.ContentObserver;
3  import android.net.Uri;
4  import android.os.Bundle;
5  import android.os.Handler;
6  import android.support.v7.app.AppCompatActivity;
7  import android.util.Log;
8  public class MainActivity extends AppCompatActivity {
9      @Override
10     protected void onCreate(Bundle savedInstanceState) {
11         super.onCreate(savedInstanceState);
12         setContentView(R.layout.activity_main);
13         // 该uri路径指向数据库应用中的数据库info表
14         Uri uri = Uri.parse("content://cn.itcast.contentobserverdb/info");
```

```
15         //注册内容观察者，参数 uri 指向要监测的数据库 info 表
16         //参数 true 定义了监测的范围，最后一个参数是一个内容观察者对象
17         getContentResolver().registerContentObserver(uri, true,
18                                     new MyObserver(new Handler()));
19     }
20     private class MyObserver extends ContentObserver {
21         public MyObserver(Handler handler) {//handler 是一个消息处理器
22             super(handler);
23         }
24         @Override
25         //当 info 表中的数据发生变化时执行该方法
26         public void onChange(boolean selfChange) {
27             Log.i("监测数据变化", "有人动了你的数据库！");
28             super.onChange(selfChange);
29         }
30     }
31 }
```

在上述代码中，第 17、18 行是注册内容观察者，由于 registerContentObserver()方法中第 3 个参数是内容观察者对象，因此需要在此类中创建一个内部类 MyObserver，继承 ContentObserver 并重写 onChange()方法，当 info 表中数据发生变化时会执行此方法。

2. 运行程序

首先运行 MonitorData 程序，再运行 ContentObserverDB 程序，可以看到成功创建了 person.db 数据库，存放目录及内容如图 8-10、图 8-11 所示。

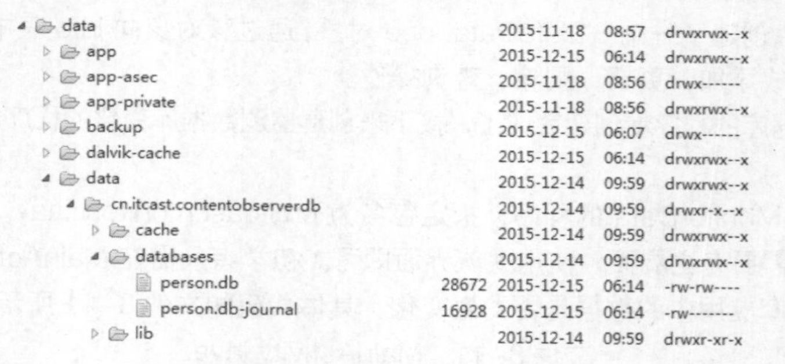

图8-10 person.db存放目录

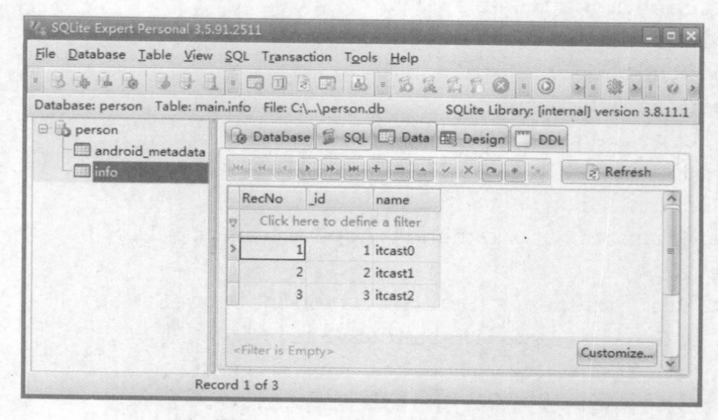

图8-11 person.db表中数据

分别执行 ContentObserverDB 的添加、更新、删除操作，运行结果如图 8-12 所示。

图8-12　运行结果

当执行上述操作时，LogCat 打印结果如图 8-13 所示。

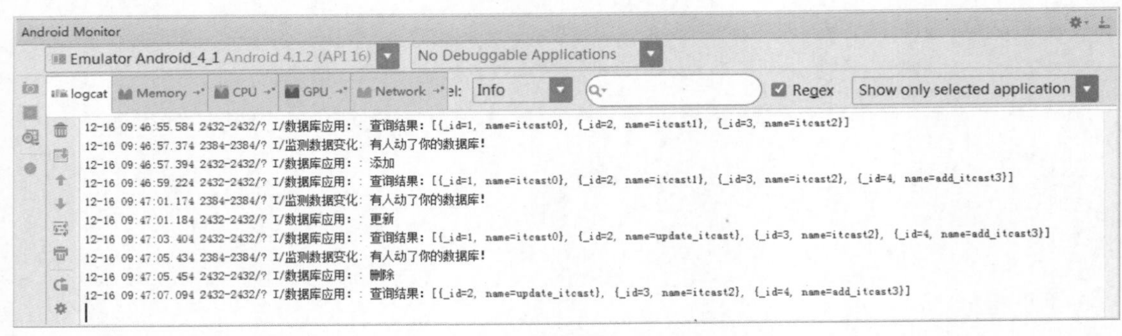

图8-13　Log信息

从图 8-13 可以看出，MonitorData 程序成功地监测到了 ContentObserverDB 中的数据变化。接下来打开数据库中的 info 表查看数据，如图 8-14 所示。

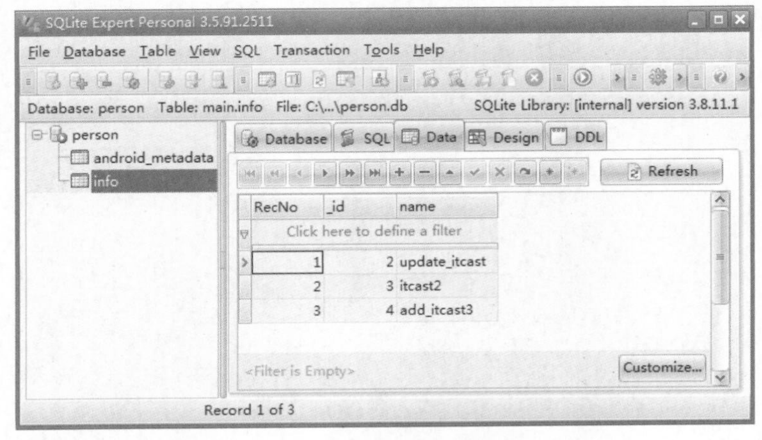

图8-14　info表中数据

至此，MonitorData 程序的功能已经完成。需要注意的是，内容观察者的目的是观察特定 Uri 引起的数据库的变化，继而做一些相应的处理。这种方式效率高，内存消耗少，需要初学者掌握。

8.5 本章小结

本章详细地讲解了内容提供者的相关知识，首先简单地介绍了内容提供者，然后讲解了如何创建内容提供者以及如何使用内容提供者访问其他程序共享的数据。最后讲解内容观察者，通过内容观察者观察数据的变化。至此，Android 的四大组件都讲完了，分别是 Activity、Service、BroadcastReceiver 和本章所讲的 ContentProvider，熟练掌握四大组件的使用有助于更好地开发程序，因此要求初学者一定要熟练掌握这些组件的使用。

【思考题】

1. 在程序中如何使用内容提供者操作数据?
2. 什么是内容观察者，内容观察者如何应用?

9 Chapter

第 9 章 网络编程

Android

学习目标

- 了解 HTTP 协议，学会使用 HttpURLConnection 访问网络；
- 掌握 Handler 消息机制原理，会使用 Handler 进行线程间通信；
- 了解 AsyncHttpClient、SmartImageView 开源项目的使用。

Android 是由互联网巨头公司 Google 开发的，因此 Android 对网络功能的支持也是必不可少的。Android 系统提供了以下几种方式实现网络通信，Socket 通信、HTTP 通信、URL 通信和 WebView。其中最常用的就是 HTTP 通信，本章将针对在手机端如何使用 HTTP 协议与服务器端相互通信进行详细讲解。

9.1 HTTP 协议简介

日常生活中，大多数人在遇到问题时，会使用手机进行百度搜索，这个访问百度的过程就是通过 HTTP 协议完成的，所谓的 HTTP（Hyper Text Transfer Protocol）即超文本传输协议，它规定了浏览器和服务器之间互相通信的规则。

HTTP 是一种请求/响应式的协议，当客户端在与服务器端建立连接后，向服务器端发送的请求被称作 HTTP 请求。服务器端接收到请求后会做出响应，称为 HTTP 响应。为了让初学者更好地理解，下面通过手机端访问服务器端的图例来展示 HTTP 协议的通信过程，如图 9-1 所示。

图9-1 HTTP请求与响应

从图 9-1 可以看出，使用手机客户端访问百度时，会发送一个 HTTP 请求，当服务器端接收到这个请求后，会做出响应并将百度页面（数据）返回给客户端浏览器，这个请求和响应的过程实际上就是 HTTP 通信的过程。

9.2 访问网络

Android 对 HTTP 通信提供了很好的支持，通过标准的 Java 类 HttpURLConnection 便可实现基于 URL 的请求及响应功能。HttpURLConnection 继承自 URLConnection 类，用它可以发送和接收任何类型和长度的数据，也可以设置请求方式、超时时间。本节将针对 URLConnection 访问网络进行详细讲解。

9.2.1 HttpURLConnection 的基本用法

在实际开发中，绝大多数的 App 都需要与服务器进行数据交互，也就是访问网络，此时就需要用到 HttpURLConnection 对象。接下来通过一段示例代码来学习 HttpURLConnection 的用法，示例代码如下。

```
URL url = new URL("http://www.itcast.cn");     //在URL的构造方法中传入要访问资源的路径
HttpURLConnection conn = (HttpURLConnection)url.openConnection();
conn.setRequestMethod("GET");                  //设置请求方式
conn.setConnectTimeout(5000);                  //设置超时时间
InputStream is = conn.getInputStream();        //获取服务器返回的输入流
conn.disconnect();                             //关闭http连接
```

上述示例代码演示了手机端与服务器端建立连接并获取服务器返回数据的过程。需要注意的是，在使用 HttpURLConnection 对象访问网络时，需要设置超时时间，以防止连接被阻塞时无响应，影响用户体验。

9.2.2 GET与POST请求方式

在使用 HttpURLConnection 访问网络时，通常会用到两种网络请求方式，一种是 GET，一种是 POST，这两种请求方式是在 HTTP/1.1 中定义的，用于表明 Request-URI 指定资源的不同操作方式。这两种请求方式在提交数据时也是有一定区别的，接下来分别对 GET 方式提交数据和 POST 方式提交数据进行详细讲解。

1. GET方式提交数据

GET 方式是以实体的方式得到由请求 URL 所指向的资源信息，它向服务器提交的参数跟在请求 URL 后面。使用 GET 方式访问网络 URL 的长度一般要小于 1KB。接下来通过一段示例代码来演示如何使用 HttpURLConnection 的 GET 方式提交数据，示例代码如下。

```
//将用户名和密码拼在指定资源路径后面，并对用户名和密码进行编码
String path = "http://192.168.1.100:8080/web/LoginServlet?username="
              + URLEncoder.encode("zhangsan")
               +"&password="+ URLEncoder.encode("123");
URL url =  new  URL(path);                               //创建URL对象
HttpURLConnection  conn  =  (HttpURLConnection)url.openConnection();
conn.setRequestMethod("GET");                            //设置请求方式
conn.setConnectTimeout(5000);                            //设置超时时间
int responseCode = conn.getResponseCode();               //获取状态码
if(responseCode == 200){                                 //访问成功
InputStream is = conn.getInputStream();                  //获取服务器返回的输入流
```

2. POST方式提交数据

使用 POST 方式向服务器发出请求时，需要在请求后附加实体。它向服务器提交的参数在请求后的实体中，POST 方式对 URL 的长度是没有限制的。使用 POST 方式请求网络，请求参数跟在请求实体中。用户不能在浏览器中看到向服务器提交的请求参数，因此 POST 方式要比 GET 方式相对安全。接下来通过一段示例代码来演示如何使用 HttpURLConnection 的 POST 方式提交数据，示例代码如下。

```
String path = "http://192.168.1.100:8080/web/LoginServlet";
URL url = new URL(path);
HttpURLConnection conn = (HttpURLConnection) url.openConnection();
conn.setConnectTimeout(5000);                            //设置超时时间
```

```
    conn.setRequestMethod("POST");                    //设置请求方式
    //准备数据并给参数进行编码
    String data = "username=" + URLEncoder.encode("zhangsan")
            + "&password=" + URLEncoder.encode("123");
    //设置请求头数据提交方式，这里是以 form 表单的方式提交
    conn.setRequestProperty("Content-Type",
            "application/x-www-form-urlencoded");
    //设置请求头，设置提交数据的长度
    conn.setRequestProperty("Content-Length", data.length() + "");
    //post 方式，实际上是浏览器把数据写给了服务器
    conn.setDoOutput(true);                           //设置允许向外写数据
    OutputStream os = conn.getOutputStream();  //利用输出流往服务器写数据
    os.write(data.getBytes());                        //将数据写给服务器
    int code = conn.getResponseCode();                //获取状态码
    if (code == 200) {                                // 请求成功
        InputStream is = conn.getInputStream();
    }
```

从上述代码可以看出，使用 HttpURLConnection 的 POST 方式提交数据时，是以流的形式直接将参数写到服务器上的，需要设置数据的提交方式和数据的长度。

在实际开发中，手机端与服务器端进行交互的过程中避免不了要提交中文到服务器，这时就会出现中文乱码的情况。无论是 GET 方式还是 POST 方式提交参数时都要给参数进行编码，编码方式必须与服务器解码方式一致。同样，在获取服务器返回的中文字符时，也需要用指定格式进行解码。

9.2.3 Handler 消息机制

当应用程序启动时，Android 首先会开启一个 UI 线程（主线程），UI 线程负责管理 UI 界面中的控件，并进行事件分发。例如，当单击 UI 界面上的 Button 时，Android 会分发事件到 Button 上，来响应要执行的操作，如果执行的是耗时操作，比如访问网络读取数据，并将获取到的结果显示到 UI 界面上，此时就会出现假死现象，如果 5s 还没有完成，会收到 Android 系统的一个错误提示“强制关闭”。这时，初学者会想到把这些操作放到子线程中完成，但在 Android 中，更新 UI 界面只能在主线程中完成，其他线程是无法直接对主线程进行操作的。

为了解决以上问题，Android 中提供了一种异步回调机制 Handler，由 Handler 来负责与子线程进行通信。一般情况下，在主线程中绑定了 Handler 对象，并在事件触发上面创建子线程用于完成某些耗时操作，当子线程中的工作完成之后，会向 Handler 发送一个已完成的信号（Message 对象），当 Handler 接收到信号后，就会对主线程 UI 进行更新操作。

Handler 机制主要包括 4 个关键对象，分别是 Message、Handler、MessageQueue、Looper。下面对这 4 个关键对象进行简要的介绍。

1. Message

Message 是在线程之间传递的消息，它可以在内部携带少量的信息，用于在不同线程之间交换数据。Message 的 what 字段可以用来携带一些整型数据，obj 字段可以用来携带一个

Object 对象。

2. Handler

Handler 是处理者的意思，它主要用于发送消息和处理消息。一般使用 Handler 对象的 sendMessage()方法发送消息，发出的消息经过一系列的处理后，最终会传递到 Handler 对象的 handlerMessage()方法中。

3. MessageQueue

MessageQueue 是消息队列的意思，它主要用来存放通过 Handler 发送的消息。通过 Handler 发送的消息会存在 MessageQueue 中等待处理，每个线程中只会有一个 Message Queue 对象。

4. Looper

Looper 是每个线程中的 MessageQueue 的管家。调用 Looper 的 loop()方法后，就会进入到一个无限循环中。每当发现 MessageQueue 中存在一条消息，就会将它取出，并传递到 Handler 的 handlerMessage()方法中。此外，每个线程也只会有一个 Looper 对象。在主线程中创建 Handler 对象时，系统已经默认存在一个 Looper 对象，所以不用手动创建 Looper 对象，而在子线程中的 Handler 对象，需要调用 Looper.loop()方法开启消息循环。

为了让初学者更好地理解 Handler 消息机制，通过一个图例来梳理一下整个 Handler 消息处理流程，如图 9-2 所示。

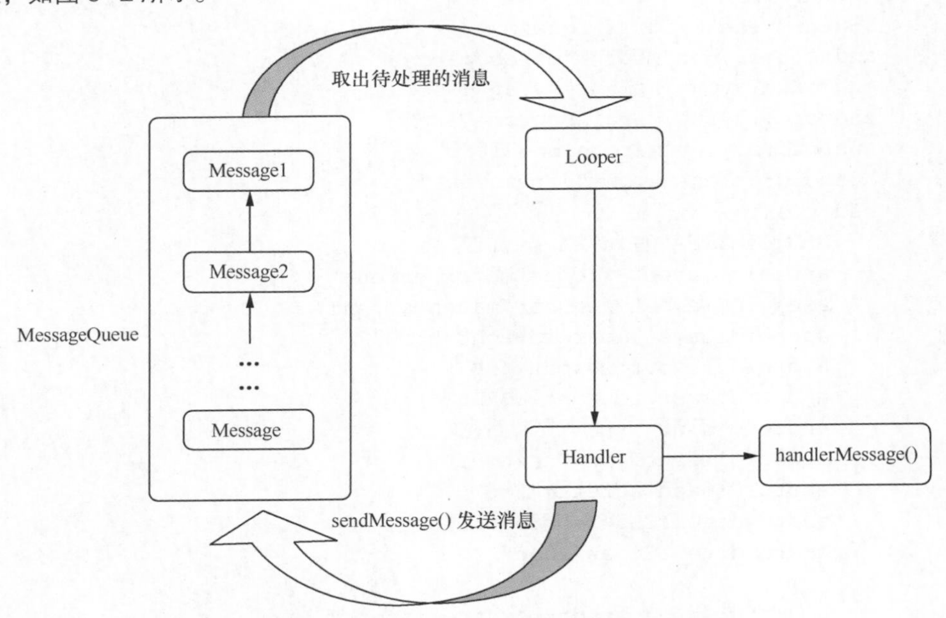

图9-2 Handler消息处理原理图

从图 9-2 可以清晰地看到整个 Handler 消息机制处理流程。Handler 消息处理首先需要在 UI 线程创建一个 Handler 对象，然后在子线程中调用 Hanlder 的 sendMessage()方法，接着这个消息会存放在 UI 线程的 MessageQueue 中，通过 Looper 对象取出 MessageQueue 中的消息，最后分发回 Hanlder 的 handleMessage()方法中。Handler 消息机制处理在 Android 开发中经常会用到，初学者必须要掌握。

9.2.4 实战演练——网络图片浏览器

前 3 个小节已经将访问网络相关的知识讲解完成，接下来通过一个网络图片浏览器的案例展示手机端与服务器端是如何进行通信的，具体步骤如下。

1. 创建程序

创建一个 ImageView 应用程序，指定包名为 cn.itcast.imageview，设计用户交互界面，预览效果如图 9-3 所示。

图9-3 图片浏览器界面

图 9-3 对应的布局代码如文件 9-1 所示。

文件 9-1 activity_main.xml

```
<?xml version="1.0" encoding="utf-8"?>
<RelativeLayout xmlns:android="http://schemas.android.
com/apk/res/android"
    xmlns:tools="http://schemas.android.com/tools"
    android:layout_width="match_parent"
    android:layout_height="match_parent"
    android:background="@drawable/bg"
    tools:context=".MainActivity">
    <LinearLayout
        android:id="@+id/ll_text"
        android:layout_width="match_parent"
        android:layout_height="wrap_content"
        android:layout_marginBottom="5dp"
        android:layout_marginTop="10dp"
        android:orientation="horizontal">
        <EditText
            android:id="@+id/et_path"
            android:layout_width="match_parent"
            android:layout_height="match_parent"
            android:layout_marginRight="3dp"
            android:layout_weight="1"
            android:background="#EBEBEB"
            android:hint="请输入图片路径"
            android:inputType="textUri"
            android:paddingLeft="3dp"
            android:textColor="#696969"
            android:textSize="20sp" />
        <Button
            android:layout_width="match_parent"
            android:layout_height="match_parent"
            android:layout_weight="4"
            android:background="#EBEBEB"
            android:onClick="click"
            android:text="浏览"
            android:textColor="#696969"
            android:textSize="20sp" />
    </LinearLayout>
```

```
    <ImageView
        android:id="@+id/iv_pic"
        android:layout_width="match_parent"
        android:layout_height="match_parent"
        android:layout_below="@+id/ll_text"
        android:scaleType="centerCrop" />
</RelativeLayout>
```

2. 编写界面交互代码

界面创建好后，在 MainActivity 里面编写与界面交互的代码。使用 HttpURLConnection 获取指定地址的网络图片，并将服务器返回的图片展示在界面上，具体代码如文件 9-2 所示。

文件 9-2 MainActivity.java

```
1  package cn.itcast.imageview;
2  import android.graphics.Bitmap;
3  import android.graphics.BitmapFactory;
4  import android.os.Bundle;
5  import android.os.Handler;
6  import android.os.Message;
7  import android.support.v7.app.AppCompatActivity;
8  import android.text.TextUtils;
9  import android.view.View;
10 import android.widget.EditText;
11 import android.widget.ImageView;
12 import android.widget.Toast;
13 import java.io.InputStream;
14 import java.net.HttpURLConnection;
15 import java.net.URL;
16 public class MainActivity extends AppCompatActivity {
17     protected static final int CHANGE_UI = 1;
18     protected static final int ERROR = 2;
19     private EditText et_path;
20     private ImageView ivPic;
21     // 主线程创建消息处理器
22     private Handler handler = new Handler() {
23         public void handleMessage(android.os.Message msg) {
24             if (msg.what == CHANGE_UI) {
25                 Bitmap bitmap = (Bitmap) msg.obj;
26                 ivPic.setImageBitmap(bitmap);
27             } else if (msg.what == ERROR) {
28                 Toast.makeText(MainActivity.this, "显示图片错误",
29                                      Toast.LENGTH_SHORT).show();
30             }
31         }
32     };
33     @Override
34     protected void onCreate(Bundle savedInstanceState) {
35         super.onCreate(savedInstanceState);
36         setContentView(R.layout.activity_main);
37         et_path = (EditText) findViewById(R.id.et_path);
```

```
38          ivPic = (ImageView) findViewById(R.id.iv_pic);
39      }
40      public void click(View view) {
41          final String path = et_path.getText().toString().trim();
42          if (TextUtils.isEmpty(path)) {
43              Toast.makeText(this, "图片路径不能为空", Toast.LENGTH_SHORT).show();
44          } else {
45              //子线程请求网络,Android 4.0 以后访问网络不能放在主线程中
46              new Thread() {
47                  private HttpURLConnection conn;
48                  private Bitmap bitmap;
49                  public void run() {
50                      //连接服务器 GET 请求获取图片
51                      try {
52                          //创建 URL 对象
53                          URL url = new URL(path);
54                          //根据 URL 发送 HTTP 的请求
55                          conn = (HttpURLConnection) url.openConnection();
56                          //设置请求的方式
57                          conn.setRequestMethod("GET");
58                          //设置超时时间
59                          conn.setConnectTimeout(5000);
60                          //得到服务器返回的响应码
61                          int code = conn.getResponseCode();
62                          //请求网络成功后返回码是 200
63                          if (code == 200) {
64                              //获取输入流
65                              InputStream is = conn.getInputStream();
66                              //将流转换成 Bitmap 对象
67                              bitmap = BitmapFactory.decodeStream(is);
68                              //将更改主界面的消息发送给主线程
69                              Message msg = new Message();
70                              msg.what = CHANGE_UI;
71                              msg.obj = bitmap;
72                              handler.sendMessage(msg);
73                          } else {
74                              //返回码不等于 200 请求服务器失败
75                              Message msg = new Message();
76                              msg.what = ERROR;
77                              handler.sendMessage(msg);
78                          }
79                      } catch (Exception e) {
80                          e.printStackTrace();
81                          Message msg = new Message();
82                          msg.what = ERROR;
83                          handler.sendMessage(msg);
84                      }
85                      //关闭连接
86                      conn.disconnect();
87                  }
```

```
88                }.start();
89            }
90        }
91 }
```

在上述代码中，核心代码是第46～88行，这段代码实现了获取网络上图片的功能。首先创建了一个URL对象，再通过URL对象去获取HttpURLConnection对象，然后设置请求的方法、超时时间，最后获取到了服务器返回的输入流。

3. 添加权限

由于网络图片浏览器需要请求网络，因此需要在清单文件中配置相应的权限，示例代码如下。

```
<uses-permission android:name="android.permission.INTERNET"/>
```

4. 运行程序

在文本框中输入任意网络图片的地址，例如 http://www.photophoto.cn/m6/018/030/0180300388.jpg，单击“浏览”按钮，运行结果如图9-4所示。

图9-4 运行结果

从图9-4可以看出，使用HttpURLConnection请求指定图片的地址，成功地从服务器获取到了图片信息。

9.3 开源项目

在实际开发中，使用Android自带的API与服务器通信比较麻烦。一些热心的开发者为了节约开发成本和时间，开发出了一些开源项目方便大家使用。因此，网上出现了各种各样的开源项目。本节将针对网上比较热门的两个开源项目AsyncHttpClient和SmartImageView进行详细讲解。

9.3.1 AsyncHttpClient的使用

由于访问网络是一个耗时的操作，在主线程中操作会出现假死或者异常等情况，影响用户体验，因此Google规定Android 4.0以后访问网络的操作都必须放在子线程中。但在Android开发中，发送、处理HTTP请求十分常见，如果每次与服务器进行数据交互都需要开启一个子线程，这样是非常麻烦的。为此，可以使用开源项目—— AsyncHttpClient。

AsyncHttpClient可以处理异步HTTP请求，并通过匿名内部类处理回调结果，HTTP异步请求均位于非UI线程中，不会阻塞UI操作，AsyncHttpClient通过线程池处理并发请求，处理文件上传、下载，响应结果自动打包成JSON格式，使用起来非常方便，并且比HttpURLConnection更加简便，下面来介绍AsyncHttpClient的用法。

1. AsyncHttpClient的导入

使用AsyncHttpClient之前，首先需要下载源代码的压缩包，下载地址为 https://github.com/loopj/android-async-http，下载完成后将其解压，打开releases文件夹，在该文件夹中存放了不同版本的jar文件，本程序采用android-async-http-1.4.8.jar。将项目工程目录切换到project视图模式，并将jar文件复制到app/libs文件夹下，右键单击复制的jar文件→Add As

Library→选择要导入到哪个 Module（相当于一个项目，Project 类似工作空间，一个 Project 中可以包含多个 Module）中即可。AsyncHttpClient 是第三方的开源项目，会经常更新，使用方法可能会因为版本差异有所不同。

需要注意的是，由于 AsyncHttpClient 是对 HttpClient 的再次封装，使用某些方法时需要用到 HttpClient，因此，也需要将 HttpClient 的 jar 文件导入项目中。HttpClient 源代码的压缩包下载地址为 http://hc.apache.org/downloads.cgi，下载完成后将其解压，打开 lib 文件夹，选择 httpcore-4.4.4.jar（版本号可能不同），按照上面的步骤将其导入到程序中。

2. AsyncHttpClient 的常用类

AsyncHttpClient 开源项目包含很多类，这里只介绍两个常用的类。

- AsyncHttpClient：异步客户端请求的类，提供了 get、put、post、delete、head 等请求方法，使用该类时，需通过 AsyncHttpClient 的实例对象访问网络。
- AsyncHttpResponseHandler：继承自 ResponseHandlerInterface，访问网络后回调的接口，接收请求结果，如果访问成功则会回调 AsyncHttpResponseHandler 接口中的 OnSucess()方法，失败则会回调 OnFailure()方法。

9.3.2 SmartImageView 的使用

市面上一些常见软件，例如手机 QQ、天猫、京东商城等，都加载了大量网络上的图片。用 Android 自带的 API 实现这一功能，首先需要请求网络，然后获取服务器返回的图片信息，转换成输入流，使用 BitmapFactory 生成 Bitmap 对象，最后再设置到指定的控件中，这种操作步骤是十分麻烦而且耗时的。为此，本节将介绍一个开源项目——SmartImageView。

SmartImageView 的出现主要是为了加速从网络上加载图片，它继承自 Android 自带的 ImageView 组件，另外它还提供了一些附加功能，例如，支持根据 URL 地址加载图片，支持加载通讯录中的图片，支持异步加载图片，支持图片缓存等。

在使用 SmartImageView 之前，同样需要将 SmartImageView 的 jar 文件导入项目中，下载地址为 http://loopj.com/android-smart-image-view/。接下来通过示例代码来学习 SmartImageView 的具体用法，具体步骤如下所示。

1. 添加 SmartImageView 控件

在布局文件中添加一个 SmartImageView 控件，示例代码如下。

```
<com.loopj.android.image.SmartImageView
        android:id="@+id/siv_icon"
        android:layout_width="match_parent"
        android:layout_height="match_parent" />
```

2. 使用 SmartImageView 控件

在 Activity 中使用 SmartImageView 控件，示例代码如下。

```
//找到 SmartImageView
SmartImageView siv = (SmartImageView) findViewById(R.id.siv_icon);
//加载指定地址的图片
url= "http://ww2.sinaimg.cn/bmiddle/b7bec0c0jw1esjpzo4bwkj20c80icjt2.jpg";
//设置图片,第 1 个参数为图片地址,第 2 个参数为加载失败时显示的图片,第 3 个参数为加载中显示的图片
siv.setImageUrl(url, R.mipmap.ic_launcher, R.mipmap.ic_launcher );
```

上述代码演示了如何使用 SmartImageView 加载一张网络图片。从代码中可以看出，SmartImageView 可以当作一个自定义控件来使用。在加载指定图片时，只需要调用 setImageUrl() 方法指定图片的路径、加载中显示的图片以及加载失败显示的图片即可。

9.3.3 实战演练——新闻客户端

前面介绍了开源项目 AsyncHttpClient 和 SmartImageView，下面将通过新闻客户端的案例演示 AsyncHttpClient 和 SmartImageView 的综合使用。该案例将要实现获取服务器的 JSON 文件并将其解析出来显示到 ListView 上的功能，具体步骤如下。

1. 配置服务器

由于本案例中需要解析服务器端的 JSON 数据，因此需要在本地搭建一个服务器，这里推荐使用的是 Tomcat 服务器。Tomcat 是 Apache 组织的 Jakarta 项目中的一个重要子项目，运行稳定、可靠、效率高，安装和配置过程详见“多学一招”。

开启 Tomcat 服务器，将 JSON 文件放入到 Tomcat 的 webapps/ROOT 文件夹中，由于每条新闻都包含一张图片，因此需要在 ROOT 文件夹中创建一个 img 文件夹用于放置这些图片。

2. 创建 JSON 文件

新建一个文本文件，指定文件名为 NewsInfo 并将扩展名修改为.json，此时便完成 JSON 文件的创建。该文件用于存放图片路径、新闻标题、新闻描述、新闻类型和评论数量 5 个属性，其中图片路径中的 172.17.24.35 代表 Tomcat 服务器的 IP 地址，该地址不能使用 localhost 代替，因为使用 localhost 访问的是 Android 模拟器而并非本地服务器，因此，此处只能使用 IP 地址来访问本地服务器，具体代码如文件 9-3 所示。

文件 9-3 NewsInfo.json

```
[
 {
   "icon":"http://172.17.24.35:8080/img/a.jpg",
   "title":"科技温暖世界",
   "content":"进入一个更有爱的领域",
   "type":"1",
   "comment":"69"
 },
 {
   "icon":"http://172.17.24.35:8080/img/b.jpg",
   "title":"《神武》",
   "content":"新美术资源盘点 视觉新体验",
   "type":"2",
   "comment":"35"
 },
 {
   "icon":"http://172.17.24.35:8080/img/c.jpg",
   "title":"南北车正式公布合并",
   "content":"南北车将于今日正式公布合并",
   "type":"3",
   "comment":"2"
 },
```

```
{
  "icon":"http://172.17.24.35:8080/img/d.jpg",
  "title":"萌呆了！汪星人抱玩偶酣睡",
  "content":"汪星人抱玩偶酣睡,萌翻网友",
  "type":"1",
  "comment":"25"
},
{
  "icon":"http://172.17.24.35:8080/img/e.jpg",
  "title":"风力发电进校园",
  "content":"风力发电普进校园",
  "type":"2",
  "comment":"26"
},
{
  "icon":"http://172.17.24.35:8080/img/f.jpg",
  "title":"地球一小时",
  "content":"地球熄灯一小时",
  "type":"1",
  "comment":"23"
},
{
  "icon":"http://172.17.24.35:8080/img/g.jpg",
  "title":"最美公路",
  "content":"最美公路 难以想象",
  "type":"1",
  "comment":"23"
}
]
```

3. 创建程序

创建一个名为 News 的应用程序，指定包名为 cn.itcast.news，需要注意的是在本案例中需用到 AsyncHttpClient 和 SmartImageView，因此在创建程序之后需要导入相应的包。设计用户交互界面，预览效果如图 9-5 所示。

图 9-5 对应的布局代码如文件 9-4 所示。

文件 9-4 activity_main.xml

```
<?xml version="1.0" encoding="utf-8"?>
<LinearLayout xmlns:android="http://schemas.android.com/apk/res/android"
    xmlns:tools="http://schemas.android.com/tools"
    android:layout_width="match_parent"
    android:layout_height="match_parent"
    android:orientation="vertical"
    tools:context=".MainActivity" >
    <FrameLayout
        android:layout_width="match_parent"
        android:layout_height="match_parent" >
        <LinearLayout
            android:id="@+id/loading"
```

```
            android:visibility="invisible"
            android:layout_width="match_parent"
            android:layout_height="match_parent"
            android:gravity="center"
            android:orientation="vertical" >
            <ProgressBar
                android:layout_width="wrap_content"
                android:layout_height="wrap_content" />
            <TextView
                android:layout_width="wrap_content"
                android:layout_height="wrap_content"
                android:text="正在加载信息..." />
        </LinearLayout>
        <ListView
            android:id="@+id/lv_news"
            android:layout_width="match_parent"
            android:layout_height="match_parent" />
    </FrameLayout>
</LinearLayout>
```

在上述代码中，创建了新闻客户端的主界面，主要包含了提示用户数据正在加载中的 ProgressBar、TextView 以及用于展示新闻信息的 ListView。

4. 创建 ListView 的 Item 布局

由于使用到了 ListView 控件，因此需要为 ListView 的 Item 创建一个布局 news_item，预览效果如图 9-6 所示。

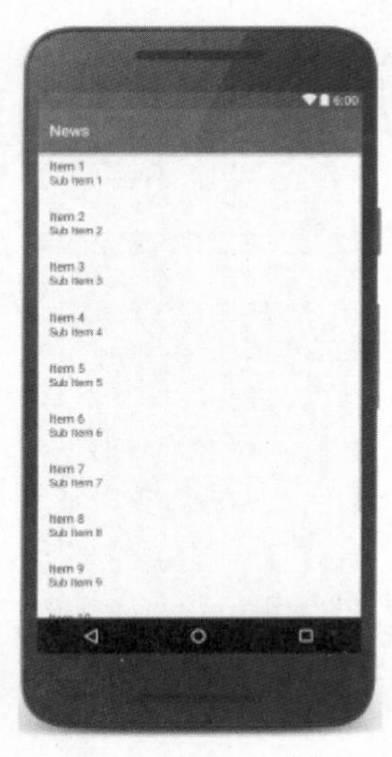

图9-5　新闻客户端界面

图9-6　ListView的Item布局

图 9-6 对应的布局代码如文件 9-5 所示。

文件 9-5　news_item.xml

```
<?xml version="1.0" encoding="utf-8"?>
<RelativeLayout xmlns:android="http://schemas.android.com/apk/res/android"
```

```
    android:layout_width="match_parent"
    android:layout_height="65dp">
    <com.loopj.android.image.SmartImageView
        android:id="@+id/siv_icon"
        android:layout_width="80dp"
        android:layout_height="60dp"
        android:layout_alignParentLeft="true"
        android:layout_marginBottom="5dp"
        android:layout_marginLeft="5dp"
        android:layout_marginTop="5dp"
        android:scaleType="centerCrop"
        android:src="@mipmap/ic_launcher">
    </com.loopj.android.image.SmartImageView>
    <TextView
        android:id="@+id/tv_title"
        android:layout_width="wrap_content"
        android:layout_height="wrap_content"
        android:layout_marginLeft="5dp"
        android:layout_marginTop="10dp"
        android:layout_toRightOf="@id/siv_icon"
        android:ellipsize="end"
        android:maxLength="20"
        android:singleLine="true"
        android:text="我是标题"
        android:textColor="#000000"
        android:textSize="18sp"/>
    <TextView
        android:id="@+id/tv_description"
        android:layout_width="wrap_content"
        android:layout_height="wrap_content"
        android:layout_below="@id/tv_title"
        android:layout_marginLeft="5dp"
        android:layout_marginTop="5dp"
        android:layout_toRightOf="@id/siv_icon"
        android:ellipsize="end"
        android:maxLength="16"
        android:singleLine="true"
        android:text="我是描述"
        android:textColor="#99000000"
        android:textSize="14sp"/>
    <TextView
        android:id="@+id/tv_type"
        android:layout_width="wrap_content"
        android:layout_height="wrap_content"
        android:layout_alignParentBottom="true"
        android:layout_alignParentRight="true"
        android:layout_marginBottom="5dp"
        android:layout_marginRight="10dp"
        android:text="评论"
        android:textColor="#99000000"
```

```
        android:textSize="12sp"/>
</RelativeLayout>
```

在上述代码中，使用了自定义控件 SmartImageView 和 3 个分别用于展示新闻标题、新闻内容以及新闻评论数的 TextView。需要注意的是，这里指定了 SmartImageView 的一个属性 scaleType，这个属性是 ImageView 控件中的，它通过控制图片来匹配 View 的大小，这里用到的 centerCrop 作用是均衡地缩放图像（保持图像原始比例），使图片的两个坐标（宽、高）都大于等于相应的视图坐标，图像则位于视图的中央。

5. 创建 NewsInfo 实体类

NewsInfo 对象是新闻信息的实体类，根据服务器提供的 JSON 文件来创建，在适配 ListView 的 Item 布局时要用到 NewsInfo 的实体类，具体代码如文件 9-6 所示。

文件 9-6　NewsInfo.java

```
1   package cn.itcast.news;
2   public class NewsInfo {
3       private String icon;          //图片路径
4       private String title;         //新闻标题
5       private String content;       //新闻描述
6       private int type;             //新闻类型
7       private long comment;         //新闻评论数
8       public NewsInfo(String icon, String title, String content, int type, long comment)
9       {
10          this.icon = icon;
11          this.title = title;
12          this.content = content;
13          this.type = type;
14          this.comment = comment;
15      }
16      public String getIcon() {
17          return icon;
18      }
19      public void setIcon(String icon) {
20          this.icon = icon;
21      }
22      public String getTitle() {
23          return title;
24      }
25      public void setTitle(String title) {
26          this.title = title;
27      }
28      public String getContent() {
29          return content;
30      }
31      public void setContent(String content) {
32          this.content = content;
33      }
34      public int getType() {
35          return type;
```

```
36     }
37     public void setType(int type) {
38         this.type = type;
39     }
40
41     public long getComment() {
42         return comment;
43     }
44     public void setComment(long comment) {
45         this.comment = comment;
46     }
47 }
```

6. 创建工具类

由于从服务器上获取的是一个 JSON 文件，因此需要一个工具类 JsonParse 用于解析出 JSON 里面的内容并设置到相应的实体类中，该工具类采用 Gson 库来解析 JSON 文件，注意使用前先将 Gson 库文件导入，具体代码如文件 9-7 所示。

文件 9-7　JsonParse.java

```
1  package cn.itcast.news;
2  import com.google.gson.Gson;
3  import com.google.gson.reflect.TypeToken;
4  import java.lang.reflect.Type;
5  import java.util.List;
6  public class JsonParse {
7      public static List<NewsInfo> getNewsInfo(String json) {
8          //使用 Gson 库解析 JSON 数据
9          Gson gson = new Gson();
10         //创建一个 TypeToken 的匿名子类对象，并调用对象的 getType()方法
11         Type listType = new TypeToken<List<NewsInfo>>(){}.getType();
12         //把获取到的信息集合存到 newsInfos 中
13         List<NewsInfo> newsInfos = gson.fromJson(json, listType);
14         return newsInfos;
15     }
16 }
```

7. 编写界面交互代码

在 MainActivity 里面编写与界面交互的代码，用于实现获取服务器的 NewsInfo.json 文件解析，并将解析的信息设置到 ListView 显示在界面上，具体代码如文件 9-8 所示。

文件 9-8　MainActivity.java

```
1  package cn.itcast.news;
2  import android.graphics.Color;
3  import android.os.Bundle;
4  import android.support.v7.app.AppCompatActivity;
5  import android.view.View;
6  import android.view.ViewGroup;
7  import android.widget.BaseAdapter;
8  import android.widget.LinearLayout;
9  import android.widget.ListView;
```

```
10 import android.widget.TextView;
11 import android.widget.Toast;
12 import com.loopj.android.http.AsyncHttpClient;
13 import com.loopj.android.http.AsyncHttpResponseHandler;
14 import com.loopj.android.image.SmartImageView;
15 import java.util.List;
16 public class MainActivity extends AppCompatActivity {
17     private LinearLayout loading;
18     private ListView lvNews;
19     private List<NewsInfo> newsInfos;
20     private TextView tv_title;
21     private TextView tv_description;
22     private TextView tv_type;
23     private NewsInfo newsInfo;
24     private SmartImageView siv;
25     @Override
26     protected void onCreate(Bundle savedInstanceState) {
27         super.onCreate(savedInstanceState);
28         setContentView(R.layout.activity_main);
29         initView();
30         fillData();
31     }
32     //初始化控件
33     private void initView() {
34         loading = (LinearLayout) findViewById(R.id.loading);
35         lvNews = (ListView) findViewById(R.id.lv_news);
36     }
37     //使用AsyncHttpClient访问网络
38     private void fillData() {
39         //创建AsyncHttpClient实例
40         AsyncHttpClient client = new AsyncHttpClient();
41         //使用GET方式请求
42         client.get(getString(R.string.serverurl), new AsyncHttpResponseHandler() {
43             //请求成功
44             @Override
45             public void onSuccess(int i, org.apache.http.Header[] headers,
46                                                             byte[] bytes) {
47                 //调用JsonParse工具类解析JSON文件
48                 try {
49                     String json = new String(bytes, "utf-8");
50                     newsInfos = JsonParse.getNewsInfo(json);
51                     if (newsInfos == null) {
52                         Toast.makeText(MainActivity.this, "解析失败",
53                                                  Toast.LENGTH_SHORT).show();
54                     } else {
55                         //更新界面
56                         loading.setVisibility(View.INVISIBLE);
57                         lvNews.setAdapter(new NewsAdapter());
58                     }
59                 } catch (Exception e) {
```

```
60                      e.printStackTrace();
61                  }
62              }
63              //请求失败
64              @Override
65              public void onFailure(int i, org.apache.http.Header[] headers,
66                                          byte[] bytes, Throwable throwable) {
67                  Toast.makeText(MainActivity.this, "请求失败",
68                                          Toast.LENGTH_SHORT).show();
69              }
70          });
71      }
72      //ListView适配器
73      private class NewsAdapter extends BaseAdapter {
74          //ListView的Item数
75          @Override
76          public int getCount() {
77              return newsInfos.size();
78          }
79          //得到ListView条目视图
80          @Override
81          public View getView(int position, View convertView, ViewGroup parent) {
82              View view = View.inflate(MainActivity.this, R.layout.news_item, null);
83              siv = (SmartImageView) view.findViewById(R.id.siv_icon);
84              tv_title = (TextView) view.findViewById(R.id.tv_title);
85              tv_description = (TextView) view.findViewById(R.id.tv_description);
86              tv_type = (TextView) view.findViewById(R.id.tv_type);
87              newsInfo = newsInfos.get(position);
88              //SmartImageView加载指定路径图片
89              siv.setImageUrl(newsInfo.getIcon(),R.mipmap.ic_launcher,
90                                              R.mipmap.ic_launcher);
91              //设置新闻标题
92              tv_title.setText(newsInfo.getTitle());
93              //设置新闻描述
94              tv_description.setText(newsInfo.getContent());
95              //1.一般新闻 2.专题 3.live
96              int type = newsInfo.getType();
97              switch (type) {
98                  //不同新闻类型设置不同的颜色和不同的内容
99                  case 1:
100                     tv_type.setText("评论:" + newsInfo.getComment());
101                     break;
102                 case 2:
103                     tv_type.setTextColor(Color.RED);
104                     tv_type.setText("专题");
105                     break;
106                 case 3:
107                     tv_type.setTextColor(Color.BLUE);
108                     tv_type.setText("LIVE");
109                     break;
```

```
110           }
111           return view;
112       }
113       //条目对象
114       @Override
115       public Object getItem(int position) {
116           return null;
117       }
118       //条目id
119       @Override
120       public long getItemId(int position) {
121           return 0;
122       }
123   }
124}
```

在上述代码中，第 38～71 行实现了用 AsyncHttpClient 获取服务器上的 JSON 文件，并调用工具类 JsonParse 的 getNewsInfo()方法解析 JSON 文件得到 NewsInfo 对象的 List 集合，其中，第 42 行使用到了 getString()这个方法，用于获取 res 文件中的 values 目录下的 strings.xml 文件中标签名为 serverurl 的值，strings.xml 文件具体代码如文件 9-9 所示。

文件 9-9 strings.xml

```
<resources>
    <string name="app_name">News</string>
    <string name="serverurl">http://172.17.24.35:8080/NewsInfo.json</string>
</resources>
```

8. 添加权限

由于本案例需要访问网络，因此需要在 AndroidMainfest.xml 文件里面配置相应的权限，示例代码如下。

```
<uses-permission android:name="android.permission.INTERNET"/>
```

9. 运行程序

程序运行结果如图 9-7 所示。

从图 9-7 可以看出，使用 AsyncHttpClient 和 SmartImageView 成功地把服务器中的 JSON 数据加载到了界面上。使用这些第三方的开源项目可以很方便地将我们进行的一系列操作进行一个封装，使用起来既方便又能提高效率。

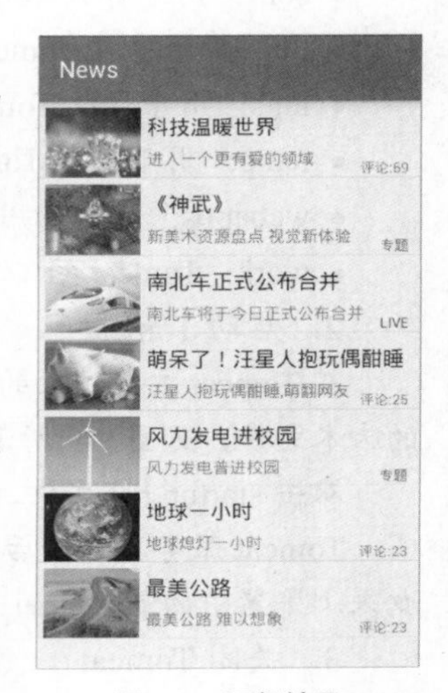

图9-7 运行结果

多学一招：安装配置 Tomcat 服务器

Tomcat 是 Apache 组织的 Jakarta 项目中的一个重要子项目，它是 Sun 公司（已被 Oracle 收购）推荐的运行 Servlet 和 JSP 的容器（引擎），其源代码是完全公开的。Tomcat 不仅具有 Web 服务器的基本功能，还提供了数据库连接池等许多通用组件功能。Tomcat 运行稳定、可靠、效率高，不仅可以和目前大部分主流的 Web 服务器（如 Apache、IIS 服务器）一起工作，还可以作为独立的 Web 服务器软件。

1. 下载 Tomcat

Tomcat 的官方下载地址为 http://tomcat.apache.org/download-80.cgi，下载的 Tomcat 文件为.zip 文件，直接解压到指定的目录便可使用。本小节将 Tomcat 的压缩文件直接解压到了 D 盘的根目录，产生了一个 apache-tomcat-8.0.30 文件夹，打开这个文件夹可以看到 Tomcat 的目录结构，如图 9-8 所示。

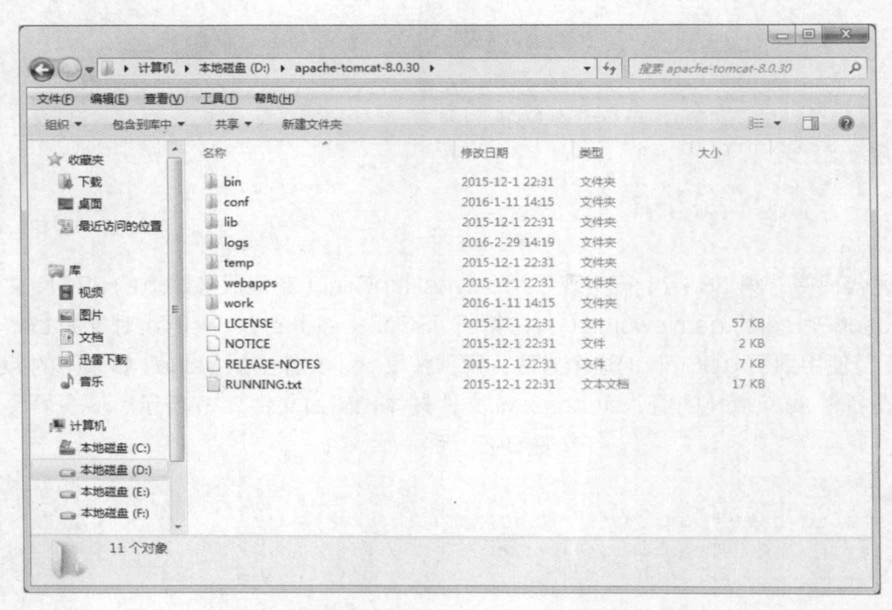

图9-8 apache-tomcat-8.0.30目录

从图 9-8 可以看出，Tomcat 安装目录中包含一系列的子目录，这些子目录分别用于存放不同功能的文件，接下来针对这些子目录进行简单介绍，具体如下。

- bin：用于存放 Tomcat 的可执行文件和脚本文件（扩展名为.bat 的文件），如 startup.bat。
- conf：用于存放 Tomcat 的各种配置文件，如 web.xml、server.xml。
- lib：用于存放 Tomcat 服务器和所有 Web 应用程序需要访问的 JAR 文件。
- logs：用于存放 Tomcat 的日志文件。
- temp：用于存放 Tomcat 运行时产生的临时文件。
- webapps：Web 应用程序的主要发布目录，通常将要发布的应用程序放到这个目录下。
- work：Tomcat 的工作目录，JSP 编译生成的 Servlet 源文件和字节码文件放到这个目录下。

2. 启动 Tomcat

在 Tomcat 安装目录的 bin 子目录下，存放了许多脚本文件，其中 startup.bat 就是启动 Tomcat 的脚本文件，如图 9-9 所示。

双击 startup.bat 文件，便会启动 Tomcat 服务器，如图 9-10 所示。

Tomcat 服务器启动后，在浏览器的地址栏中输入 http://localhost:8080 访问 Tomcat 服务器，如果浏览器中的显示界面如图 9-11 所示，则说明 Tomcat 服务器安装部署成功了。

3. 关闭 Tomcat

在 Tomcat 根目录下的 bin 文件夹中运行 shutdown.bat 脚本文件，即可关闭 Tomcat。

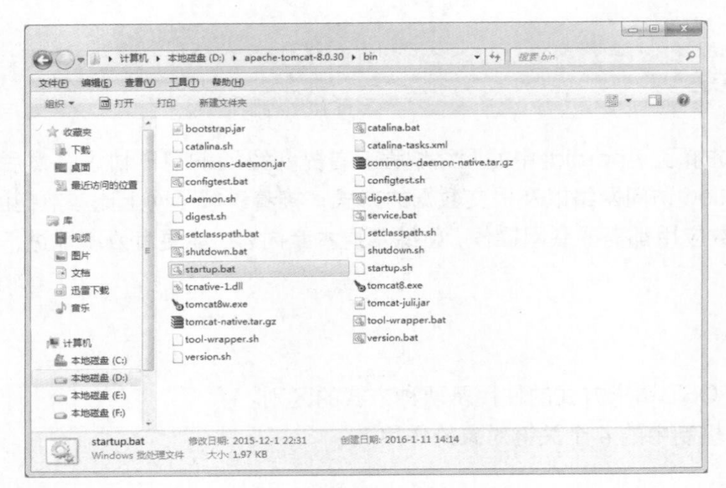

图9-9　bin目录

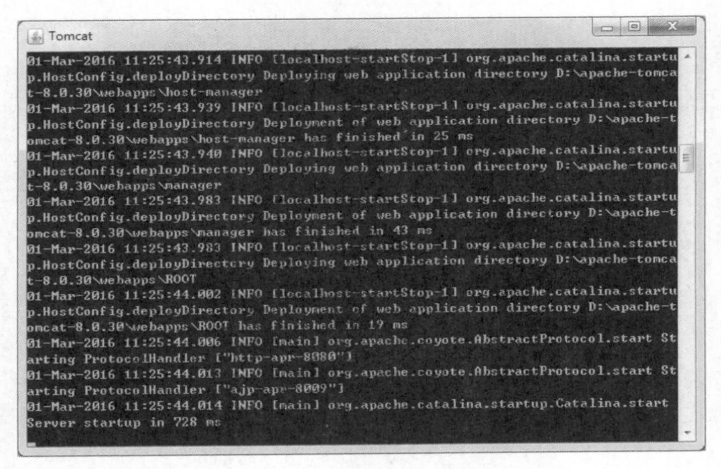

图9-10　Tomcat启动信息

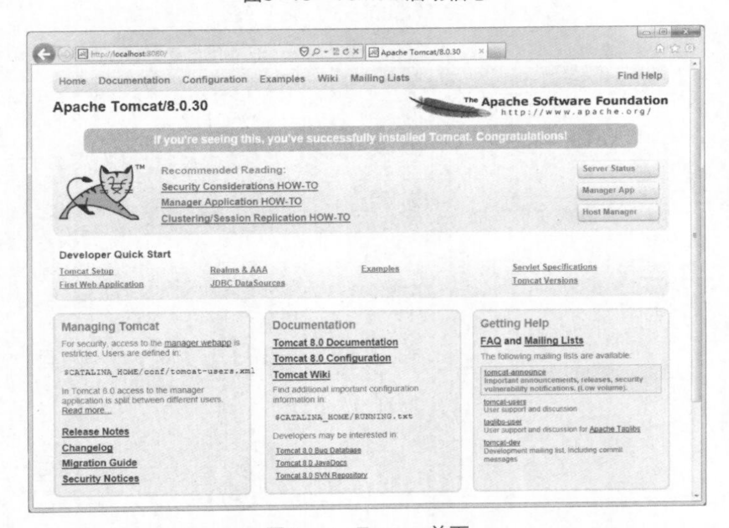

图9-11　Tomcat首页

9.4 本章小结

本章详细地讲解了 Android 中的网络编程。首先介绍了 HTTP 协议，然后讲解了如何使用 HttpURLConnection 访问网络以及提交数据的方式，接着讲解了网上比较热门的两个开源项目。实际开发中大多数应用都需要联网操作，熟练掌握本章内容，能更有效率地进行客户端与服务端的通信。

【思考题】

1. GET 与 POST 请求方式的使用及两种方式的区别。
2. Handler 机制中的 4 个关键对象的作用。

10 Chapter

第10章 高级编程

Android

学习目标

- 掌握图形图像处理，学会为图片添加特效、动画等；
- 掌握多媒体的使用，会使用 MediaPlayer、VideoView 播放音频与视频；
- 了解 Fragment 的生命周期，学会使用 Fragment 实现滑动效果。

前面 9 章都是针对 Android 基础知识进行讲解，掌握好这些知识可以开发天气预报、新闻客户端等程序。为了让初学者能够更全面地掌握 Android 知识，本章将针对图形图像处理、多媒体、Fragment 等高级编程知识进行详细讲解。

10.1 图形图像处理

市面上大多数的 Android 程序都会用到图形图像处理技术，例如绘制图形，为图片添加特效等。在绘制图像时最常用的就是 Bitmap 类、BitmapFactory 类、Paint 类、Canvas 类和 Matrix 类。其中，Bitmap 类代表位图，BitmapFactory 类顾名思义就是位图工厂，它是一个工具类，Paint 类代表画笔，Canvas 类代表画布，为图片添加特效使用的是 Matrix 类。本节将针对图形图像处理的 API 进行详细讲解。

10.1.1 Bitmap 类

Bitmap 类是 Android 系统中非常重要的图像处理类，它提供了一系列的方法，可对图像进行旋转、缩放等操作，并可以指定格式保存图像文件。Bitmap 类提供的常用方法如表 10–1 所示。

表 10-1 Bitmap 常用方法

方法名称	功能描述
createBitmap(int width, int height, Config config)	创建位图，width 代表要创建的图片的宽度，height 代表高度，config 代表图片的配置信息
createBitmap(int colors[], int offset, int stride, int width, int height, Config config)	使用颜色数组创建一个指定宽高的位图，颜色数组的个数为 width × height
createBitmap(Bitmap src)	使用源位图创建一个新的 Bitmap
createBitmap(Bitmap source, int x, int y, int width, int height)	从源位图的指定坐标开始“挖取”指定宽高的一块图像来创建新的 Bitmap 对象
createBitmap(Bitmap source, int x, int y, int width, int height,Matrix m, boolean filter)	从源位图的指定坐标开始“挖取”指定宽高的一块图像来创建新的 Bitmap 对象，并按照 Matrix 规则进行变换
isRecycled()	判断 Bitmap 对象是否被回收
recycle()	回收 Bitmap 对象

为了让初学者掌握如何创建一个 Bitmap 对象，接下来通过一段示例代码来演示 Bitmap 的创建，示例代码如下。

```
Bitmap.Config config  =  Config.ARGB_4444;
Bitmap bitmap = Bitmap.createBitmap(width, height, config);
```

Config 是 Bitmap 的内部类，用于指定 Bitmap 的一些配置信息，这里的 Config.ARGB_4444 意思为 Bitmap 的每个像素点占用内存 2 个字节。

10.1.2 BitmapFactory 类

BitmapFactory 类是一个工具类，主要用于从不同的数据源（如文件、数据流和字节数组）来解析、创建 Bitmap 对象。BitmapFactory 类提供的常用方法如表 10–2 所示。

表 10-2　BitmapFactory 常用方法

方法名称	功能描述
decodeFile(String pathName)	从指定文件中解析、创建 Bitmap 对象
decodeStream(InputStream is)	从指定输入流中解析、创建 Bitmap 对象
decodeResource(Resources res, int id)	根据给定的资源 id，从指定资源中解析、创建 Bitmap 对象

表 10-2 中介绍的方法可以解析 SD 卡中的图片文件，并创建对应 Bitmap 对象，示例代码如下。

```
Bitmap bitmap = BitmapFactory.decodeFile("/sdcard/meinv.jpg");
```

同样，也可以解析 Drawable 文件夹中的图片文件，并创建相应的 Bitmap 对象，示例代码如下。

```
Bitmap bitmap =
            BitmapFactory.decodeResource(getResources(),R.drawable.ic_launcher);
```

10.1.3　Paint 类

Paint 类代表画笔，用来描述图形的颜色和风格，如线宽、颜色、透明度和填充效果等信息。使用 Paint 类时，首先要创建它的实例对象，然后通过该类提供的方法来更改 Paint 对象的默认设置。Paint 类提供的常用方法如表 10-3 所示。

表 10-3　Paint 常用方法

方法名称	功能描述
Paint()	创建一个 Paint 对象，并使用默认属性
Paint(int flags)	创建一个 Paint 对象，并使用指定属性
setARGB(int a, int r, int g, int b)	设置颜色，各参数值均为 0~255 之间的整数，几个参数分别用于表示透明度、红色、绿色和蓝色的值
setColor(int color)	设置颜色
setAlpha(int a)	设置透明度
setAntiAlias(boolean aa)	指定是否使用抗锯齿功能，如果使用会使绘图速度变慢
setDither(boolean dither)	指定是否使用图像抖动处理，如果使用会使图像颜色更加平滑、饱满、清晰
setShadowLayer(float radius, float dx, float dy, int color)	设置阴影，参数 radius 为阴影的角度；dx 和 dy 为阴影在 *x* 轴和 *y* 轴上的距离；color 为阴影的颜色
setTextAlign(Align align)	设置绘制文本时的文字对齐方式，参数值为 Align.CENTER、Align.LEFT 或 Align.RIGHT
setTextSize(float textSize)	设置绘制文本时的文字大小
setFakeBoldText(boolean fakeBoldText)	设置绘制文字时是否为粗体文字
setXfermode(Xfermode xfermode)	设置图形重叠时的处理方式，如合并、取交集或并集，经常用来制作橡皮的擦除效果

通过前面的讲解可知，Paint 类代表画笔，在绘制图像时，避免不了要使用画笔，因此掌握 Panit 类的常用方法及使用是很有必要的。接下来通过一段示例代码定义一个画笔，并指定该画

笔的颜色为红色，示例代码如下。

```
Paint paint = new Paint();
paint.setColor(Color.RED);
```

10.1.4 Canvas 类

Canvas 类代表画布，通过使用该类提供的方法，可以绘制各种图形（如矩形、圆形、线条等）。Canvas 提供的常用绘图方法如表 10-4 所示。

表 10-4 Canvas 常用方法

方法名称	功能描述
drawRect(Rect r, Paint paint)	使用画笔画出指定矩形
drawOval(RectF oval, Paint paint)	使用画笔画出指定椭圆
drawCircle(float cx, float cy, float radius, Paint paint)	使用画笔在指定位置画出指定半径的圆
drawLine(float startX, float startY, float stopX, float stopY, Paint paint)	使用画笔在指定位置画线
drawRoundRect(RectF rect, float rx, float ry, Paint paint)	使用画笔绘制指定圆角矩形，其中 rx 表示 *x* 轴圆角半径，ry 表示 *y* 轴圆角半径

接下来通过一段代码来演示如何使用画布绘制矩形。需要注意的是，Canvas 类在创建时需要继承自 View 类，并且在该类中重写 onDraw()方法，示例代码如下。

```
protected void onDraw(Canvas canvas) {
    super.onDraw(canvas);
    Paint paint  = new Paint();           //创建画笔
    paint.setColor(Color.RED);
    Rect r = new Rect(40,40,200,100); //构建矩形对象并为其指定位置、宽高
    canvas.drawRect(r,paint);           //调用 Canvas 中绘制矩形的方法
}
```

10.1.5 Matrix 类

Android 提供了 Matrix 类，使用该类提供的方法，可以对图片添加特别的效果，如旋转、缩放、倾斜等。Matrix 类常用的一些方法如表 10-5 所示。

表 10-5 Matrix 常用方法

方法名称	功能描述
Matrix()	创建一个唯一的 Matrix 对象
setRotate(float degrees)	将 Matrix 对象围绕（0，0）旋转 degrees 度
setRotate(float degrees, float px, float py)	将 Matrix 对象围绕指定位置（px，py）旋转 degrees 度
setScale(float sx, float sy)	对 Matrix 对象进行缩放，参数 sx 代表 *x* 轴上的缩放比例，sy 代表 *y* 轴上的缩放比例
setScale(float sx, float sy, float px, float py)	让 Matrix 对象以（px，py）为轴心，在 *x* 轴上缩放 sx，在 *y* 轴上缩放 sy

续表

方法名称	功能描述
setSkew(float kx, float ky)	让 Matrix 对象倾斜，在 x 轴上倾斜 kx，在 y 轴上倾斜 ky
setSkew(float kx, float ky, float px, float py)	让 Matrix 对象以（px，py）为轴心，在 x 轴上倾斜 kx，在 y 轴上倾斜 ky
setTranslate(float dx, float dy)	平移 Matrix 对象，（dx，dy）为 Matrix 平移后的坐标

为了让初学者更好地掌握这些方法的使用，接下来通过一段示例代码为图片添加旋转特效，示例代码如下。

```
Matrix matrix = new Matrix();  //创建 Matrix 对象
matrix.setRotate(30);          //设置 Matrix 旋转 30°
```

对图片添加特效的过程都是类似的，只不过调用的方法不同而已。例如，对图片进行缩放操作可以使用 matrix.setScale()方法，对图片进行倾斜操作可以使用 matrix.setSkew()方法，对图片进行平移操作可以使用 matrix.setTranslate()方法等。

10.1.6　实战演练——刮刮卡

日常生活中，抽奖是大多数人都喜欢的一项活动。抽奖的形式有很多种，例如彩票、刮刮卡等。Android 系统也可以实现刮刮卡的效果，需要用到 Bitmap、Matrix、Canvas 等类。接下来通过一个案例来演示刮刮卡的实现过程，具体步骤如下。

1. 创建程序

创建一个名为 ScratchCard 的应用程序，指定包名为 cn.itcast.scratchcard，设计用户交互界面，预览效果如图 10-1 所示。

图10-1　刮刮卡界面

图 10-1 对应的布局代码如文件 10-1 所示。

文件 10-1　activity_main.xml

```
<?xml version="1.0" encoding="utf-8"?>
<RelativeLayout
    xmlns:android="http://schemas.android.com/apk/res/android"
    xmlns:tools="http://schemas.android.com/tools"
    android:layout_width="match_parent"
    android:layout_height="match_parent"
    tools:context=".MainActivity">
    <ImageView
        android:id="@+id/bg"
        android:layout_width="match_parent"
        android:layout_height="match_parent"
        android:background="@drawable/bg"/>
    <ImageView
        android:id="@+id/imgv"
        android:layout_width="match_parent"
        android:layout_height="match_parent"
        android:scaleType="centerCrop"
        android:src="@drawable/scratch_card" />
</RelativeLayout>
```

在上述代码中，RelativeLayout 布局中添加了两个 ImageView，分别用于遮挡中奖信息和显示中奖结果。

2. 编写界面交互代码

接下来在 MainActivity 中编写交互代码，具体代码如文件 10-2 所示。

文件 10-2 MainActivity.java

```
1  package cn.itcast.scratchcard;
2  import android.graphics.Bitmap;
3  import android.graphics.BitmapFactory;
4  import android.graphics.Canvas;
5  import android.graphics.Color;
6  import android.graphics.Matrix;
7  import android.graphics.Paint;
8  import android.os.Bundle;
9  import android.support.v7.app.AppCompatActivity;
10 import android.util.DisplayMetrics;
11 import android.view.MotionEvent;
12 import android.view.View;
13 import android.widget.ImageView;
14 public class MainActivity extends AppCompatActivity {
15     private ImageView imageView;
16     private Bitmap alterBitmap;
17     private double nX, nY;
18     @Override
19     protected void onCreate(Bundle savedInstanceState) {
20         super.onCreate(savedInstanceState);
21         setContentView(R.layout.activity_main);
22         imageView = (ImageView) findViewById(R.id.imgv);
23         //从资源文件中解析一张 Bitmap
24         Bitmap bitmap = BitmapFactory.decodeResource(getResources(),
25                         R.drawable.scratch_card);
26         alterBitmap = Bitmap.createBitmap(bitmap.getWidth(),
27                         bitmap.getHeight(), bitmap.getConfig());
28         DisplayMetrics dm = new DisplayMetrics();
29         getWindowManager().getDefaultDisplay().getMetrics(dm);
30         nX = (double) bitmap.getWidth() / dm.widthPixels;
31         nY = (double) bitmap.getHeight() / dm.heightPixels;
32         //创建一个 Canvas 对象
33         Canvas canvas = new Canvas(alterBitmap);
34         //创建画笔对象
35         Paint paint = new Paint();
36         //为画笔设置颜色
37         paint.setColor(Color.BLACK);
38         paint.setAntiAlias(true);
39         //创建 Matrix 对象
40         Matrix matrix = new Matrix();
41         //在 alterBitmap 上画图
42         canvas.drawBitmap(bitmap, matrix, paint);
```

```
43        //为 ImageView 设置触摸监听
44        imageView.setOnTouchListener(new View.OnTouchListener() {
45            @Override
46            public boolean onTouch(View v, MotionEvent event) {
47                try {
48                    int x = (int) event.getX();
49                    int y = (int) event.getY();
50                    for (int i = -100; i < 100; i++) {
51                        for (int j = -100; j < 100; j++) {
52                            //将区域类的像素点设为透明像素
53                            if (Math.sqrt((i * i) + (j * j)) <= 100) {
54                                alterBitmap.setPixel((int) (x * nX) + i,
55                                        (int) (y * nY+90) + j, Color.TRANSPARENT);
56                            }
57                        }
58                    }
59                    imageView.setImageBitmap(alterBitmap);
60                } catch (Exception e) {
61                    //try…catch 捕获异常，防止用户触摸图片以为的地方而异常退出
62                    e.printStackTrace();
63                }
64                //销毁该触摸事件
65                return true;
66            }
67        });
68    }
69 }
```

在上述代码中，用到了 ImageView 的触摸监听事件 OnTouchListener()方法，当手指触碰到该 ImageView 时，会调用其中的 setPixel(int x, int y, @ColorInt int color)方法绘制图像，其中有 3 个参数，参数 x、y 分别获取 *x*、*y* 的坐标值，参数 color 是设置绘制图像的颜色（本案例设置为透明色）。

3. 运行程序

运行刮刮卡程序，并用手指刮开卡片，运行结果如图 10-2 所示。

图10-2 运行结果

从图 10-2 可以看出，当手指触摸并在刮刮卡图片上移动时，手指所到之处像素会变透明，从而显示出 ImageView 下面的中奖信息。

10.2 动画

在 Android 开发中，避免不了用到动画，Android 中的动画分为补间动画和逐帧动画两种，补间动画主要包括位置、角度、尺寸、透明度等属性的变化，逐帧动画则是通过多张图片轮流播放显示的，本节将针对这两种动画进行详细讲解。

10.2.1 补间动画

补间动画（Tween Animation）是通过对 View 中的内容进行一系列的图形变换来实现动画效果，其中图形变换包括平移、缩放、旋转、改变透明度等。补间动画的效果可以通过 XML 文件来定义，也可以通过代码方式来实现，通常情况下以 XML 形式定义的动画都会放置在程序 res/anim（自定义的）的文件夹下。

Android 提供了 4 种补间动画，分别是透明度渐变动画（AlphaAnimation）、旋转动画（RotateAnimation）、缩放动画（ScaleAnimation）、平移动画（TranslateAnimation），下面分别针对这 4 种动画进行讲解。

1. 透明度渐变动画（AlphaAnimation）

透明度渐变动画是指通过改变 View 组件透明度来实现的渐变效果。它主要通过为动画指定开始时的透明度、结束时的透明度以及动画持续时间来创建动画，在 XML 文件中定义透明度渐变动画，具体代码如文件 10-3 所示。

文件 10-3 alpha_animation.xml

```
<?xml version="1.0" encoding="utf-8"?>
<set xmlns:android="http://schemas.android.com/apk/res/android">
    <alpha
        android:interpolator="@android:anim/linear_interpolator"
        android:repeatMode="reverse"
        android:repeatCount="infinite"
        android:duration="1000"
        android:fromAlpha="1.0"
        android:toAlpha="0.0"/>
</set>
```

上述代码定义了一个让 View 从完全不透明到透明、持续时间为 1s 的动画。透明度渐变动画常用的属性如下。

- interpolator：用于控制动画的变化速度，一般值为@android:anim/linear_interpolator（匀速改变）、@android:anim/accelerate_interpolator（开始慢，后来加速）等；
- repeatMode：用于指定动画重复的方式，可选值为 reverse（反向）、restart（重新开始）；
- repeatCount：用于指定动画重复次数，属性值可以为正整数，也可以为 infinite（无限循环）；
- duration：用于指定动画播放时长；
- fromAlpha：用于指定动画开始时的透明度，0.0 为完全透明，1.0 为不透明；

- toAlpha：用于指定动画结束时的透明度，0.0 为完全透明，1.0 为不透明。

2. 旋转动画（RotateAnimation）

旋转动画就是通过为动画指定开始时的旋转角度、结束时的旋转角度以及动画播放时长来创建动画的，在 XML 文件中定义旋转动画，具体代码如文件 10-4 所示。

文件 10-4　rotate_animation.xml

```
<?xml version="1.0" encoding="utf-8"?>
<set xmlns:android="http://schemas.android.com/apk/res/android">
    <rotate
        android:fromDegrees="0"
        android:toDegrees="360"
        android:pivotX="50%"
        android:pivotY="50%"
        android:repeatMode="reverse"
        android:repeatCount="infinite"
        android:duration="1000"/>
</set>
```

上述代码定义了一个让 View 从 0° 旋转到 360° 持续时间为 1s 的旋转动画。旋转动画常用的属性如下。

- fromDegrees：指定动画开始时的角度；
- toDegrees：指定动画结束时的角度；
- pivotX：指定轴心的 *x* 坐标；
- pivotY：指定轴心的 *y* 坐标。

3. 缩放动画（ScaleAnimation）

缩放动画就是通过为动画指定开始时的缩放系数、结束时的缩放系数以及动画持续时长来创建动画的，在 XML 文件中定义缩放动画，具体代码如文件 10-5 所示。

文件 10-5　scale_animation.xml

```
<?xml version="1.0" encoding="utf-8"?>
<set xmlns:android="http://schemas.android.com/apk/res/android">
    <scale
        android:repeatMode="reverse"
        android:repeatCount="infinite"
        android:duration="3000"
        android:fromXScale="1.0"
        android:fromYScale="1.0"
        android:toXScale="0.5"
        android:toYScale="0.5"
        android:pivotX="50%"
        android:pivotY="50%"/>
</set>
```

上述代码定义了一个让 View 在 *x* 轴上缩小一半、*y* 轴上缩小一半的缩放动画。缩放动画的常用属性如下。

- fromXScale：指定动画开始时 *x* 轴上的缩放系数，值为 1.0 表示不变化；
- fromYScale：指定动画开始时 *y* 轴上的缩放系数，值为 1.0 表示不变化；

- toXScale：指定动画结束时 x 轴上的缩放系数，值为 1.0 表示不变化；
- toYScale：指定动画结束时 y 轴上的缩放系数，值为 1.0 表示不变化。

4. 平移动画（TranslateAnimation）

平移动画就是通过为动画指定开始位置、结束位置以及动画持续时长来创建动画的，在 XML 文件中定义平移动画，具体代码如文件 10-6 所示。

文件 10-6 translate_animation.xml

```
<?xml version="1.0" encoding="utf-8"?>
<set xmlns:android="http://schemas.android.com/apk/res/android">
    <translate
        android:fromXDelta="0.0"
        android:fromYDelta="0.0"
        android:toXDelta="100"
        android:toYDelta="0.0"
        android:repeatCount="infinite"
        android:repeatMode="reverse"
        android:duration="4000"/>
</set>
```

上述代码定义了一个让 View 从起始 x（0.0）位置平移到结束 x（100）位置，持续时间为 4s 的平移动画。需要注意的是，这里的坐标并不是屏幕像素的坐标，而是相对于 View 的所在位置的坐标。开始位置为 0.0 即表示在 View 最开始的地方平移（即布局文件定义 View 所在的位置）。

上述代码用到了平移动画的一些常用属性，其常用属性说明如下。

- fromXDelta：指定动画开始时 View 的 x 轴坐标。
- fromYDelta：指定动画开始时 View 的 y 轴坐标。
- toXDelta：指定动画结束时 View 的 x 轴坐标。
- toYDelta：指定动画结束时 View 的 y 轴坐标。

至此补间动画就介绍完了，为了让初学者看到直观效果，接下来通过一个案例来演示 4 种补间动画的效果。

1. 创建工程

创建一个名为 Tween 的应用程序，指定包名为 cn.itcast.tween，设计用户交互界面，预览效果如图 10-3 所示。

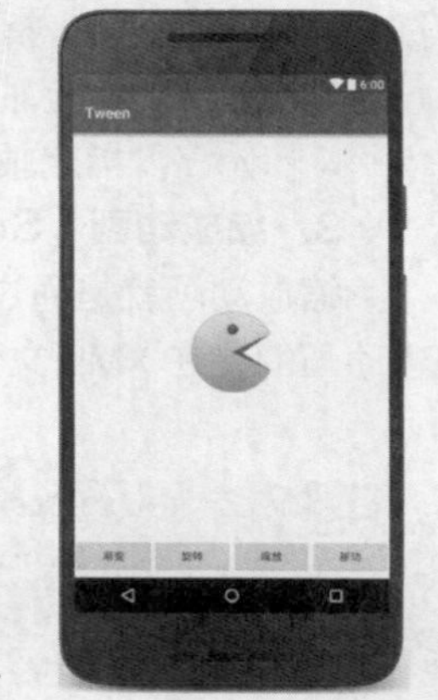

图10-3 补间动画界面

图 10-3 对应的布局代码如文件 10-7 所示。

文件 10-7 activity_main.xml

```
<?xml version="1.0" encoding="utf-8"?>
<RelativeLayout xmlns:android="http://schemas.android.com/apk/res/android"
    android:layout_width="match_parent"
    android:layout_height="match_parent"
    android:layout_marginBottom="5dp">
    <ImageView
        android:layout_width="wrap_content"
        android:layout_height="wrap_content"
        android:src="@drawable/bean_one"
        android:layout_centerInParent="true"
```

```
        android:id="@+id/iv_bean"/>
    <LinearLayout
        android:layout_width="match_parent"
        android:layout_height="wrap_content"
        android:layout_alignParentBottom="true">
    <Button
        android:id="@+id/btn_one"
        android:layout_width="0dp"
        android:layout_height="wrap_content"
        android:layout_weight="1"
        android:text="渐变"/>
    <Button
        android:id="@+id/btn_two"
        android:layout_width="0dp"
        android:layout_height="wrap_content"
        android:layout_weight="1"
        android:text="旋转"/>
    <Button
        android:id="@+id/btn_three"
        android:layout_width="0dp"
        android:layout_height="wrap_content"
        android:layout_weight="1"
        android:text="缩放"/>
    <Button
        android:id="@+id/btn_four"
        android:layout_width="0dp"
        android:layout_height="wrap_content"
        android:layout_weight="1"
        android:text="移动" />
    </LinearLayout>
</RelativeLayout>
```

在上述代码中，利用相对布局作为整体布局，其中放置 1 个 ImageView 用于显示图片，最下面嵌套 1 个线性布局，其中放置 4 个按钮，当单击不同功能按钮时，图片会相应地改变。

2. 创建相应补间动画

在 res 目录下创建一个 anim 文件夹，并新建 4 个 XML 文件，分别命名为“alpha_animation.xml”“rotate_animation.xml”“scale_animation.xml”和“translate_animation.xml”。由于前面在讲解 4 种补间动画时展示过代码了，这里就不再做展示。需要注意的是，anim 文件夹下存放的是该案例的补间动画资源。

3. 编写界面交互代码

在 XML 文件中定义好补间动画资源后，需要将动画资源设置到控件上。要实现该功能，需要在 MainActivity 中调用 AnimationUtils 类的 loadAnimation()方法加载动画资源，并为 4 张图片设置指定的动画，具体代码如文件 10-8 所示。

文件 10-8 MainActivity.java

```
1  package cn.itcast.tween;
2  import android.support.v7.app.AppCompatActivity;
3  import android.os.Bundle;
```

```
4  import android.view.View;
5  import android.view.animation.Animation;
6  import android.view.animation.AnimationUtils;
7  import android.widget.Button;
8  import android.widget.ImageView;
9  public class MainActivity extends AppCompatActivity
10                            implements View.OnClickListener {
11     private Button buttonOne;
12     private Button buttonTwo;
13     private Button buttonThree;
14     private Button buttonFour;
15     private ImageView ivBean;
16     @Override
17     protected void onCreate(Bundle savedInstanceState) {
18         super.onCreate(savedInstanceState);
19         setContentView(R.layout.activity_main);
20         //初始化组件并添加点击事件
21         buttonOne = (Button) findViewById(R.id.btn_one);
22         buttonTwo = (Button) findViewById(R.id.btn_two);
23         buttonThree = (Button) findViewById(R.id.btn_three);
24         buttonFour = (Button) findViewById(R.id.btn_four);
25         ivBean = (ImageView) findViewById(R.id.iv_bean);
26         buttonOne.setOnClickListener(this);
27         buttonTwo.setOnClickListener(this);
28         buttonThree.setOnClickListener(this);
29         buttonFour.setOnClickListener(this);
30     }
31     public void onClick(View v) {
32         switch (v.getId()) {
33             case R.id.btn_one:
34                 //调用 AnimationUtils 的 loadAnimation()方法加载动画
35                 //单击按钮使图片渐变
36                 Animation alpha = AnimationUtils.loadAnimation(this,
37                                   R.anim.alpha_animation);
38                 ivBean.startAnimation(alpha);
39                 break;
40             case R.id.btn_two:
41                 //单击按钮使图片旋转
42                 Animation rotate = AnimationUtils.loadAnimation(this,
43                                    R.anim.rotate_animation);
44                 ivBean.startAnimation(rotate);
45                 break;
46             case R.id.btn_three:
47                 //单击按钮使图片缩放
48                 Animation scale = AnimationUtils.loadAnimation(this,
49                                   R.anim.scale_animation);
50                 ivBean.startAnimation(scale);
51                 break;
52             case R.id.btn_four:
53                 //单击按钮使图片移动
```

```
54              Animation translate = AnimationUtils.loadAnimation(this,
55                                      R.anim.translate_animation);
56              ivBean.startAnimation(translate);
57              break;
58          }
59      }
60  }
```

从上述代码中可以看出，XML 中定义的动画是通过 AnimationUtils.loadAnimation()方法加载的，最后通过 startAnimation()方法将动画设置到 ImageView 中。

4. 运行程序

单击“渐变”和“旋转”按钮，运行结果如图 10-4 所示。

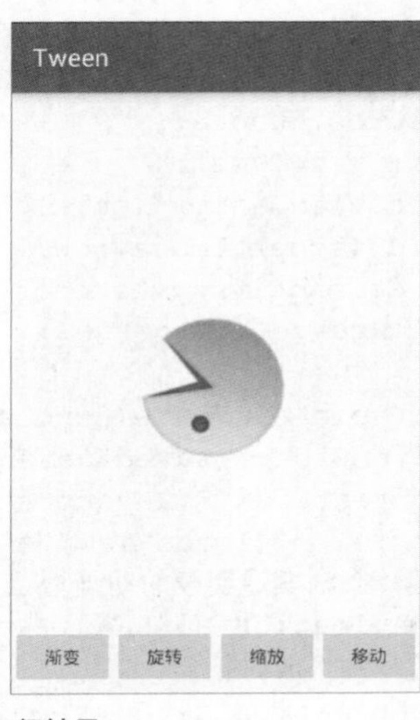

图10-4　运行结果

单击“缩放”和“移动”按钮，运行结果如图 10-5 所示。

图10-5　运行结果

从图 10-4 与图 10-5 可以看出，当单击按钮时，图片会根据动画资源文件的设置进行相应的变化。从案例中的代码可以看出，补间动画使用起来非常方便，只需要指定动画开始以及结束的效果即可。

多学一招：通过代码创建补间动画

补间动画也可以在代码中定义，在代码中定义 4 种补间动画时，需要用到 AlphaAnimation、ScaleAnimation、TranslateAnimation 和 RotateAnimation 类。为了让初学者更好地掌握补间动画的用法，接下来以 AlphaAnimation 为例，通过一段示例代码演示如何在代码中定义补间动画，具体代码如文件 10-9 所示。

文件 10-9 MainActivity.java

```
1  package cn.itcast.tween;
2  import android.support.v7.app.AppCompatActivity;
3  import android.os.Bundle;
4  import android.view.View;
5  import android.view.animation.AlphaAnimation;
6  import android.widget.ImageView;
7  public class MainActivity extends AppCompatActivity {
8      private ImageView imageView;
9      @Override
10     protected void onCreate(Bundle savedInstanceState) {
11         super.onCreate(savedInstanceState);
12         setContentView(R.layout.activity_main);
13         imageView = (ImageView) findViewById(R.id.imageView);
14         //创建一个渐变透明度的动画,从透明到完全不透明
15         AlphaAnimation alphaAnimation = new AlphaAnimation(0.0f,1.0f);
16         //设置动画播放时长
17         alphaAnimation.setDuration(5000);
18         //动画重复方式
19         alphaAnimation.setRepeatMode(AlphaAnimation.REVERSE);
20         //动画重复次数
21         alphaAnimation.setRepeatCount(AlphaAnimation.INFINITE);
22         imageView.startAnimation(alphaAnimation);
23     }
24 }
```

上述代码定义了一个透明度渐变动画，并让 View 播放了该动画，其他 3 种补间动画也可以用这种方式定义。

10.2.2 逐帧动画

逐帧动画（Frame Animation）是按照事先准备好的静态图像顺序播放的，利用人眼的“视觉暂留”原理，给用户造成动画的错觉。逐帧动画的原理与放胶片看电影的原理是一样的，它们都是一张一张地播放事先准备好的静态图像。

在使用逐帧动画时，需要在 res/drawable 目录下创建好帧动画的 XML 文件，并在<animation-list>节点的<item>子节点中，指定图片帧出现的顺序以及每帧的持续时间。接下来通过一个向日葵生长的案例来演示如何使用逐帧动画。

1. 创建程序

创建一个名为 Frame 的应用程序，指定包名为 cn.itcast.frame，设计用户交互界面，预览效果如图 10-6 所示。

图 10-6 对应的布局代码如文件 10-10 所示。

文件 10-10　activity_main.xml

```
<?xml version="1.0" encoding="utf-8"?>
<RelativeLayout xmlns:android="http://schemas.android.
com/apk/res/android"
    xmlns:tools="http://schemas.android.com/tools"
    android:layout_width="match_parent"
    android:layout_height="match_parent"
    android:background="@android:color/white"
    tools:context=".MainActivity">
    <ImageView
        android:id="@+id/iv_flower"
        android:layout_width="150dp"
        android:layout_height="267dp"
        android:layout_centerInParent="true"
        android:background="@drawable/frame"
        android:layout_marginBottom="20dp" />
    <Button
        android:id="@+id/btn_play"
        android:layout_width="70dp"
        android:layout_height="70dp"
        android:layout_centerInParent="true"
        android:background="@android:drawable/ic_media_play"/>
</RelativeLayout>
```

图10-6　逐帧动画界面

在上述代码中，需要注意的是，ImageView 的背景是 Frame 动画资源。

2. 创建 Frame 动画资源

接下来创建 Frame 动画资源文件 frame.xml。在创建动画资源文件之前，首先要将事先准备的图片放置在 drawable 目录下，然后在 drawable 文件夹中创建 frame.xml 文件，具体代码如文件 10-11 所示。

文件 10-11　frame.xml

```
<?xml version="1.0" encoding="utf-8"?>
<animation-list xmlns:android="http://schemas.android.com/apk/res/android" >
    <item android:drawable="@drawable/img01" android:duration="200"></item>
    <item android:drawable="@drawable/img02" android:duration="200"></item>
    <item android:drawable="@drawable/img03" android:duration="200"></item>
    <item android:drawable="@drawable/img04" android:duration="200"></item>
    <item android:drawable="@drawable/img05" android:duration="200"></item>
    <item android:drawable="@drawable/img06" android:duration="200"></item>
</animation-list>
```

上述代码是定义 Frame 动画的基本语法格式，<animation-list>为帧动画的根节点，其中属性 drawable 表示当前帧要播放的图片，duration 表示当前帧播放时长。

3. 编写界面交互代码

定义好 Frame 动画资源文件后，需要在 MainActivity 中编写逻辑代码播放 Frame 动画，具体代码如文件 10-12 所示。

文件 10-12　MainActivity.java

```
1  package cn.itcast.frame;
2  import android.graphics.drawable.AnimationDrawable;
3  import android.os.Bundle;
4  import android.support.v7.app.AppCompatActivity;
5  import android.view.View;
6  import android.widget.Button;
7  import android.widget.ImageView;
8  public class MainActivity extends AppCompatActivity
9          implements View.OnClickListener {
10     private ImageView iv_flower;
11     private Button btn_start;
12     private AnimationDrawable animation;
13     @Override
14     protected void onCreate(Bundle savedInstanceState) {
15         super.onCreate(savedInstanceState);
16         setContentView(R.layout.activity_main);
17         iv_flower = (ImageView) findViewById(R.id.iv_flower);
18         btn_start = (Button) findViewById(R.id.btn_play);
19         btn_start.setOnClickListener(this);
20         //获取 AnimationDrawable 对象
21         animation = (AnimationDrawable) iv_flower.getBackground();
22     }
23     public void onClick(View v) {
24         //判断动画是否在播放
25         if (!animation.isRunning()) {
26             //动画没有在播放状态,则播放
27             animation.start();
28             btn_start.setBackgroundResource(android.R.drawable.ic_media_pause);
29         } else {
30             //动画在播放状态,则停止
31             animation.stop();
32             btn_start.setBackgroundResource(android.R.drawable.ic_media_play);
33         }
34     }
35 }
```

上述代码首先获取到 ImageView 的背景图片，并将该背景图片转为 AnimationDrawable 类型，然后使用 AnimationDrawable 类的 start()方法播放动画。

4. 运行程序

运行程序能看到一系列的图片在不停地切换，以 3 张效果图为例，运行结果如图 10-7 所示。

从图 10-7 可以看出，运行程序后，图片上的向日葵会渐渐长大。至此案例功能就完成了，从案例中的代码可以看出，逐帧动画其实就是依次播放几张图片。

图10-7　运行效果

多学一招：通过代码创建逐帧动画

逐帧动画也可以在代码中定义，在代码中定义逐帧动画需要用到 AnimationDrawable 中的 addFrame()方法来添加图片，具体代码如文件 10-13 所示。

文件 10-13　MyMainActivity.java

```
1  package cn.itcast.frame;
2  import android.graphics.drawable.AnimationDrawable;
3  import android.os.Bundle;
4  import android.support.v7.app.AppCompatActivity;
5  import android.widget.ImageView;
6  public class MyMainActivity extends AppCompatActivity {
7      private ImageView imageView;
8      @Override
9      protected void onCreate(Bundle savedInstanceState) {
10         super.onCreate(savedInstanceState);
11         setContentView(R.layout.activity_main);
12         imageView = (ImageView) findViewById(R.id.iv);
13         //获取 AnimationDrawable 对象
14         AnimationDrawable a = new AnimationDrawable();
15         imageView.setBackground(a);
16         //在 AnimationDrawable 中添加一帧，并为其指定图片和播放时长
17         a.addFrame(getResources().getDrawable(R.drawable.girl_1), 200);
18         a.addFrame(getResources().getDrawable(R.drawable.girl_2), 200);
19         a.addFrame(getResources().getDrawable(R.drawable.girl_3), 200);
20         //循环播放
21         a.setOneShot(false);
22         //播放 Frame 动画
23         a.start();
24     }
25 }
```

从上述代码中可以看出，当使用 addFrame()方法来添加图片时，需要使用 getDrawable()方法将图片资源转换成 Drawable 对象。

10.3 多媒体

随着手机的更新换代，手机的功能也越来越强大，各种娱乐项目（如看电影、听歌）都可以在手机上进行。Android 系统在这方面也做得非常出色，它提供了一系列的 API，开发者可以利用这些 API 调用手机的多媒体资源，从而开发出丰富多彩的应用程序。本节将针对多媒体开发进行详细讲解。

10.3.1 MediaPlayer 播放音频

MediaPlayer 类在 Android 系统中是用于播放音频和视频的，它支持多种格式音频文件，并提供了非常全面的控制方法，从而使播放音频的工作变得十分简单。接下来介绍一些 MediaPlayer 类控制音频的常用方法，如表 10-6 所示。

表 10-6 MediaPlayer 常用方法

方法名称	功能描述
setDataSource()	设置要播放的音频文件的位置
prepare()	在开始播放之前调用这个方法完成准备工作
start()	开始或继续播放音频
pause()	暂停播放音频
reset()	将 MediaPlayer 对象重置到刚刚创建的状态
seekTo()	从指定位置开始播放音频
stop()	停止播放音频，调用该方法后，MediaPlayer 对象无法再播放音频
release()	释放掉与 MediaPlayer 对象相关的资源
isPlaying()	判断当前 MediaPlayer 是否正在播放音频
getDuration	获取载入的音频文件的时长

为了让初学者更好地掌握 MediaPlayer 的使用，接下来通过示例代码来演示 MediaPlayer 播放音频的完整过程，具体步骤如下。

1. 创建 MediaPlayer

```
//创建 MediaPlayer
MediaPlayer mediaPlayer = new MediaPlayer();
//设置声音流的类型
mediaPlayer.setAudioStreamType(AudioManager.STREAM_MUSIC);
```

MediaPlayer 能够接收的音频类型有很多，下面介绍 4 种较为常用的类型。

- AudioManager.STREAM_MUSIC：音乐
- AudioManager.STREAM_RING：响铃
- AudioManager.STREAM_ALARM：闹钟
- AudioManager.STREAM_NOTIFICTION：提示音

需要注意的是，音频类型不同，占据的内存空间也不一样，音频时间越短，占据的内存越小。例如，播放音乐占据的内存就要比接收短信提示音占据的内存大，合理分配内存可以更好地优化项目。

2. 设置数据源

设置数据源有 3 种方式，分别是设置播放应用自带的音频文件、设置播放 SD 卡中的音频文件、设置播放网络音频文件，示例代码如下。

```
//1.播放应用 res/raw 目录下自带的音频文件
mediaPlayer.create(this,R.raw.xxx);
//2.播放 SD 卡中的音频文件
mediaPlayer.setDataSource("mnt/sdcard/xxx.mp3");
//3.播放网络音频文件
mediaPlayer.setDataSource("http://www.xxx.mp3");
```

3. 播放音频文件

播放音频文件分为两种，一种是播放本地音频文件，一种是播放网络音频文件。当播放本地音频文件时使用的是 prepare()方法，当播放网络音频文件时使用的是 prepareAsync()方法，示例代码如下。

第一种：播放本地音频文件。

```
mediaPlayer.prepare();
mediaPlayer.start();
```

prepare()方法是同步操作，在主线程中执行，它会对音频文件进行解码，当 prepare()执行完成之后才会向下执行。

第二种：播放网络音频文件。

```
mediaPlayer.prepareAsync();
mediaPlayer.setOnPreparedListener(new OnPreparedListener){
    public void onPrepared(MediaPlayer player){
        mediaPlayer.start();
    }
}
```

prepareAsync()方法是子线程中执行的异步操作，不管它有没有执行完成都不影响主线程操作。但是如果音频文件没有解码完毕就执行 start()方法会播放失败。因此，这里要监听音频准备好的监听器 OnPreparedListener。当音频解码完成可以播放后，会执行 onPreparedListener()中的 onPrepared()方法，在该方法中执行播放音频的操作即可。

需要注意的是，当播放网络中的音频文件时，需要在清单文件中添加访问网络的权限，示例代码如下。

```
<uses-permission android:name="android.permission.INTERNET"/>
```

4. 暂停播放

暂停播放使用的是 pause()方法，在暂停播放之前先要判断 MediaPlayer 对象是否存在，并且是否正在播放音频，示例代码如下。

```
if(mediaPlayer!=null && mediaPlayer.isPlaying()){
    mediaPlayer.pause();
}
```

5. 重新播放

重新播放使用的是 seekTo()方法，该方法是 MediaPlayer 中快退快进的方法，它接收时间的参数表示毫秒值，代表要把播放时间定位到哪一毫秒，这里定位到 0 毫秒就是从头开始播放，示例代码如下。

```
//1.播放状态下进行重播
if(mediaPlayer!=null && mediaPlayer.isPlaying()){
    mediaPlayer.seekTo(0);
    return;
}
//2.暂停状态下进行重播,要手动调用 start();
if(mediaPlayer!=null){
    mediaPlayer.seekTo(0);
    mediaPlayer.start();
}
```

6. 停止播放

停止播放音频使用的是 stop()方法，停止播放之后还要调用 MediaPlayer 的 release()方法将占用的资源释放并将 MediaPlayer 置为空，示例代码如下。

```
if(mediaPlayer!=null && mediaPlayer.isPlaying()){
    mediaPlayer.stop();
    mediaPlayer.release();
    mediaPlayer = null;
}
```

10.3.2 VideoView 播放视频

播放视频文件与播放音频文件类似，与音频播放相比，视频的播放需要使用视觉组件将影像展示出来。在 Android 中，播放视频主要使用 VideoView，其中 VideoView 组件播放视频最简单，它将视频的显示和控制集于一身，因此，借助它就可以完成一个简易的视频播放器。VideoView 的用法和 MediaPlayer 比较类似，也提供了一些控制视频播放的方法，如表 10-7 所示。

表 10-7　VideoView 的常用方法

方法名称	功能描述
setVideoPath()	设置要播放的视频文件的位置
start()	开始或继续播放视频
pause()	暂停播放视频
resume()	将视频重新开始播放
seekTo()	从指定位置开始播放视频
isPlaying()	判断当前是否正在播放视频
getDuration()	获取载入的视频文件的时长

表 10-7 中的这些方法就是用于设置要播放的视频，以及开始、停止、重播视频等操作。接下来通过示例代码来演示如何使用 VideoView 播放视频，具体步骤如下。

1. 创建 VideoView

不同于音乐播放器，视频需要在界面中显示，因此首先要在布局文件中创建 VideoView 控件，示例代码如下。

```
<VideoView
    android:id="@+id/videoview"
    android:layout_width="match_parent"
    android:layout_height="match_parent" />
```

2. 视频的播放

使用 VideoView 播放视频和音频一样，既可以播放本地视频，也可以播放网络中的视频，示例代码如下。

```
VideoView videoView = (VideoView) findViewById(R.id.videoview);
//播放本地视频
videoView.setVideoPath("mnt/sdcard/apple.avi");
//加载网络视频
videoView.setVideoURI(Uri.parse("http://www.xxx.avi"));
videoView.start();
```

从代码中可以看出，加载网络地址非常简单，不需要做额外处理，使用 setVideoURI()方法传入网络视频地址就可以。

需要注意的是，播放网络视频时需要在清单文件(AndroidManifest.xml)中添加访问网络权限，播放本地 SD 卡中的视频时，需要在清单文件中添加访问 SD 卡的写权限，示例代码如下所示。

```
<uses-permission android:name="android.permission.INTERNET"/>
<uses-permission android:name="android.permission.
                                        WRITE_EXTERNAL_STORAGE"/>
```

3. 为 VideoView 添加控制器

使用 VideoView 播放视频时可以为它添加一个控制器 MediaController，它是一个包含媒体播放器（MediaPlayer）控件的视图，包含了一些典型的按钮，像播放/暂停（Play/ Pause）、倒带（Rewind）、快进（Fast Forward）与进度滑动器（progress slider）。它管理媒体播放器（MediaController）的状态以保持控件的同步，示例代码如下。

```
MediaController controller = new MediaController(context);
//为 VideoView 绑定控制器
videoView.setMediaController(controller);
```

10.3.3 实战演练——视频播放器

上一小节中讲解了 VideoView 播放视频的步骤，接下来编写一个视频播放器的案例来演示 VideoView 如何播放视频，具体步骤如下。

1. 创建程序

创建一个名为 VideoView 的应用程序，指定包名为 cn.itcast.videoview。设计用户交互界面，预览效果如图 10-8 所示。

图10-8　视频播放器界面

图 10-8 对应的布局代码如文件 10-14 所示。

文件 10-14　activity_main.xml

```
<?xml version="1.0" encoding="utf-8"?>
<LinearLayout xmlns:android="http://schemas.android.com/apk/res/android"
    xmlns:tools="http://schemas.android.com/tools"
    android:layout_width="match_parent"
```

```
    android:layout_height="match_parent"
    android:orientation="vertical"
    tools:context=".MainActivity" >
    <RelativeLayout
        android:layout_width="match_parent"
        android:layout_height="wrap_content" >
        <EditText
            android:id="@+id/et_path"
            android:layout_width="match_parent"
            android:layout_height="wrap_content"
            android:hint="请输入视频文件的路径"
            android:layout_toLeftOf="@+id/bt_play"/>
        <ImageView
            android:id="@+id/bt_play"
            android:layout_width="wrap_content"
            android:layout_height="wrap_content"
            android:layout_alignParentRight="true"
            android:layout_centerVertical="true"
            android:src="@android:drawable/ic_media_play" />
    </RelativeLayout>
    <LinearLayout
        android:layout_width="wrap_content"
        android:layout_height="match_parent"
        android:layout_below="@+id/play">
        <VideoView
            android:id="@+id/video_view"
            android:layout_width="match_parent"
            android:layout_height="match_parent" />
    </LinearLayout>
</LinearLayout>
```

在上述代码中，EditText 用于输入视频地址，ImageView 用于播放视频和停止视频。由于 VideoView 自带有暂停播放、快进快退按键，因此这里直接使用即可。

2. 编写界面交互代码

创建完布局界面，接下来在 MainActivity 中编写视频播放逻辑代码，具体代码如文件 10-15 所示。

文件 10-15 MainActivity.java

```
1  package cn.itcast.videoview;
2  import android.media.MediaPlayer;
3  import android.support.v7.app.AppCompatActivity;
4  import android.os.Bundle;
5  import android.view.View;
6  import android.widget.EditText;
7  import android.widget.ImageView;
8  import android.widget.MediaController;
9  import android.widget.VideoView;
10 public class MainActivity extends AppCompatActivity
11         implements View.OnClickListener {
12     private EditText et_path;
13     private ImageView bt_play;
```

```
14     private VideoView videoView;
15     private MediaController controller;
16     @Override
17     protected void onCreate(Bundle savedInstanceState) {
18         super.onCreate(savedInstanceState);
19         setContentView(R.layout.activity_main);
20         et_path = (EditText) findViewById(R.id.et_path);
21         bt_play = (ImageView) findViewById(R.id.bt_play);
22         videoView = (VideoView) findViewById(R.id.video_view);
23         controller = new MediaController(this);
24         videoView.setMediaController(controller);
25         bt_play.setOnClickListener(this);
26     }
27     @Override
28     public void onClick(View v) {
29         switch (v.getId()) {
30             case R.id.bt_play:
31                 play();
32                 break;
33         }
34     }
35     // 播放视频
36     private void play() {
37         if (videoView != null && videoView.isPlaying()) {
38             bt_play.setImageResource(android.R.drawable.ic_media_play);
39             videoView.stopPlayback();
40             return;
41         }
42         videoView.setVideoPath(et_path.getText().toString());
43         videoView.start();
44         bt_play.setImageResource(android.R.drawable.ic_media_pause);
45         videoView.setOnCompletionListener(new MediaPlayer.OnCompletion Listener() {
46             @Override
47             public void onCompletion(MediaPlayer mp) {
48                 bt_play.setImageResource(android.R.drawable.ic_media_play);
49             }
50         });
51     }
52 }
```

上述代码中第 23、24 行是为 VideoView 添加控制器，该控制器可以显示视频的播放、暂停、快进快退和进度条功能。

3. 运行程序

项目编写完成后，需要在 SD 卡中导入一段 mp4 格式的视频，然后在 EditText 中输入视频存放的路径，运行结果如图 10-9 所示。

单击右侧播放按钮即可播放视频，当单击屏幕时，在屏幕底部会出现进度条以及前进后退的条目，这个条目就是 MediaController 控制器，不需要开发者手动创建，运行结果如图 10-10 所示。

图10-9　运行结果

图10-10　运行结果

至此，VideoView 视频播放器的案例已经完成。从该案例可以看出 VideoView 播放视频非常简单，很容易就可以学会，对这部分知识感兴趣的同学可以继续开发其他功能。

10.4 Fragment

随着移动设备的迅速发展，不仅手机成为人们生活中的必需品，就连平板电脑也变得越来越普及。平板电脑与手机最大的差别就在于屏幕的大小，屏幕的差距可能会使同样的界面在不同的设备上显示出不同的效果，为了能够同时兼顾手机和平板的开发，从 Android 3.0 开始推出了 Fragment，本节将针对 Fragment 进行详细讲解。

10.4.1 Fragment 简介

Fragment（碎片）是一种可以嵌入 Activity 中的 UI 片段，与 Activity 非常相似，不仅包含布局，同时也具有自己的生命周期。Fragment 是专门针对大屏幕移动设备而推出的，它能让程序更加合理地利用屏幕空间，因此在平板电脑上应用广泛。

Fragment 是如何利用大屏幕空间的呢？下面看这样一个实例。在新闻界面中使用 ListView

控件展示一组新闻标题，当单击新闻标题时就会在另一个界面展示新闻内容。如果在手机中设计这个界面，就会将新闻标题列表放在一个 Activity 中，将新闻内容放在另一个 Activity 中。如果在平板上也这样设计，新闻标题就会被拉长填充屏幕，通常情况下新闻标题不会很长，这样就会导致屏幕有大量空白区域，因此，在平板上更好的设计方式是将新闻标题列表界面和新闻内容界面分开放在两个 Fragment 中，接下来通过一个图例进行展示，如图 10-11 所示。

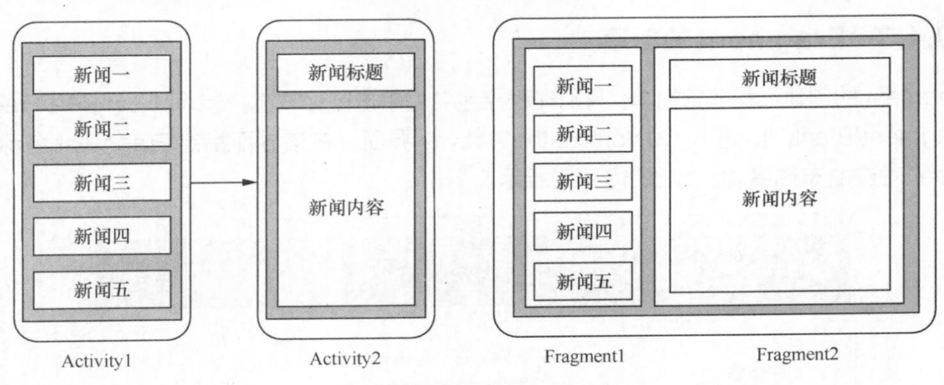

图10-11　Fragment

从图 10-11 可以看出，在普通手机上展示新闻列表和新闻内容各需要一个 Activity，由于普通手机尺寸较小，因此一屏展示新闻列表，一屏展示新闻内容是合理的。如果在平板电脑上这样做就太浪费屏幕空间了，因此通常在平板上都是用一个 Activity 包含两个 Fragment，其中一个 Fragment 用于展示新闻列表，另一个用于展示新闻内容。

10.4.2　Fragment 的生命周期

Fragment 不能独立存在，必须嵌入到 Activity 中使用，因此 Fragment 的生命周期直接受所在的 Activity 影响。当 Activity 暂停时，它拥有的所有 Fragment 都暂停；当 Activity 销毁时，它拥有的所有 Fragment 都被销毁。然而，当 Activity 运行时（在 onResume()之后，onPause()之前），却可以单独地操作每个 Fragment，如添加或删除 Fragment 等。

为了让初学者更好地理解 Fragment 的生命周期，接下来通过图例的方式进行讲解，如图 10-12 所示。

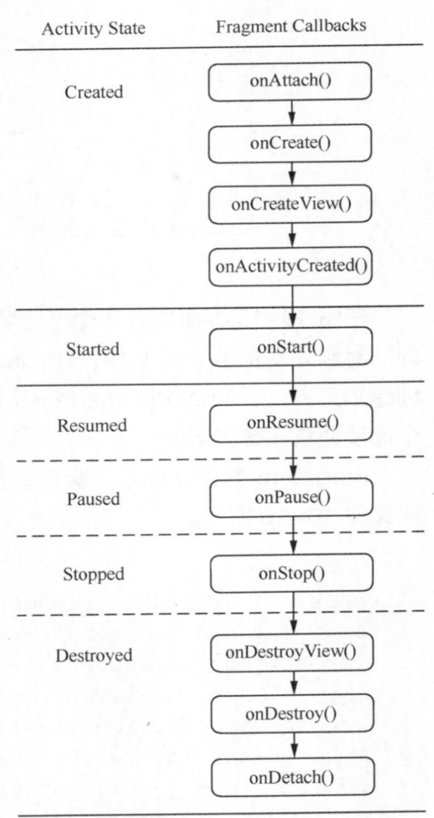

图10-12　Fragment生命周期图

从图 10-12 可以看出，Fragment 的生命周期与 Activity 的生命周期十分相似。但是 Fragment 比 Activity 多 5 种方法，具体说明如下。

- onAttach()：当 Fragment 和 Activity 建立关联的时候调用；
- onCreateView()：为 Fragment 创建视图（加载布局）时调用；

• onActivityCreated()：当 Activity 的 onCreate()方法返回时调用；
• onDestroyView()：当该 Fragment 的视图被移除时调用；
• onDetach()：当 Fragment 和 Activity 解除关联的时候调用。

至此，Fragment 的生命周期就讲解完了。初学者可以自己创建 Fragment 重写其生命周期方法，验证它的生命周期执行顺序，这里不做演示。

10.4.3 Fragment 的创建

Fragment 的创建过程非常简单，只需在程序包名处单击鼠标右键，选择【New】→【Fragment】→【Fragment(Blank)】，进入 Customize the Activity 界面，在该界面指定 Fragment 名称，以及 Fragment 对应的布局名称，如图 10-13 所示。

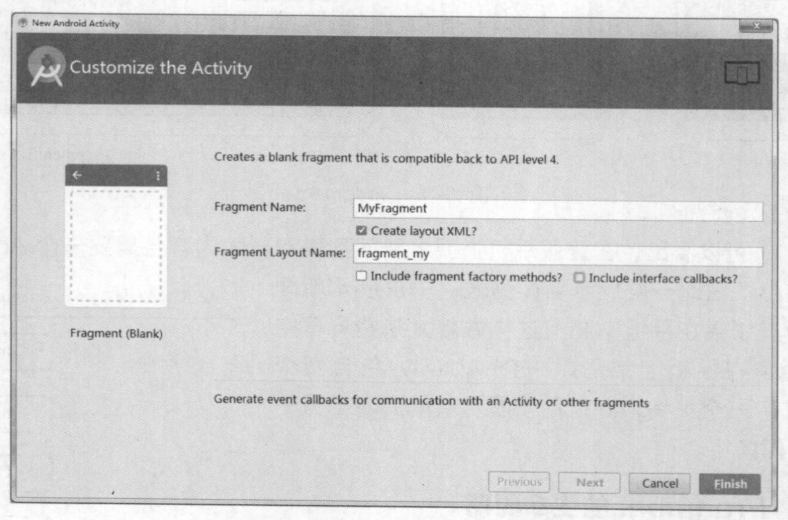

图10-13 Customize the Activity界面

在图 10-13 界面中有 3 个可选项，其中，“Create layout XML”用于设置是否在创建 Fragment 的同时创建对应的布局文件，“Include fragment factory methods?”用于设置是否为 Fragment 创建工厂方法，“Include interface callbacks?”用于设置是否为 Fragment 创建回调接口，后两个选项通常不需要勾选。

Fragment 创建完成后，会默认创建一个构造方法，并重写 onCreateView()方法，具体代码如文件 10-16 所示。

文件 10-16 MyFragment.java

```
1  package cn.itcast.myfragment;
2  import android.os.Bundle;
3  import android.app.Fragment;
4  import android.view.LayoutInflater;
5  import android.view.View;
6  import android.view.ViewGroup;
7  public class MyFragment extends Fragment {
8      public MyFragment() {
9          // Required empty public constructor
```

```
10      }
11      @Override
12      public View onCreateView(LayoutInflater inflater, ViewGroup container,
13                          Bundle savedInstanceState) {
14          // Inflate the layout for this fragment
15          return inflater.inflate(R.layout.fragment_my, container, false);
16      }
17  }
```

在 onCreateView()方法中会调用 inflate()方法返回一个 View 对象，inflate()方法需要传入 3 个参数，第一个参数表示 Fragment 对应的布局资源文件，第二个参数表示存放 Fragment 布局的 ViewGroup，第三个参数是一个布尔值，表示是否在创建 Fragment 的布局时附加到 ViewGroup 上。

在 Activity 中使用 Fragment 时，可以通过两种方式将 Fragment 添加到 Activity 中，一种是通过布局文件添加，一种是通过代码动态添加，接下来针对这两种添加方式进行详细讲解。

1. 通过布局文件添加 Fragment

使用 Fragment 时只需要将 Fragment 作为一个控件在 Activity 的布局文件中进行引用即可，具体代码如文件 10-17 所示。

文件 10-17　activity_main.xml

```
<?xml version="1.0" encoding="utf-8"?>
<RelativeLayout xmlns:android="http://schemas.android.com/apk/res/android"
    xmlns:tools="http://schemas.android.com/tools"
    android:layout_width="match_parent"
    android:layout_height="match_parent"
    android:paddingBottom="@dimen/activity_vertical_margin"
    android:paddingLeft="@dimen/activity_horizontal_margin"
    android:paddingRight="@dimen/activity_horizontal_margin"
    android:paddingTop="@dimen/activity_vertical_margin"
    tools:context=".MainActivity">
    <fragment
        android:id="@+id/fragment"
        android:name="cn.itcast.myfragment.MyFragment"
        android:layout_width="match_parent"
        android:layout_height="match_parent">
    </fragment>
</RelativeLayout>
```

在上述代码中，引入了<fragment></fragment>标签，在标签中需要添加 id 属性和 name 属性，需要注意的是，name 需要指定自定义 Fragment 的完整路径。

至此，通过布局文件添加 Fragment 已经完成，不需要在 MainActivity.java 中编写任何代码，运行程序便能展示 Fragment 界面，初学者可自行验证。

2. 通过代码动态添加 Fragment

除了可以在布局文件中添加 Fragment 之外，还可以在 Activity 中通过代码动态添加 Fragment，这种方式更加灵活，具体代码如文件 10-18 所示。

文件 10-18　MainActivity.java

```
1  package cn.itcast.myfragment;
2  import android.app.FragmentManager;
```

```
3  import android.app.FragmentTransaction;
4  import android.support.v7.app.AppCompatActivity;
5  import android.os.Bundle;
6  public class MainActivity extends AppCompatActivity {
7      @Override
8      protected void onCreate(Bundle savedInstanceState) {
9          super.onCreate(savedInstanceState);
10         setContentView(R.layout.activity_main);
11         MyFragment fragment = new MyFragment();
12         //获取 FragmentManager 实例
13         FragmentManager fm = getFragmentManager();
14         //获取 FragmentTransaction 实例
15         FragmentTransaction beginTransaction = fm.beginTransaction();
16         //添加一个 Fragment
17         beginTransaction.add(R.id.rl,fragment);
18         beginTransaction.commit();
19     }
20 }
```

上述代码通过 FragmentTransaction 对象的 add()方法动态添加了 Fragment，add()方法需要两个参数，第一个参数表示 Fragment 要放入的 ViewGroup 的资源 id，第二参数是要添加的 Fragment。此处 add()方法中的 R.id.rl 代表 activity_main.xml 布局文件中相对布局的 id，具体代码如文件 10-19 所示。

文件 10-19　activity_main.xml

```
<?xml version="1.0" encoding="utf-8"?>
<RelativeLayout xmlns:android="http://schemas.android.com/apk/res/android"
    xmlns:tools="http://schemas.android.com/tools"
    android:id="@+id/rl"
    android:layout_width="match_parent"
    android:layout_height="match_parent"
    android:paddingBottom="@dimen/activity_vertical_margin"
    android:paddingLeft="@dimen/activity_horizontal_margin"
    android:paddingRight="@dimen/activity_horizontal_margin"
    android:paddingTop="@dimen/activity_vertical_margin"
    tools:context=".MainActivity">
</RelativeLayout>
```

10.4.4 实战演练——滑动切换界面

在实际开发中，Fragment 不仅可以在平板电脑上使用，通常还会与 ViewPager 一起使用达到滑动切换界面的效果，例如百度糯米首页的广告轮播图、首次启动应用程序的滑动欢迎界面等。接下来通过一个滑动切换界面的案例对 Fragment 的使用进行详细讲解，具体步骤如下。

1. 创建程序

创建一个名为 ShowFragment 的应用程序，指定包名为 cn.itcast.showfragment。在 activity_main.xml 布局文件中添加 ViewPager 控件用于展示 Fragment，需要注意的是，项目中要使用 android.support.v4.view.ViewPager 包中的 ViewPager 控件，因此需要在标签中写出 ViewPager 的完整路径，具体代码如文件 10-20 所示。

文件 10-20　activity_main.xml

```
<RelativeLayout xmlns:android="http://schemas.android.com/apk/res/android"
    xmlns:tools="http://schemas.android.com/tools"
    android:layout_width="match_parent"
    android:layout_height="match_parent"
    tools:context=".MainActivity">
    <android.support.v4.view.ViewPager
        android:id="@+id/viewpager"
        android:layout_width="match_parent"
        android:layout_height="match_parent">
    </android.support.v4.view.ViewPager>
</RelativeLayout>
```

2. 创建 3 个 Fragment

由于本案例需要实现在一个 Activity 中可以滑动切换 3 个 Fragment 界面的功能，因此需要创建 3 个 Fragment。默认创建 3 个 Fragment，分别命名为“Fragment1”“Fragment2”和“Fragment3”，对应的布局文件分别命名为“fragment1”“fragment2”和“fragment3”，并在布局文件中添加背景图片即可，这里代码比较简单，不做展示。需要注意的是，Fragment 创建时默认导入的包为 android.support.app.Fragment，需要将其删除并修改为 android.support.v4.app.Fragment。若当前项目中不包含 android.support.v4.app.Fragment 包，则可以按照 4.4.2 小节“多学一招”中的步骤手动导入。

3. 编写界面交互代码

接下来在 MainActivity 中编写交互代码，通过 ViewPager 加载 Fragment，并且实现滑动切换 Fragment 的效果，具体代码如文件 10-21 所示。

文件 10-21　MainActivity.java

```
1  package cn.itcast.showfragment;
2  import android.os.Bundle;
3  import android.support.v4.app.Fragment;
4  import android.support.v4.app.FragmentActivity;
5  import android.support.v4.app.FragmentManager;
6  import android.support.v4.app.FragmentPagerAdapter;
7  import android.support.v4.view.ViewPager;
8  import java.util.ArrayList;
9  import java.util.List;
10 public class MainActivity extends FragmentActivity {
11     private List<Fragment> fragmentList;
12     @Override
13     protected void onCreate(Bundle savedInstanceState) {
14         super.onCreate(savedInstanceState);
15         setContentView(R.layout.activity_main);
16         //构造适配器
17         List<Fragment> fragments = new ArrayList<Fragment>();
18         fragments.add(new Fragment1());
19         fragments.add(new Fragment2());
20         fragments.add(new Fragment3());
21         FragAdapter adapter = new FragAdapter(getSupportFragmentManager(),
```

```
22                  fragments);
23          //设定适配器
24          ViewPager vp = (ViewPager) findViewById(R.id.viewpager);
25          vp.setAdapter(adapter);
26      }
27      public class FragAdapter extends FragmentPagerAdapter {
28          public FragAdapter(FragmentManager fm, List<Fragment> fragments) {
29              super(fm);
30              fragmentList = fragments;
31          }
32          @Override
33          public Fragment getItem(int arg0) {
34              return fragmentList.get(arg0);
35          }
36          @Override
37          public int getCount() {
38              return fragmentList.size();
39          }
40      }
41  }
```

在上述代码中，自定义 FragAdapter 继承自 FragmentPagerAdapter，用来与 ViewPager 进行适配。创建 3 个 Fragment 的对象，并添加到一个数组之中。初始化 ViewPager 控件，并调用 setAdapter()方法即可。

4. 运行程序

运行程序，可通过滑屏动作切换界面，运行结果如图 10-14 所示。

图10-14 运行结果

至此，Fragment 与 ViewPager 的使用讲解完成，不需要过多的代码就能实现滑屏切换图片的效果，初学者需要熟练掌握并使用。

10.5 Android 5.0 新特性

在 Android 5.0 中，新增了很多新特性以及控件，更利于编程者进行程序开发，本节将针对 Android 5.0 中的几个新特性进行详细讲解。

10.5.1 抽屉动画

Android 5.0 中新增控件 DrawerLayout 用于实现抽屉动画，通过抽屉动画可以实现侧滑效果，在实际开发中侧滑效果使用广泛，例如 QQ、网易音乐等。接下来通过案例对 DrawerLayout 控件进行详细讲解，具体步骤如下。

1. 创建程序

创建一个名为 DrawerLayout 的应用程序，指定包名为 cn.itcast.drawerlayout。在界面布局文件 activity_main.xml 中引入 DrawerLayout 控件，需要注意的是，DrawerLayout 控件需要使用全路径名称，具体代码如文件 10-22 所示。

文件 10-22　activity_main.xml

```
<?xml version="1.0" encoding="utf-8"?>
<RelativeLayout xmlns:android="http://schemas.android.com/apk/res/android"
    xmlns:tools="http://schemas.android.com/tools"
    android:layout_width="match_parent"
    android:layout_height="match_parent"
    tools:context=".MainActivity">
    <android.support.v4.widget.DrawerLayout
        android:layout_width="match_parent"
        android:layout_height="match_parent">
        <LinearLayout
            android:layout_width="match_parent"
            android:layout_height="match_parent"
            android:background="#fff"
            android:orientation="vertical">
            <TextView
                android:layout_width="wrap_content"
                android:layout_height="match_parent"
                android:text="主界面"
                android:layout_gravity="center"
                android:textSize="30sp"/>
        </LinearLayout>
        <LinearLayout
            android:layout_width="200dp"
            android:layout_height="match_parent"
            android:layout_gravity="left"
            android:background="#aaa"
            android:orientation="vertical">
            <TextView
```

```
            android:layout_width="wrap_content"
            android:layout_height="match_parent"
            android:text="左侧滑界面"
            android:layout_gravity="center"
            android:textSize="30sp"/>
    </LinearLayout>
    <LinearLayout
        android:layout_width="200dp"
        android:layout_height="match_parent"
        android:layout_gravity="right"
        android:background="#ff4081"
        android:orientation="vertical">
        <TextView
            android:layout_width="wrap_content"
            android:layout_height="match_parent"
            android:text="右侧滑界面"
            android:layout_gravity="center"
            android:textSize="30sp"/>
    </LinearLayout>
  </android.support.v4.widget.DrawerLayout>
</RelativeLayout>
```

从上述代码可以看出，在 DrawerLayout 标签中创建了 3 个 LinearLayout 布局，第 1 个 LinearLayout 布局设置的是主界面布局，第 2 个 LinearLayout 布局用于设置左侧侧滑界面。需要注意的是，layout_width 属性用于设置左侧界面滑出的宽度，layout_gravity 属性用于设置该布局位于主界面的左侧。第 3 个 LinearLayout 布局用于设置右侧侧滑界面，其中 layout_gravity 属性设置该布局位于主界面的右侧。

2. 运行程序

DrawerLayout 控件只需在布局文件中引入，不需要编写用户交互代码便可实现侧滑效果。界面布局编写完成之后运行程序，运行结果如图 10-15 所示。

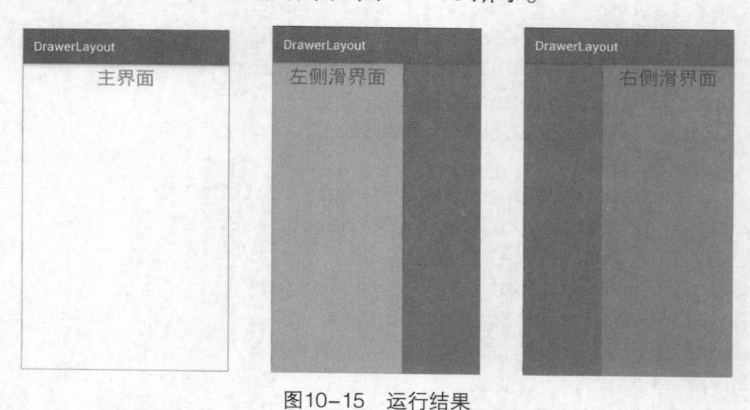

图10-15 运行结果

10.5.2 RecyclerView 控件

通常情况下，有大量的数据需要进行展示时会使用 ListView，在 Android 5.0 之后，谷歌公司提供了一个用于在有限的窗口范围内显示大量数据的控件，这个控件就是 RecyclerView 控件。

RecyclerView 本身不参与任何视图相关的问题，它只负责回收和重用的工作。接下来通过案例对 RecyclerView 进行详细的讲解，具体步骤如下。

1. 创建程序

创建一个名为 RecyclerViewShow 的应用程序，将包名修改为 cn.itcast.recyclerviewshow。RecyclerView 是在 v7 包中的控件，因此使用 RecyclerView 需要首先导入 v7 包，如图 10-16 所示。

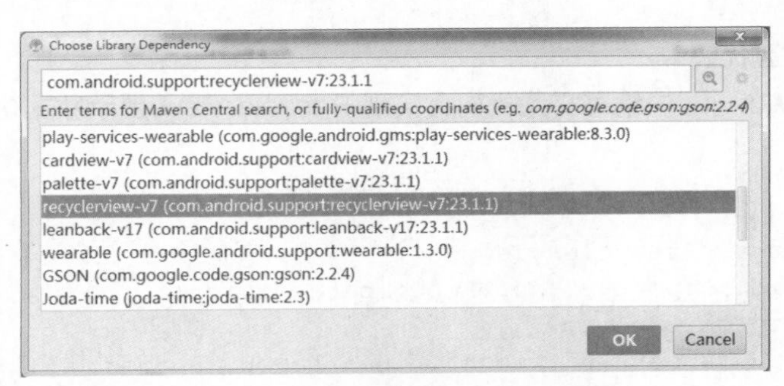

图10-16　导入recyclerview-v7包

接下来编写界面布局文件 activity_main.xml，在布局文件中引入 RecyclerView 控件，需要注意的是，在布局文件中使用 RecyclerView 控件需要指明全路径，具体代码如文件 10-23 所示。

文件 10-23　activity_main.xml

```
<?xml version="1.0" encoding="utf-8"?>
<RelativeLayout xmlns:android="http://schemas.android.com/apk/res/android"
    xmlns:tools="http://schemas.android.com/tools"
    android:layout_width="match_parent"
    android:layout_height="match_parent"
    tools:context=".MainActivity">
    <android.support.v7.widget.RecyclerView
        android:id="@+id/id_recyclerview"
        android:layout_width="match_parent"
        android:layout_height="match_parent">
    </android.support.v7.widget.RecyclerView>
</RelativeLayout>
```

编写 Item 布局文件 item_home.xml 用于展示每个 Item 条目信息，具体代码如文件 10-24 所示。

文件 10-24　item_home.xml

```
<?xml version="1.0" encoding="utf-8"?>
<LinearLayout xmlns:android="http://schemas.android.com/apk/res/android"
    android:layout_width="match_parent"
    android:layout_height="wrap_content">
    <ImageView
        android:id="@+id/iv_num"
        android:layout_width="wrap_content"
        android:layout_height="wrap_content"
```

```
        android:background="@drawable/iv1" />
    <TextView
        android:id="@+id/id_num"
        android:layout_width="match_parent"
        android:layout_height="match_parent"
        android:gravity="center"
        android:text="1" />
</LinearLayout>
```

2. 编写界面交互代码

接下来在 MainActivity 中编写交互代码，实现 RecyclerView 展示数据功能，具体代码如文件 10-25 所示。

文件 10-25　MainActivity.java

```
1  package cn.itcast.recyclerviewshow;
2  import android.support.v7.app.AppCompatActivity;
3  import android.os.Bundle;
4  import android.support.v7.widget.LinearLayoutManager;
5  import android.support.v7.widget.RecyclerView;
6  import android.view.LayoutInflater;
7  import android.view.View;
8  import android.view.ViewGroup;
9  import android.widget.ImageView;
10 import android.widget.TextView;
11 import java.util.ArrayList;
12 import java.util.List;
13 public class MainActivity extends AppCompatActivity {
14     private RecyclerView mRecyclerView;
15     private List<Integer> mDatas;
16     private HomeAdapter mAdapter;
17     private int[] img;
18     @Override
19     protected void onCreate(Bundle savedInstanceState) {
20         super.onCreate(savedInstanceState);
21         setContentView(R.layout.activity_main);
22         initData();
23         mRecyclerView = (RecyclerView) findViewById(R.id.id_recyclerview);
24         mRecyclerView.setLayoutManager(new LinearLayoutManager(this));
25         mRecyclerView.setAdapter(mAdapter = new HomeAdapter());
26     }
27     protected void initData() {
28         mDatas = new ArrayList<Integer>();
29         for (int i = 1; i < 11; i++) {
30             mDatas.add(i);
31         }
32         img = new int[]{
33                 R.drawable.iv1, R.drawable.iv2,
34                 R.drawable.iv3, R.drawable.iv4, R.drawable.iv5,
35                 R.drawable.iv6, R.drawable.iv7, R.drawable.iv8,
36                 R.drawable.iv9, R.drawable.iv10
```

```
37         };
38     }
39     class HomeAdapter extends RecyclerView.Adapter<HomeAdapter.MyViewHolder> {
40         @Override
41         public MyViewHolder onCreateViewHolder(ViewGroup parent, int viewType) {
42             MyViewHolder holder = new MyViewHolder(LayoutInflater.from(
43                     MainActivity.this).inflate(R.layout.item_home, parent,
44                     false));
45             return holder;
46         }
47         @Override
48         public void onBindViewHolder(MyViewHolder holder, int position) {
49             holder.tv.setText("这是第"+mDatas.get(position).toString()+"个精灵");
50             holder.iv.setImageResource(img[position]);
51         }
52         @Override
53         public int getItemCount() {
54             return mDatas.size();
55         }
56         class MyViewHolder extends RecyclerView.ViewHolder {
57             TextView tv;
58             ImageView iv;
59             public MyViewHolder(View view) {
60                 super(view);
61                 tv = (TextView) view.findViewById(R.id.id_num);
62                 iv = (ImageView) view.findViewById(R.id.iv_num);
63             }
64         }
65     }
66 }
```

从上述代码可以看出，RecyclerView 与 ListView 的使用方法相似，需要自定义 adapter 进行数据适配，代码第 24 行 RecyclerView 对象调用 setLayoutManager()方法用于设置显示方式，本案例以 ListView 方式进行展示，其他展示模式开发者可自行查询资料进行尝试。

3. 运行程序

运行程序，可以看出 RecyclerView 与 ListView 展示效果基本相同，但是 Item 之间没有分割线，这是因为 RecyclerView 使用非常灵活，可以自由定制设计，开发者可以通过 RecyclerView 对象的 addItemDecoration()方法进行分割线的绘制，本案例中将不进行实现，运行结果如图 10-17 所示。

图10-17 运行结果

需要注意的是，如果模拟器的 SDK 版本低于程序的最低 SDK 版本，程序将无法正常运行，此时需要将程序的最低 SDK 版本设置为与模拟器相匹配的版本。

10.5.3 SwipeRefreshLayout控件

下拉刷新是一个使用非常广泛的功能，例如微信朋友圈、新浪微博等都使用到了下拉刷新功能。在Android 5.0之后，谷歌公司推出了一个全新的控件SwipeRefreshLayout用于实现下拉刷新，使开发者在开发过程中更加方便简洁。接下来通过案例对SwipeRefreshLayout控件进行详细的讲解，具体步骤如下。

1. 创建程序

创建一个名为SwipeRefresh的应用程序，指定包名为cn.itcast.swiperefresh。在界面布局文件activity_main.xml中引入SwipeRefreshLayout控件，需要注意的是，SwipeRefreshLayout控件需要使用全路径名称，具体代码如文件10-26所示。

文件10-26 activity_main.xml

```
<?xml version="1.0" encoding="utf-8"?>
<RelativeLayout xmlns:android="http://schemas.android.com/apk/res/android"
    xmlns:tools="http://schemas.android.com/tools"
    android:layout_width="match_parent"
    android:layout_height="match_parent"
    tools:context=".MainActivity">
    <android.support.v4.widget.SwipeRefreshLayout
        android:id="@+id/swipe_container"
        android:layout_width="match_parent"
        android:layout_height="match_parent">
        <ScrollView
            android:layout_width="match_parent"
            android:layout_height="wrap_content">
            <TextView
                android:id="@+id/textView1"
                android:layout_width="match_parent"
                android:layout_height="wrap_content"
                android:layout_marginTop="70dp"
                android:gravity="center"
                android:text="下拉刷新"
                android:textSize="20sp" />
        </ScrollView>
    </android.support.v4.widget.SwipeRefreshLayout>
</RelativeLayout>
```

2. 编写界面交互代码

接下来在MainActivity中编写交互代码，通过SwipeRefreshLayout实现下拉刷新，具体代码如文件10-27所示。

文件10-27 MainActivity.java

```
1  package cn.itcast.swiperefresh;
2  import android.os.Handler;
3  import android.support.v4.widget.SwipeRefreshLayout;
4  import android.support.v7.app.AppCompatActivity;
5  import android.os.Bundle;
6  import android.widget.TextView;
```

```
7  public class MainActivity extends AppCompatActivity {
8      private TextView tv;
9      private SwipeRefreshLayout swipeRefreshLayout;
10     @Override
11     protected void onCreate(Bundle savedInstanceState) {
12         super.onCreate(savedInstanceState);
13         setContentView(R.layout.activity_main);
14         tv = (TextView) findViewById(R.id.textView1);
15         swipeRefreshLayout = (SwipeRefreshLayout) findViewById(
16                 R.id.swipe_container);
17         swipeRefreshLayout.setColorSchemeResources(
18                 android.R.color.holo_blue_light,
19                 android.R.color.holo_red_light,
20                 android.R.color.holo_green_light);
21         swipeRefreshLayout.setOnRefreshListener(new SwipeRefreshLayout.
22          OnRefreshListener(){
23             @Override
24             public void onRefresh() {
25                 tv.setText("正在刷新");
26                 new Handler().postDelayed(new Runnable() {
27                     @Override
28                     public void run() {
29                         // TODO Auto-generated method stub
30                         tv.setText("刷新完成");
31                         swipeRefreshLayout.setRefreshing(false);
32                     }
33                 }, 3000);
34             }
35         });
36     }
37 }
```

在上述代码中，通过 setColorSchemeResources()方法设置刷新时进度条的颜色，通过 setOnRefreshListener()方法监听下拉事件，在 onRefresh()方法中处理下拉事件。

3. 运行程序

运行程序，实现下拉刷新效果，运行结果如图 10-18 所示。

图10-18　运行结果

至此，使用 SwipeRefreshLayout 实现下拉刷新开发完成，可以看出只需要简单地通过调用几个方法就能够实现下拉刷新的效果，初学者掌握之后可在实际开发中提高效率。

10.6 本章小结

本章详细讲解了图形图像处理、动画、多媒体以及 Fragment 等知识点。这些知识属于 Android 中的高级部分，因此要求初学者在学习本章之前，必须先熟练掌握前面讲解的知识，打好 Android 基础。

【思考题】

1. MediaPlayer 播放音频的步骤。
2. 什么是 Fragment 以及 Fragment 的作用。